"十二五"职业教育国家规划教材
经全国职业教育教材审定委员会审定
高职高专院校机电类专业规划教材

电机及控制技术

主　编　杨　强　张永花
副主编　孙在松　刘加利　程
主　审　厉建刚

中国铁道出版社有限公司
CHINA RAILWAY PUBLISHING HOUSE CO., LTD.

内 容 简 介

本书是“十四五”职业教育国家规划教材。

本书是以高职教育倡导的能力目标为主线编写的；结合工程实际，注重电机的构造、控制及维护，并从工程中选出具有代表性的案例作为教学项目，强化学生的工程实践意识。

本书共12个单元，主要内容包括变压器基础知识，直流电动机构造、控制与维护，三相异步电动机构造、控制与维护，单相异步电动机应用，控制电机应用，电动机选择与安装等。

本书适合作为高职高专机电一体化、电气自动化、机械制造及自动化等相关专业的教材，也可供相关专业工程技术人员参考。

图书在版编目（CIP）数据

电机及控制技术/杨强，张永花主编．—3版．—北京：中国铁道出版社有限公司，2020.11（2024.6重印）

“十二五”职业教育国家规划教材 经全国职业教育教材审定委员会审定 高职高专院校机电类专业规划教材

ISBN 978-7-113-27156-5

Ⅰ.①电… Ⅱ.①杨…②张… Ⅲ.①电机－控制系统－高等职业教育－教材 Ⅳ.①TM301.2

中国版本图书馆CIP数据核字（2020）第147397号

书　　名：**电机及控制技术**
作　　者：杨　强　张永花

策　　划：祁　云　　　　编辑部电话：（010）63549458
责任编辑：祁　云
封面设计：付　巍　刘　颖
责任校对：张玉华
责任印制：樊启鹏

出版发行：中国铁道出版社有限公司（100054，北京市西城区右安门西街8号）
网　　址：https://www.tdpress.com/51eds/
印　　刷：三河市国英印务有限公司
版　　次：2010年3月第1版　2020年11月第3版　2024年6月第4次印刷
开　　本：850 mm×1 168 mm　1/16　印张：13　字数：284千
印　　数：6 001～8 000册
书　　号：ISBN 978-7-113-27156-5
定　　价：42.00元

高职高专院校机电类专业规划教材

前言

本书是“十四五”职业教育国家规划教材。

本书第2版出版后，受到了众多高职高专院校的欢迎。为更好地满足广大学生对电机及控制技术知识学习的需要，编者结合近几年的教学实践和广大读者的反馈意见，对教材进行了全面修订，修订内容如下:

- 对本书第2版中部分章节所存在的问题进行了校正和修改。
- 对接教育部发布的高职机电类专业教学标准，明确了课程目标，细化梳理了各单元的教学目标。
- 根据信息技术发展和制造产业转型升级情况，利用信息技术对部分重点、难点内容增加了线上教学资源，便于学生辅助学习。

单元引入部分融入课程相关思政案例，通过思政与专业有机结合使学习者更加坚定中国特色社会主义道路自信、理论自信、制度自信、文化自信，坚定中华民族伟大复兴信念；使“自信自强、守正创新、踔厉奋发、勇毅前行”精神在专业学习中潜移默化。

在本书的修订过程中，编者始终按照目前我国维修电工岗位的知识、能力、素质要求组织教材内容。遵循高等职业院校学生的认知规律和学习特点，对于基本理论和方法的讲述力求通俗易懂，多用图表来表达信息，同时结合实训案例，引导学生主动学习。注重实际中常用技术的分析与应用，强化学生的工程意识。

修订后的教材，任务比以前更有针对性和实用性，学习目标的叙述更加准确、通俗易懂和简明扼要，增加了线上教学资源，这样更加有利于教师的教学和学生的自学。

本书由日照职业技术学院杨强、张永花任主编，孙在松、刘加利、程麒文任副主编。具体编写分工如下：杨强编写单元1、单元12；张永花编写单元5、单元9；孙在松编写单元6、单元7；刘加利编写单元2和单元8；程麒文编写单元3和单元4；刘田茜、陶陶编写单元10；边明杰、白雪玲编写单元11。全书由杨强统稿并定稿，由厉建刚主审。

限于编者的水平，书中难免有不妥之处，恳请读者批评指正。

编　者

2023年7月

目 录

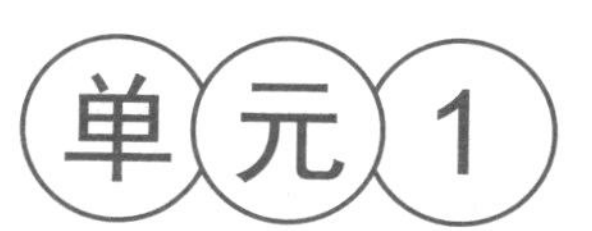

单元1 变压器基础

【学习目标】

◎能对小型变压器进行拆装。

◎识别变压器的型号，掌握变压器的基本结构和工作原理，掌握变压器的分类。

◎掌握变压器等效电路图换算方法。

◎掌握变压器空载运行和负载运行时有关电动势、磁通势平衡方程式，并能进行计算。

变压器作为高低压转换的电气设备，广泛应用于电力系统及成套设备中。变压器是基于电磁感应定律而工作的，这一点与其他旋转的电机相似，故可视为静止的电机，但与旋转电机的能量转换作用不同，它只能起到能量传递的功能。

国产变压器创世界之最

任务1 认识变压器的工作原理与结构

变压器是一种静止装置，它是依靠磁耦合的作用，将一种等级的电压与电流转换成同频率的另一种等级的电压与电流，起到传递电能的作用。

子任务1 认识变压器的工作原理

下面以单相双绕组变压器为例分析其工作原理：在一个闭合的铁芯上缠绕两个绕组，其匝数既可以相同，也可以不同，但一般是不同的，两个绕组之间只有磁的耦合，而没有电的联系。单相双绕组变压器原理图如图1–1所示。

与电源相连的绕组，接受交流电能，通常称为一次绕组（又称原边绕组、初级绕组），以A、X标注其出线端；与负载相连的绕组，送出交流电能，通常称为二次绕组（又称副边绕组、次级绕组），以a、x标注其出线端。与一次绕组相关的物理量均以下角标“1”

来表示，与二次绕组相关的物理量均以下标“2”来表示。例如，一次绕组的匝数、电压、电动势、电流分别以 N_1、u_1、e_1、i_1 来表示；二次绕组的匝数、电压、电动势、电流分别以 N_2、u_2、e_2、i_2 来表示。对一台降压变压器而言，一次绕组即为高压绕组，二次绕组则是低压绕组；与此相反，升压变压器的高压绕组指的是二次绕组。

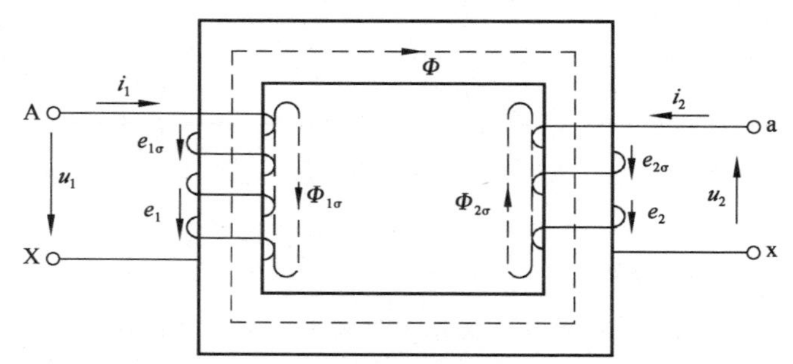

图 1–1　单相双绕组变压器原理图

当一次绕组接通电源时，便会在铁芯中产生与电源电压同频率的交变磁通 Φ。忽略漏磁，该磁通同时与一、二次绕组相交链，耦合系数 k_c=1，这样的变压器称为理想变压器。根据电磁感应定律，在一、二次绕组便会感应出电动势，分别为

$$e_1 = -N_1\frac{\mathrm{d}\Phi}{\mathrm{d}t} \tag{1–1}$$

$$e_2 = -N_2\frac{\mathrm{d}\Phi}{\mathrm{d}t} \tag{1–2}$$

于是可得电动势比：$k = e_1/e_2$。若磁通、电动势均按正弦规律变化，k 称为变压器的电压比，又称匝比，通常用有效值之间的比值来表示：$k = E_1/E_2$。

当二次绕组开路（即空载）时，如果忽略绕组压降（约占 u_1 的 0.01%），则有

$$u_1 = e_1 \tag{1–3}$$

$$u_2 = e_2 \tag{1–4}$$

不计铁芯中由磁通 Φ 交变所引起的损耗，根据能量守恒定律，可得

$$U_1I_1 = U_2I_2 \tag{1–5}$$

由此可以看出

$$\frac{E_1}{E_2} = \frac{U_1}{U_2} = \frac{I_2}{I_1} = k$$

图片

干式变压器

式（1–5）表明，理想变压器的一、二次绕组的视在功率相等，变压器的视在功率称为变压器的容量。

子任务 2　了解变压器的应用与分类

作为电能传输或信号传输的装置，变压器在电力系统和自动化控制系统中得到了广泛

的应用，在国民经济的其他部门，作为特种电源或满足特殊的需要，变压器也发挥着重要的作用。

变压器的种类繁多，可按其用途、结构、相数、冷却方式等的不同来进行分类：

① 按用途划分，变压器可分为电力变压器（包括升压变压器、降压变压器、配电变压器等）、仪用互感器（电压互感器和电流互感器）和特种变压器（调压变压器、电炉变压器、电焊变压器、整流变压器等）。

② 按相数划分，变压器可分为单相变压器和三相变压器。

③ 按绕组的个数划分，变压器可分为自耦变压器、双绕组变压器、三绕组变压器和多绕组变压器。

④ 按铁芯结构划分，变压器可分为心式变压器和壳式变压器。

⑤ 按冷却方式划分，变压器可分为干式（空气冷却）变压器、油浸式变压器（包括油浸自冷式、油浸风冷式、油浸强迫循环式等）和充气式冷却变压器。

子任务 3 识别变压器的结构

变压器的主要结构部件包括由铁芯和绕组两个基本部分组成的器身，以及放置器身且盛满变压器油的油箱。此外，还有一些为确保变压器安全运行的辅助器件。图 1–2 所示为一台油浸式电力变压器外形。

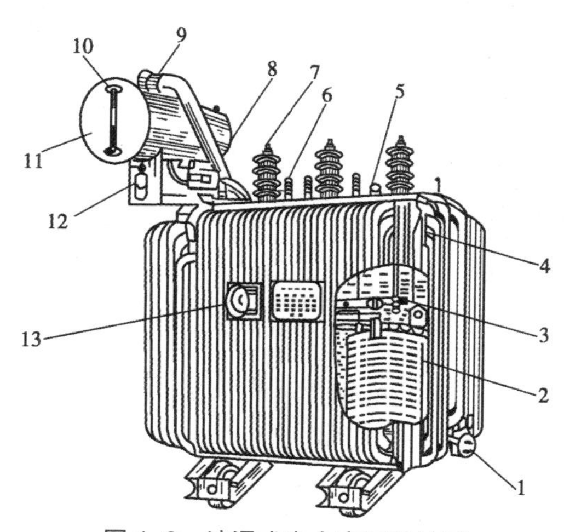

图 1–2 油浸式电力变压器外形

1—放油阀门；2—绕组；3—铁芯；4—油箱；5—分接开关；6—低压套管；7—高压套管；8—气体继电器；9—安全气道；10—油位计；11—储油柜；12—吸湿器；13—湿度计

① 铁芯：构成变压器磁路的主要部分。为减小交变磁通在铁芯中引起的损耗，铁芯通常用厚度为 0.3 ~ 0.5 mm，表面具有绝缘膜的硅钢片叠装而成，分为铁芯柱和铁轭两部分。图 1–3 所示的单相心式变压器，从外面看，绕组包围铁芯柱，称为芯式结构；图 1–4 所示的单相壳式变压器，从外面看，铁芯柱包围绕组，则称为壳式结构。小容量变压器多

采用壳式结构。交变磁通在铁芯中引起涡流损耗和磁滞损耗，为使铁芯的温度不致太高，在大容量的变压器的铁芯中往往设置油道，而铁芯则浸在变压器油中，当油从油道中流过时，可将铁芯产生的热量带走。

② 绕组：变压器的电路部分，用纸包或纱包的绝缘扁线或圆线绕成。其中输入电能的绕组称为一次绕组，输出电能的绕组称为二次绕组，它们通常套装在同一芯柱上。一、二次绕组具有不同的匝数、电压和电流，其中电压较高的绕组称为高压绕组，电压较低的绕组称为低压绕组。对于升压变压器，一次绕组为低压绕组，二次绕组为高压绕组；对于降压变压器，情况恰好相反，高压绕组的匝数多、导线细；低压绕组的匝数少、导线粗。

从高、低压绕组的相对位置来看，变压器的绕组可分成同心式和交叠式两类。同心式绕组的高、低压绕组同心地套装在芯柱上，如图 1–3 所示。交叠式绕组的高、低压绕组沿芯柱高度方向互相交叠地放置，如图 1–4 所示。同心式绕组结构简单、制造方便，国产电力变压器均采用这种结构。交叠式绕组用于特种变压器中。

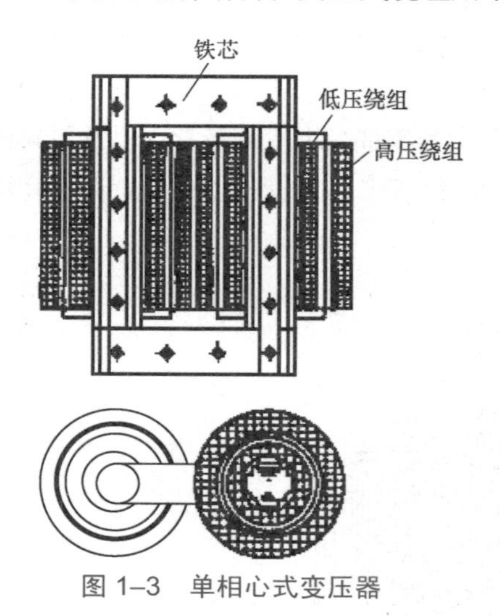

图 1–3 单相心式变压器

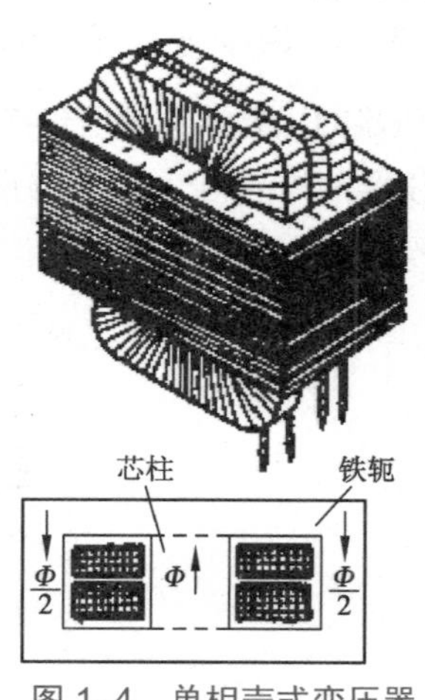

图 1–4 单相壳式变压器

③ 其他部件：除器身外，典型的油浸式电力变压器还有油箱、变压器油、散热器、绝缘套管、分接开关及继电保护装置等部件。

图片

变压器铭牌

子任务 4 变压器的铭牌知识运用

按照国家标准规定，标注在铭牌上的，代表变压器在规定使用环境和运行条件下的主要技术数据，称为变压器的额定值（又称铭牌数据），主要有：

① 额定容量：是变压器在正常运行时的视在功率，通常以 S_N 来表示，单位为伏•安（V•A）或千伏•安（kV•A）。对于一般的变压器，一、二绕组的额定容量都设计成相等。

② 额定电压：在正常运行时，规定加在一次绕组上的电压，称为一次额定电压，以 U_{1N} 来表示；当二次绕组开路（即空载），一次绕组加额定电压时，二次绕组的测量电压，即为二次额定电压，以 U_{2N} 来表示。在三相变压器中，额定电压指线电压，单位为伏（V）

或千伏（kV）。

③ 额定电流：指根据额定容量和额定电压计算出来的电流值。一、二次绕组的额定电流分别用 I_{1N}、I_{2N} 来表示，单位为安（A）。

④ 额定频率：我国以及大多数国家都规定 $f_N = 50$ Hz。额定容量、额定电压和额定电流之间的关系如下：

单相变压器 $$S_N = U_{1N}I_{1N} = U_{2N}I_{2N}$$

三相变压器 $$S_N = \sqrt{3}U_{1N}I_{1N} = \sqrt{3}U_{2N}I_{2N}$$

此外，变压器的铭牌上一般还会标注效率、温升和绝缘等级等。

【例】 一台三相双绕组变压器，额定容量为 S_N=750 kV·A，U_1/U_2=6 000/400，求变压器一、二次绕组的额定电流。

解：$$I_{1N} = \frac{S_N}{\sqrt{3}U_{1N}} = \frac{750\times10^3}{\sqrt{3}\times6\,000}\ \text{A} = 72.17\ \text{A}$$

$$I_{2N} = \frac{S_N}{\sqrt{3}U_{2N}} = \frac{750\times10^3}{\sqrt{3}\times400}\ \text{A} = 1\,082.56\ \text{A}$$

任务2 单相变压器的空载运行分析

本节以单相双绕组变压器为例，分析稳态运行时的电磁关系，从而了解变压器的运行原理及运行特性，所得结论同样适用于对称条件下运行的三相变压器。变压器的一次绕组接交流电源，二次绕组开路，负载电流为零（即空载）时的运行，称为空载运行，此时，$i_2 = 0$。变压器内部的物理过程比较简单，先从变压器这样一个最简单的情况来研究其电磁过程。

1. 正方向的规定

变压器运行时，内部各个物理量都是交变的，必须规定它们的正方向，才能研究各电磁量之间的关系。

正方向就是先规定一个参考方向。如果某个量的实际方向与参考方向相同，那么这个量就是正值；反之就是负值。从理论上讲，正方向可以任意选择，但习惯上以电工习惯方式（电工惯例）规定各量正方向。其具体确定方法如下：

① 在负载支路（变压器的一次侧对电源而言相当于负载）中，电流的正方向与电压降的正方向一致；在电源支路（变压器的二次侧对负载而言相当于电源）中，电流的正方向与电动势的正方向一致。

② 磁通的正方向与产生它的电流的正方向符合右手螺旋定则。

③ 感应电动势的正方向与产生它的磁通的正方向符合右手螺旋定则。

根据这些原则，单相变压器空载运行时各物理量的正方向如图 1–5 所示。

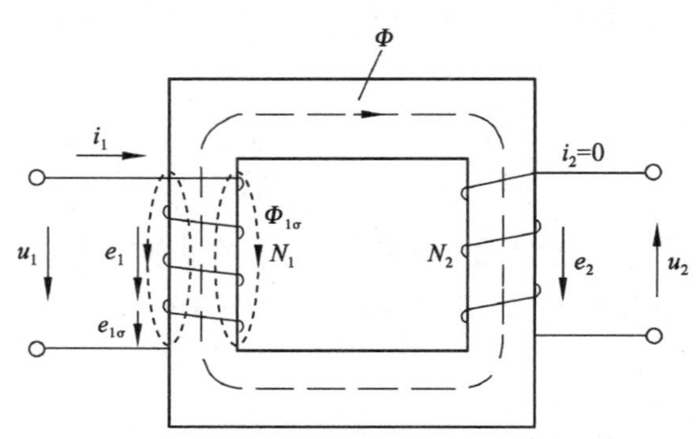

图 1–5 单相变压器的空载运行示意图

2. 空载运行的电磁关系

（1）主磁通和漏磁通

变压器空载运行时，一次绕组 N_1 接上电源，便有空载电流 i_1 通过，产生交变磁通势 N_1i_1，建立交变磁通。该磁通分为两部分：一部分磁通沿铁芯闭合，同时与一、二次绕组交链，称为主磁通 Φ；另一部分磁通主要沿非铁磁材料（变压器油或空气）闭合，仅与一次绕组交链，称为一次绕组漏磁通 $\Phi_{1\sigma}$。空载时，主磁通占总磁通的绝大部分，而漏磁通只占主磁通的约 1%。

（2）感应电动势与电压比

根据电磁感应定律，当铁芯中的主磁通 Φ 和漏磁通 $\Phi_{1\sigma}$ 变化时，将在一、二次绕组内产生感应电动势 e_1、e_2 和 $e_{1\sigma}$。

设主磁通 $\Phi=\Phi_m\sin\omega t$，根据电磁感应定律和图 1–5 所示正方向，可得

$$e_1=-N_1\frac{\mathrm{d}\Phi}{\mathrm{d}t}=-N_1\frac{\mathrm{d}\Phi_m\sin\omega t}{\mathrm{d}t}=-N_1\Phi_m\omega\cos\omega t=E_{1m}\sin\left(\omega t-\frac{\pi}{2}\right) \tag{1–6}$$

$$e_2=-N_2\frac{\mathrm{d}\Phi}{\mathrm{d}t}=-N_2\frac{\mathrm{d}\Phi_m\sin\omega t}{\mathrm{d}t}=E_{2m}\sin\left(\omega t-\frac{\pi}{2}\right) \tag{1–7}$$

$$e_{1\sigma}=-N_1\frac{\mathrm{d}\Phi_{1\sigma}}{\mathrm{d}t}=-N_1\frac{\mathrm{d}\Phi_{1\sigma}\sin\omega t}{\mathrm{d}t}=E_{1\sigma}\sin\left(\omega t-\frac{\pi}{2}\right) \tag{1–8}$$

由此可见：当铁芯中的主磁通 Φ 和漏磁通 $\Phi_{1\sigma}$ 按正弦规律变化时，由它们产生的感应电动势 e_1、e_2 和 $e_{1\sigma}$ 也按正弦规律变化，但均滞后于磁通 90° 相角。

以一次绕组为例，推导各感应电动势的有效值如下：

根据式（1–1）得出

$$\Phi=-\frac{1}{N_1}\int e_1\mathrm{d}t$$

空载时由于 $-e_1 \approx u_1$，而电源电压通常为正弦波，故电动势 e_1 也可认为是正弦波，即 $e_1 = \sqrt{2}E_1 \sin \omega t$，于是

$$\Phi = -\frac{1}{N_1}\int \sqrt{2}E_1 \sin \omega t \mathrm{d}t = \frac{\sqrt{2}E_1}{\omega N_1}\cos \omega t = \Phi_\mathrm{m} \cos \omega t$$

式中，Φ_m 为主磁通的幅值，即

$$\Phi_\mathrm{m} = \frac{\sqrt{2}E_1}{2\pi f N_1} = \frac{E_1}{4.44 f N_1} \approx \frac{U_1}{4.44 f N_1}$$

$$E_1 = 4.44 f N_1 \Phi_\mathrm{m} \tag{1-9}$$

同理得出：$E_2 = 4.44 f N_2 \Phi_\mathrm{m}$；$E_{1\sigma} = 4.44 f N_1 \Phi_{1\sigma}$。

式中，$E_{1\sigma}$为一次绕组漏磁通磁感应电动势的有效值，且$\dot{E}_{1\sigma} = -\mathrm{j}\omega \dot{I}_0 L_{1\sigma} = -\mathrm{j}\dot{I}_0 x_1$。

注：上式中的 ω 为交流电角频率，$\dot{I}_0$ 为一次绕组空载电流，$L_{1\sigma}$ 为一次绕组漏电感，x_1为一次绕组漏感抗。

一、二次绕组电动势之比称为电压比，用 k 表示，电压比是变压器的一个重要参数。

$$\frac{E_1}{E_2} = \frac{N_1}{N_2} = k \tag{1-10}$$

式（1-10）表明：变压器的电压比也等于一、二次绕组的匝数之比，变压器电压与匝数成正比。要特别注意，对于三相变压器来说，电压比 k 是指额定电动势的比值。因此，要使一、二次绕组具有不同的电压，只要使它们具有不同的匝数即可，这就是变压器能够“变压”的原理。

3. 空载运行的电动势平衡方程

根据图 1-5 所示各电量的正方向，一次绕组的电动势平衡方程为

$$\dot{U}_1 = -\dot{E}_1 - \dot{E}_{1\sigma} + \dot{I}_0 r_1 = -\dot{E}_1 + \dot{I}_0(r_1 + \mathrm{j}x_1) = -\dot{E}_1 + \dot{I}_0 Z_1 \tag{1-11}$$

式中，$Z_1 = r_1 + \mathrm{j}x_1$为一次绕组的漏阻抗。

变压器空载时，$\dot{I}_0$很小，$\dot{I}_0 Z_1$可忽略，$\dot{U}_1 = -\dot{E}_1$。二次绕组开路有

$$\dot{I}_2 = 0 \text{或} \dot{U}_2 = \dot{E}_2 \tag{1-12}$$

根据以上对变压器一、二次绕组电磁关系的分析，可得出变压器空载运行时的基本方程式为

$$\begin{cases} \dot{U}_1 = -\dot{E}_1 + \dot{I}_0 Z_1 \\ \dot{U}_{20} = \dot{E}_2 \\ \dot{E}_1 = k\dot{E}_2 \\ -\dot{E}_1 = \dot{I}_0 Z_\mathrm{m} \end{cases} \tag{1-13}$$

4. 空载运行的等效电路

变压器空载运行时，一次绕组电压为

$$\dot{U}_1 = -\dot{E}_1 + \dot{I}_0 Z_1 = \dot{I}_0 (r_m + jx_m) + \dot{I}_0 (r_1 + jx_1) \tag{1-14}$$

由此可得出单相变压器空载时的等效电路，如图 1–6 所示。空载的变压器相当于两个阻抗值不等的线圈串联：一个是阻抗值为$Z_1 = r_1 + jx_1$的空心线圈；另一个是阻抗值为$Z_m = r_m + jx_m$的铁芯线圈，$Z_m = r_m + jx_m$称为励磁阻抗，r_m 为励磁电阻，对应于铁损耗的等效电阻。x_m 为励磁电抗，对应于主磁通的电抗。r_m 和 x_m 可认为是常数，其数值可通过变压器的空载实验测出。

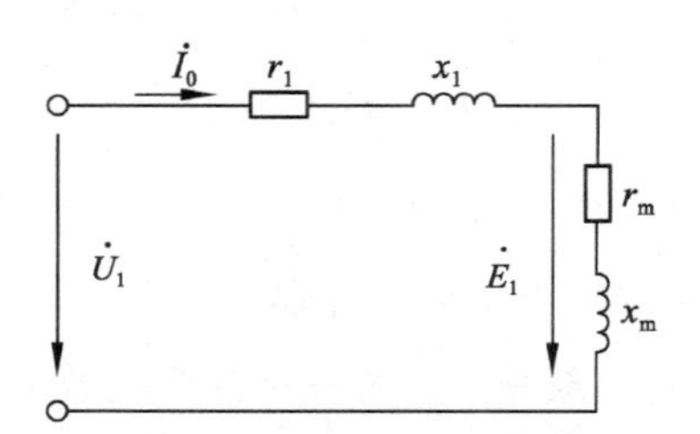

图 1–6　单相变压器空载时等效电路

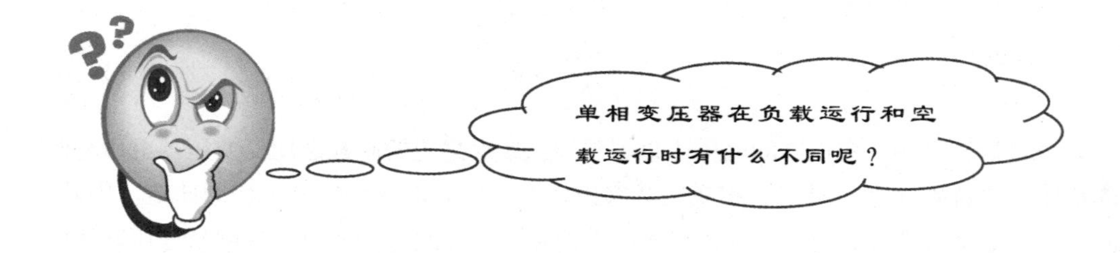

单相变压器在负载运行和空载运行时有什么不同呢？

任务 3　变压器的负载运行分析

变压器的负载运行，是指变压器的一次侧接在额定频率、额定电压的交流电源上，二次侧接负载时的运行状态。图 1–7 是单相变压器负载运行时的示意图。

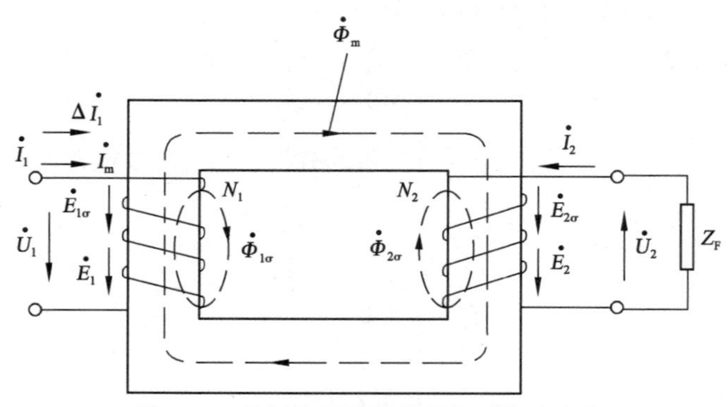

图 1–7　单相变压器负载运行时的示意图

子任务 1 认识负载运行的磁通势平衡方程式

变压器负载运行时，二次绕组有电流 $\dot{I}_2$ 流过，产生磁通势 $\dot{I}_2N_2$，它与一次绕组磁通势共同作用在同一磁路上。当电源电压和频率不变时，可认为主磁通保持不变，磁通势平衡方程为

$$\dot{I}_0N_1 = \dot{I}_1N_1 + \dot{I}_2N_2 \tag{1-15}$$

将式（1–15）两端同除以 N_1，整理后得

$$\dot{I}_1 = \dot{I}_0 + \dot{I}_2\left(-\frac{N_2}{N_1}\right) = \dot{I}_0 + \dot{I}_2\left(-\frac{1}{k}\right) \tag{1-16}$$

式（1–16）说明变压器负载运行时，一次绕组的电流由两个分量组成：一个分量是 $\dot{I}_0$，它是用来产生主磁通的励磁分量（与空载时相同）；另一个分量为 $-\frac{\dot{I}_2}{k}$（负载分量），是用来平衡二次绕组的电流 $\dot{I}_2$ 产生的磁通对主磁通的影响（它与 $\dot{I}_2N_2$ 的大小相等、方向相反），保证主磁通基本不变。

子任务 2 认识负载运行的电动势平衡方程式

变压器负载运行时，主磁通分别在一、二次绕组中产生感应电动势，各自绕组的漏磁通分别产生感应漏电动势。变压器负载运行时一、二次侧的等效电路图如图 1–8 所示。

1. 一次绕组的电动势方程式

由图 1–8 所示可写出一次绕组回路的电动势方程式为

$$\dot{U}_1 = -\dot{E}_1 - \dot{E}_{1\sigma} + \dot{I}_1r_1 = -\dot{E}_1 + \dot{I}_1(r_1 + \mathrm{j}x_1) = -\dot{E}_1 + \dot{I}_1Z_1 \tag{1-17}$$

式中，$\dot{E}_{1\sigma} = -\mathrm{j}\dot{I}_1x_1$（$\dot{E}_{1\sigma}$ 为一次绕组漏电动势），$x_1 = \omega L_{1\sigma}$。

2. 二次绕组的电动势方程式

由图 1–8 所示可写出二次绕组回路的电动势方程式为

$$\dot{U}_2 = \dot{E}_2 + \dot{E}_{2\sigma} - \dot{I}_2r_2 = \dot{E}_2 - \dot{I}_2(r_2 + \mathrm{j}x_2) = \dot{E}_2 - \dot{I}_2Z_2 \tag{1-18}$$

式中，$Z_2 = r_2 + \mathrm{j}x_2$，为二次绕组漏阻抗。

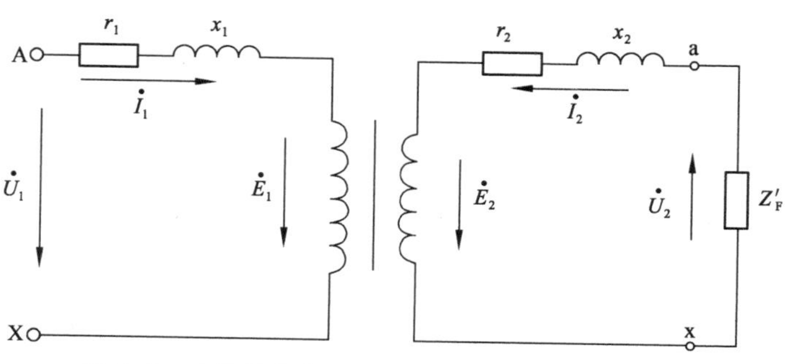

图 1–8 变压器负载运行时一、二次侧的等效电路图

3. 负载运行时变压器的基本方程式

根据上述的讨论、分析，可归纳出变压器负载运行时的基本方程式为

$$\begin{cases} \dot{U}_1 = -\dot{E}_1 + \dot{I}_1 Z_1 \\ \dot{U}_2 = \dot{E}_2 - \dot{I}_2 Z_2 \\ \dot{I}_1 = \dot{I}_0 + (-\dot{I}_2 / k) \\ k = \dot{E}_1 / \dot{E}_2 \\ -\dot{E}_1 = \dot{I}_0 Z_{\mathrm{m}} \\ \dot{U}_2 = \dot{I}_2 Z_{\mathrm{F}} \end{cases} \tag{1-19}$$

子任务 3 变压器的参数折算

根据变压器的基本方程式，可作出变压器负载运行时的一、二次侧等效电路，如图 1–8 所示。

1. 变压器参数折算的目的

变压器之所以要折算，是因为负载时，一、二次绕组的匝数不等，一、二次绕组的电动势不同，不能用等效电路和相量图描述其物理情况和电磁关系。变压器的一、二次侧之间没有电的直接联系，通过主磁场来传递能量。为了方便分析和计算，将互不相连的两个电路画在同一个电路图中，则须将$\dot{E}_2$或$\dot{E}_1$进行折算，使两者相等，可画出一个等效电路，使该等效电路产生的磁通势与变压器二次绕组的磁通势在任何情况下都相等，那么该等效电路就可替代变压器二次绕组。

综上所述，变压器的参数折算是为了将具有磁耦合的两个电路画在同一个电路图中，并可进一步分析和绘制相量图，它是一种人为分析变压器的方法。

2. 变压器参数折算的方法

变压器折算时可将二次侧折算至一次侧，也可反之。为达到折算的目的并满足等效条件，折算的方法应满足：折算前后，变压器的基本电磁关系不变；保持变压器二次侧磁通势平衡关系不变；变压器各功率及损耗不变。

下面以二次侧折算至一次侧为例，说明参数折算方法。

(1) 二次侧电动势、电压的折算

根据折算前后磁通势不变，电动势与匝数成正比关系，得

$$E_2' = E_1 = kE_2 ,\ U_2' = kU_2 \tag{1-20}$$

即折算后的二次侧电动势及电压为实际二次侧值的 k 倍。

(2) 二次侧电流的折算

根据折算前后磁通势不变，并且$N_2 I_2 = N_1 I_2'$，得

$$I_2' = \frac{N_2}{N_1} I_2 = \frac{1}{k} I_2 \tag{1-21}$$

即折算后的二次侧电流为实际二次侧电流的 $1/k$。

（3）二次侧阻抗的折算

由二次侧的铜损耗不变，得

$$I_2'^2 r_2' = I_2^2 r_2, \quad r_2' = k^2 r_2 \tag{1-22}$$

根据二次侧漏电抗的无功损耗不变，得

$$x_2' = k^2 x_2 \tag{1-23}$$

即二次侧电阻及二次侧漏电抗的折算值为实际值的 k^2 倍。

（4）二次侧负载电抗的折算

负载阻抗的折算与二次侧漏阻抗折算方法相同，即

$$Z_F' = k^2 Z_F \tag{1-24}$$

由此可知，变压器的电压比是折算的一个重要物理量，将二次侧各物理量、阻抗参数折算到一次侧，电压和电动势乘以电压比、电流除以电压比、阻抗乘以电压比的二次方即完成了变压器参数的折算。

子任务 4 变压器负载运行时的等效电路应用

根据折算后变压器的基本方程式，可将两个电路画在同一电路图中，如图 1–9 所示。该等效电路能准确反映出实际变压器内部的电磁关系，因此被称为变压器的 T 形等效电路。

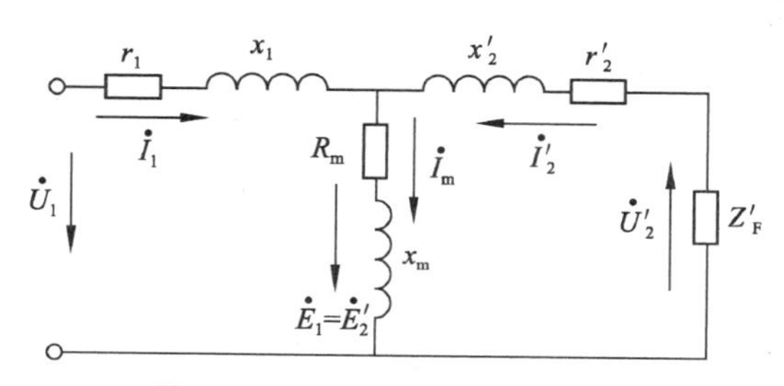

图 1–9 变压器的 T 形等效电路

对 T 形等效电路来说，电路复杂，运算时比较麻烦，考虑到实际电力变压器中，励磁电流很小，近似地可以把励磁支路前移至电源端，如图 1–10 所示，这种电路称为变压器的近似等效电路。

在变压器实际工作中，有时励磁电流可忽略不计，去掉励磁支路，得到一个简单的串联电路，如图 1–11 所示，该电路称为变压器的简化等效电路。在简化等效电路中，可把变压器一、二次侧的阻抗合并起来，称为变压器的短路阻抗，可通过变压器的短路试验测出。

变压器运行的分析方法有 3 种：基本方程式、等效电路和相量图。在分析具体问题时，根据不同的要求采用不同的方法，即在定量分析及计算时，基本方程式和等效电路比较方便；而相量图主要用于定性分析各物理量之间的大小和相位关系。

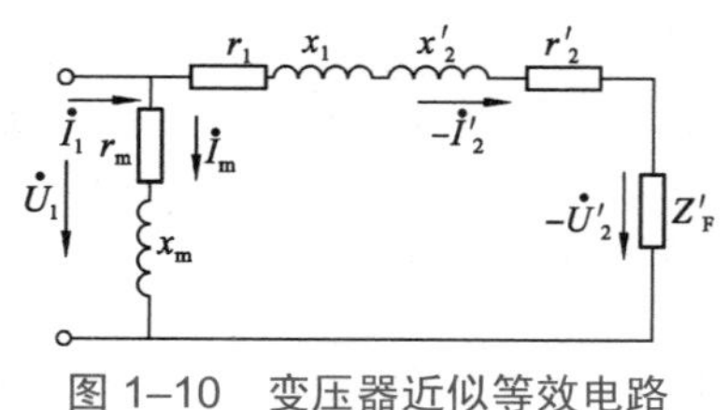

图 1–10　变压器近似等效电路

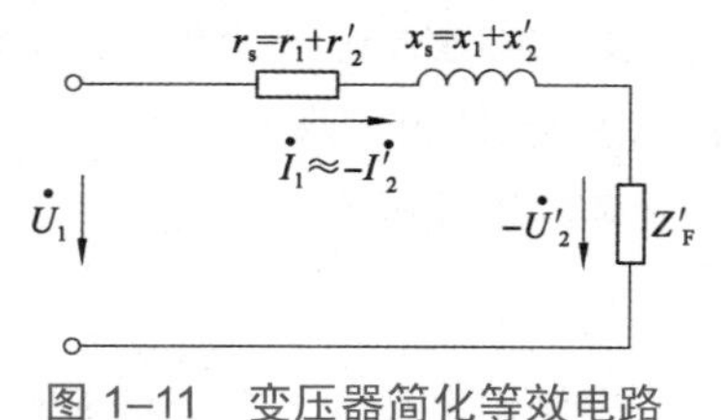

图 1–11　变压器简化等效电路

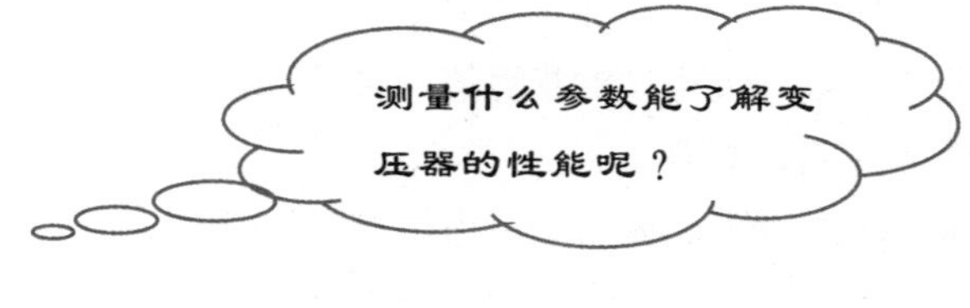

测量什么参数能了解变
压器的性能呢？

任务 4　变压器的参数测定

变压器的参数直接影响变压器的运行性能。在设计变压器时，可根据所使用的材料及结构尺寸把变压器参数计算出来；对已制成的变压器，可以用空载试验和短路试验来测定这些参数。

子任务 1　空载试验

空载试验的目的是测出空载电流 I_0、空载电压 U_0 和空载损耗 P_0，并计算出电压比 k 和励磁阻抗 Z_m。

图 1–12 是单相变压器空载试验原理接线图。空载试验可以在任何一侧进行，为了试验安全和仪表选择方便，通常在低压侧进行。

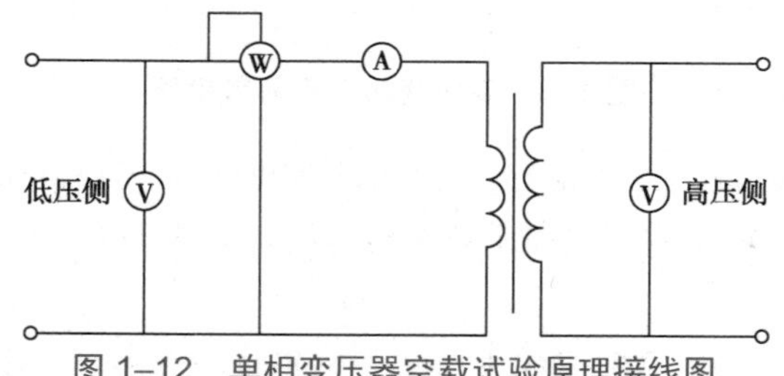

图 1–12　单相变压器空载试验原理接线图

空载试验时，高压侧开路，低压侧加上额定电压 U_N，测量二次侧空载电压 U_0、空载电流 I_0 及空载损耗 P_0。在试验三相变压器时，由于三相磁路不对称，导致三相空载电流不相等，可取三相电流的平均值作为励磁电流值。

空载试验时，二次侧没有功率输出，输入的有功功率就是变压器的空载损耗。空载损耗虽然也包括铜损耗和铁损耗，但由于空载时绕组中只有励磁电流，它引起的铜损耗可以忽略不计。所以空载损耗 P_0 几乎全都为铁损耗，即 $P_0\approx P_{Fe}$。

变压器空载时的总阻抗为

$$|Z_0| = |Z_1 + Z_m| = \frac{U_{1N}}{I_0} \tag{1-25}$$

因为$|Z_m| \geqslant |Z_1|$，可以认为$|Z_0| \approx |Z_m|$。励磁电阻为

$$r_m \approx r_0 = \frac{p_0}{I_0^2} \tag{1-26}$$

励磁电抗为

$$x_m = \sqrt{Z_0^2 - r_0^2} \tag{1-27}$$

空载试验还能求出变压器的电压比为

$$k = U_0 / U_{1N} \tag{1-28}$$

对于三相变压器，在计算励磁阻抗时，必须采用每相值，即每相的功率用相电压和相电流等来计算，而 k 值也应取相电压之比。

需要注意的是，空载试验应在额定电压下进行。由于试验是在低压侧进行的，如果需要折算到高压侧，则必须乘以电压比的二次方，即高压侧的励磁阻抗为$k^2|Z_m|$。

子任务 2　短路试验

短路试验的目的是测量短路电流 I_k、短路损耗 P_k 和短路电压 U_k，并计算变压器的短路阻抗 Z_k。

短路试验接线原理图如图 1–13 所示，短路试验也可以在任何一侧进行，为了试验安全和仪表选择方便，通常在高压侧进行。

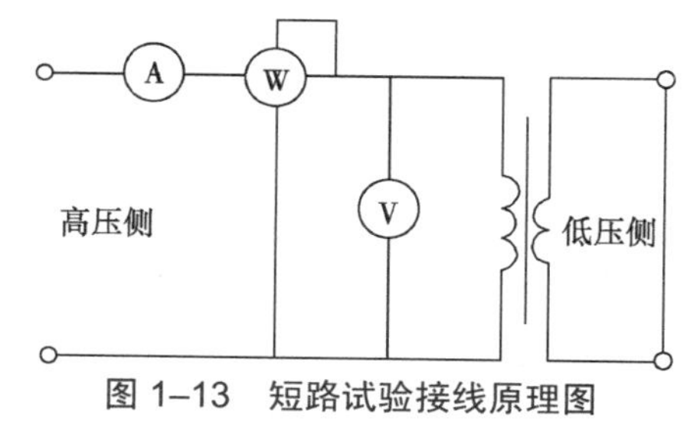

图 1–13　短路试验接线原理图

短路试验时，先将低压侧短接，高压侧通过调压器接电源。试验时所加电压必须比额定电压低得多，应从零开始升压，以电流达到或接近额定值为准。测量这时的短路电压 U_k、短路电流 I_k 和短路损耗 P_k。

由于短路试验时外加电压较额定电压小很多，铁芯里的主磁通很小，励磁电流以及铁损耗可以忽略，这时短路损耗 P_k 几乎全部为绕组的铜损耗，即 $P_k \approx P_{Cu}$。根据测量数据，可以计算出短路参数为

$$Z_k = \frac{U_k}{I_k} \tag{1-29}$$

$$r_k = \frac{P_k}{I_k^2} \tag{1-30}$$

$$x_k = \sqrt{Z_k^2 - r_k^2} \tag{1-31}$$

对于T形等效电路，可以认为$r_1 \approx r_2 = r_k/2$，$x_1 \approx x_2 = x_k/2$。

由于绕组的电阻随温度而变化，而短路试验一般在室温下进行，故测得的电阻必须换算到标准工作温度时的数值。根据国家标准GB 50150—2006《电气装置安装工程 电气设备交接试验标准》规定，油浸电力变压器和电机的绕组应换算为75 ℃下的数值。若绕组为铜线绕组，换算公式为

$$r_{k75℃} = r_k \frac{T_0 + 75}{T_0 + \theta} \tag{1-32}$$

式中，θ为室温；r_k为室温θ时的短路电阻；当绕组为铜线时，$T_0 = 234.5℃$；当绕组为铝线时，$T_0 = 228℃$。

在75℃时的短路阻抗为

$$|Z_{k75℃}| = \sqrt{r_{k75℃}^2 + x_k^2} \tag{1-33}$$

同样，如果是三相变压器，都应采用一相的数据来计算。

短路试验中，把绕组电流达到额定电流值时，加在一次绕组两端的电压称为短路电压或阻抗电压，$U_k = I_{1N} Z_{k75℃}$；所测得Z_k称为短路阻抗。它们一般用标幺值来表示。

在变压器的分析和计算中，有时会采用标幺值来表示某一物理量的大小。所谓的标幺值是指某一物理量的实际值与所选基值之间的比值，即标幺值 = 实际值 / 基值。基值一般选择为额定值，例如，电压的基值是额定相电压，电流的基值是额定相电流，阻抗的基值是额定相电压除以额定相电流。

对变压器而言，短路电压用额定电压的百分数表示，即

$$U_{k75℃} = \frac{I_{1N}|Z_{k75℃}|}{U_{1N}} \times 100\% \tag{1-34}$$

短路电压标在变压器的铭牌上，其大小反映短路阻抗的大小，而短路阻抗又直接影响变压器的运行性能。从正常运行角度来看，希望它小一些，使输出电压随负载变化的波动小一些；但从故障的角度，则希望它大一些，短路时电流会较小，不容易损坏变压器。

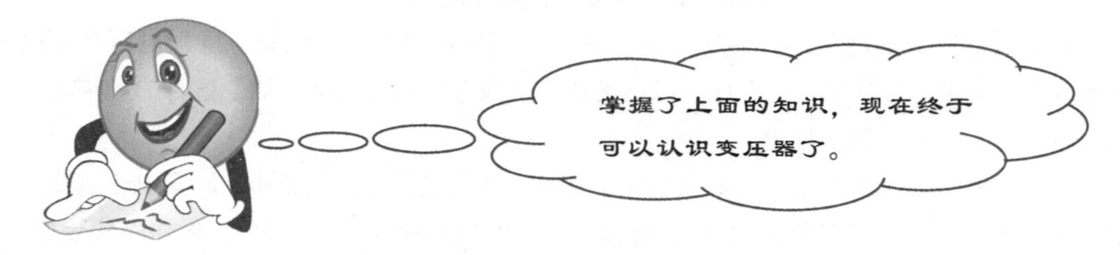

掌握了上面的知识，现在终于
可以认识变压器了。

任务5 认识三相变压器

现在的电力系统普遍采用三相制供电，因此三相变压器应用得最为广泛。目前，存在

两种形式的三相变压器可供选择：一种是由3个单相变压器所组成的三相组式变压器；另一种是由铁轭把3个铁芯柱连接在一起而构成的三相心式变压器。在实际运行过程中，三相变压器的电压、电流基本上是对称的，当所带负载为对称负载时，各相电压、电流大小相等，相位依次相差120°，所以只要知道任何一相的电压、电流，其余两相就可以根据对称关系求出。前面对单相变压器的分析方法及其结论完全适用于三相变压器。

子任务1 认识三相变压器的磁路系统

1. 三相组式变压器

三相组式变压器是由3个磁路相互独立的单相变压器所组成，三相之间只有电的联系而无磁的联系，如图1–14所示。一、二次绕组可根据要求接成星形（Y）或三角形（△）。虽然各磁路相互独立，但当对一次绕组施加对称的三相电压时，Φ_U、Φ_V、Φ_W便会对称，空载电流也是对称的。

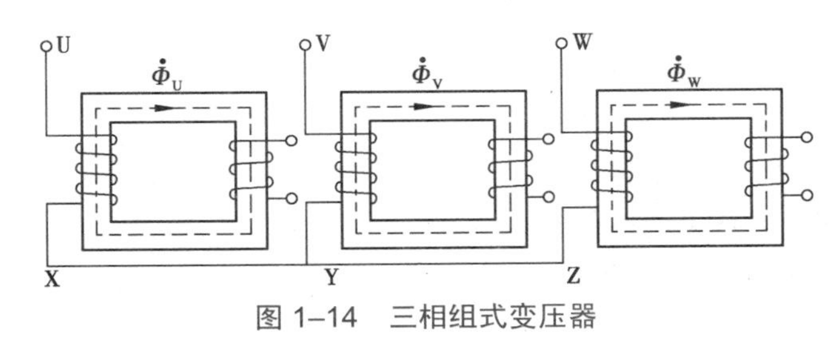

图1–14 三相组式变压器

2. 三相心式变压器

与三相组式变压器不同，三相心式变压器的磁路相互关联。它是通过铁轭把3个铁芯柱连在一起，三相心式变压器的铁芯结构如图1–15所示。这种铁芯结构是从单相变压器演变过来的，把3个单相变压器铁芯柱的一边组合到一起，而将每相绕组缠绕在未组合的铁芯柱上。由于在对称的情况下，组合在一起的铁芯柱中不会有磁通存在，故可以省去。

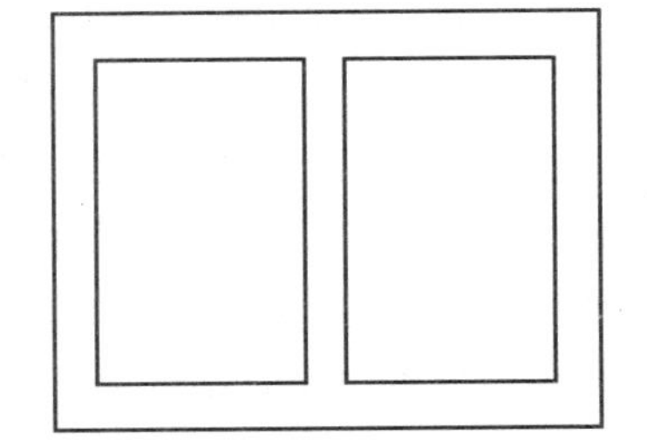

图1–15 三相心式变压器的铁芯结构

与同容量的三相组式变压器相比，三相心式变压器所用的材料较少、质量小。但它的缺点在于：

① 采用三相心式变压器供电时，任何一相发生故障，整个变压器都要进行更换，如果采用三相组式变压器，只要更换出现故障的一相即可。所以，三相心式变压器的备用容量为组式变压器的3倍；

② 对于大型变压器来说，如果采用心式结构，体积较大，运输不便。

基于以上考虑，为节省材料，多数三相变压器采用心式结构。但对于大型变压器而言，为减少备用容量以及确保运输方便，一般都是三相组式变压器。

子任务 2　三相变压器的连接组识别

1. 变压器一、二次绕组连接

对于三相变压器而言，绕组的标识为：U、V、W 表示三相高压绕组的首端；X、Y、Z 表示三相高压绕组的末端；x、y、z 表示三相低压绕组的首端；u、v、w 表示三相低压绕组的末端；N、n 分别表示星形连接的高压和低压绕组的中性点。

理论上来说，三相变压器的一、二次绕组都可以根据需要接成星形（Y）或三角形（△）。一旦按规定的接法连接完成，其表示方法便随之确定。为方便起见，用 Y/y 表示一、二次绕组的星形接法；用 D/d 表示一、二次绕组的三角形接法。一次绕组在接成星形（Y）时，如果有中性线引出，则用 Y_N 表示；二次绕组在接成星形（Y）时，如果有中性线引出，则用 y_n 表示。例如：Y_N/d 表示一次绕组为星形接法，并且有中性线引出，二次绕组为三角形接法；D/y 表示一次绕组为三角形接法，二次绕组为星形接法，无中性线引出。

在对称三相系统中，当变压器采用星形连接时，线电流等于相电流，线电动势为相电动势的$\sqrt{3}$倍；当变压器采用三角形连接时，线电流为相电流的$\sqrt{3}$倍，线电动势等于相电动势。

变压器除了常见的星形连接法和三角形连接法以外，还有曲折连接法等特殊的连接方法。由于比较少见，在这里就不介绍了。

2. 三相变压器的连接组标号

（1）三相变压器的连接组

三相变压器的高压侧与低压侧绕组可分别采用 Y 或 D 连接，因此，高压侧与低压侧绕组可以有相同的接法，也可以有不同的接法。三相变压器高、低压侧绕组的连接方式有 Y/y、Y/d、D/d、D/y 共 4 种。斜线前面的字母表示高压侧绕组的连接方式，斜线后面的字母表示低压侧绕组的连接方式，绕组的连接方式就是变压器的连接组。

（2）三相变压器的连接组别

仅有连接组还不能准确地表达三相变压器绕组的实际连接情况。相同的连接组，变压器的高压侧与低压侧绕组之间的线电动势可能有不同的相位差，因此必须标示连接组标号，加了标号的连接组称为连接组别。

连接组别采用时钟表示法。规定一次绕组的线电动势作为分针始终指向 12 点不动，二次绕组的线电动势作为时针，按顺时针转动，指向几点，则连接组标号就是几，这就是所谓的时钟表示法。

（3）由三相变压器的接线图确定连接组

在已知三相变压器接线图的情况下，可以按如下步骤来确定其连接组：首先画出一次绕组相电动势的相量图，并根据其连接方式求出线电动势；然后把 U 点当作 u 点，根据同名端，确定二次绕组相电动势与一次绕组相电动势的相位关系，画出二次绕组相电动势的相量图，再由其连接方式求出二次绕组的线电动势；最后根据相量图所示的一、二次绕组线电动势相位差，得到连接组标号。

下面就以 Y/y、Y/d 为例来说明如何确定三相变压器连接组标号。在以下分析中，如无特殊说明，都认为一次绕组所接电源的相序为：U → V → W。

① Y/y 连接。图 1–16（a）是三相变压器 Y/y-12 连接的接线图。图中高、低压侧绕组的同名端在对应位置，其对应的相电动势同相位，对应的线电动势也同相位，相量图如图 1–16（b）所示，若将高压侧绕组的线电动势$\dot{E}_{UV}$指向时钟 12 点，由相量图可见此时低压侧绕组的线电动势$\dot{E}_{uv}$也指向 12 点，则连接组标号为 Y/y-12。

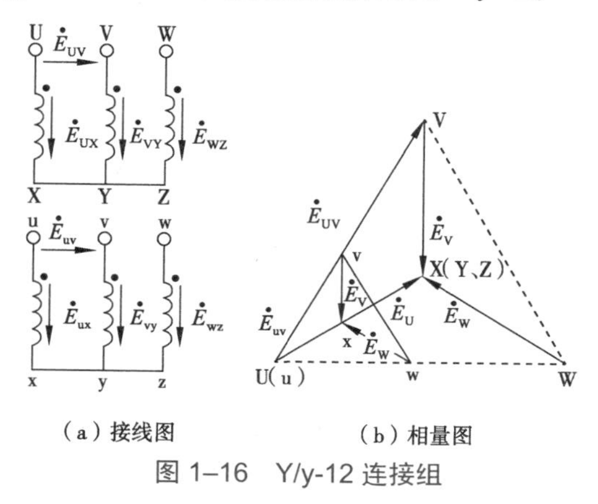

（a）接线图　（b）相量图

图 1–16　Y/y-12 连接组

若同名端在高、低压侧绕组的非对应位置其对应的相电动势反相、对应的线电动势也反相，即将高压侧绕组线电动势$\dot{E}_{UV}$指向时钟 12 点，此时低压侧绕组的线电动势$\dot{E}_{uv}$则指向 6 点，得到三相变压器连接组标号为 Y/y-6。三相变压器 Y/y-6 连接组如图 1–17 所示。

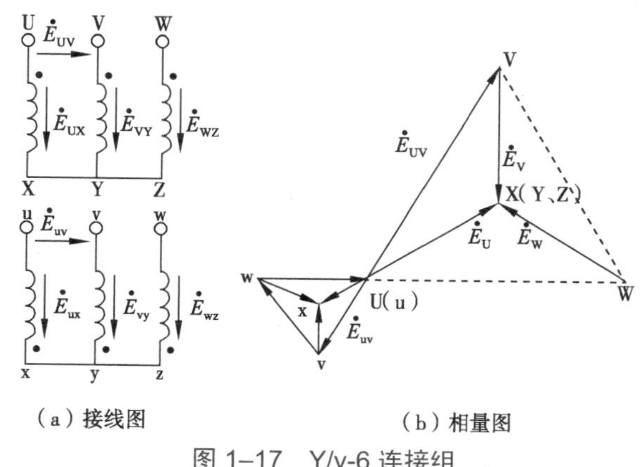

（a）接线图　（b）相量图

图 1–17　Y/y-6 连接组

类似地，星形连接还有 2、4、8、10 连接组。这样高、低压侧绕组均采用星形连接的三相变压器共有 Y/y-(2、4、6、8、10、12) 这 6 种偶数标号的连接组。

② Y/d 连接。图 1–18（a）是三相变压器 Y/d-11 连接的接线图。图中高、低压侧绕组的同名端标在对应位置，高压侧绕组接成星形，低压侧绕组按 ux—wz—vy 的顺序接成逆序三角形连接。这时高、低压侧绕组对应的相电动势同相位，对应线电动势$\dot{E}_{UV}$与$\dot{E}_{uv}$的相

位差为 330°。在图 1–18（b）中，当高压侧绕组线电动势$\dot{E}_{UV}$指向时钟 12 点时，则低压侧绕组线电动势$\dot{E}_{UV}$指向 11 点，故得到 Y/d-11 连接。

同理，如果高压侧绕组三相标志不变，而将相应低压侧绕组三相标志依次后移，可得 Y/d-3 连接和 Y/d-7 连接，分别如图 1–19 和图 1–20 所示。

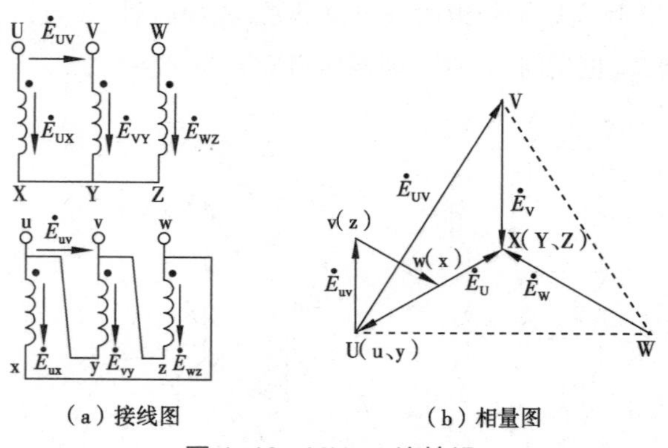

（a）接线图　　（b）相量图

图 1–18　Y/d-11 连接组

Y/d 连接的三相变压器有 1、3、5、7、9、11 共 6 种奇数标号的连接组。

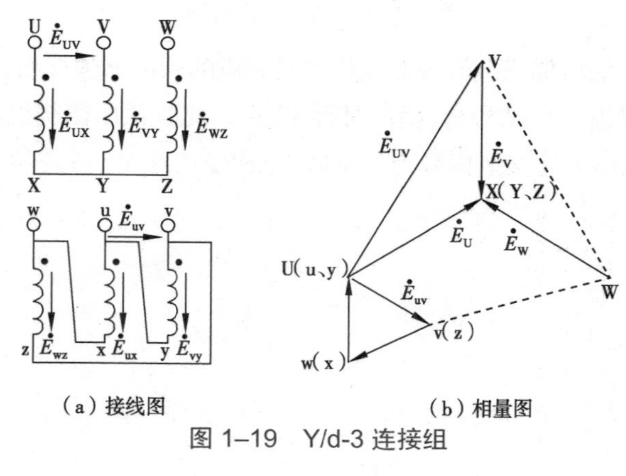

（a）接线图　　（b）相量图

图 1–19　Y/d-3 连接组

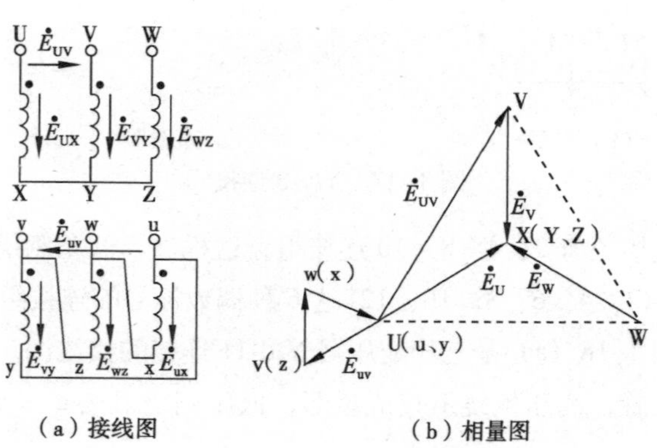

（a）接线图　　（b）相量图

图 1–20　Y/d-7 连接组

3. 三相变压器的标准连接组

由于三相变压器的连接组标号较多，再加上同一个连接组标号也可由多种连接方法实现，容易造成混乱。为了便于制造和并联运行，国家对变压器的连接组做了统一规定，规定 Y/y_n-0；Y/d-11；Y_N/d-11；Y_N/y-0；Y/y-0 这 5 种作为三相双绕组电力变压器的标准连接组。

最常用的连接组标号有 3 种：

① Y/y_n-0：主要用于配电线路，高压侧绕组电压不超过 35 kV，低压侧绕组电压低于 400 V，由于低压侧绕组有中性点，因此低压侧还可提供单相电压 200 V。

② Y/d-11：用于高压侧绕组电压不超过 35 kV，低压侧绕组电压超过 400 V 的配电线路。

③ Y_N/d-11：用于 110 kV 及以上高压输电线路，可为高压侧绕组电力系统的中性点接地提供条件。

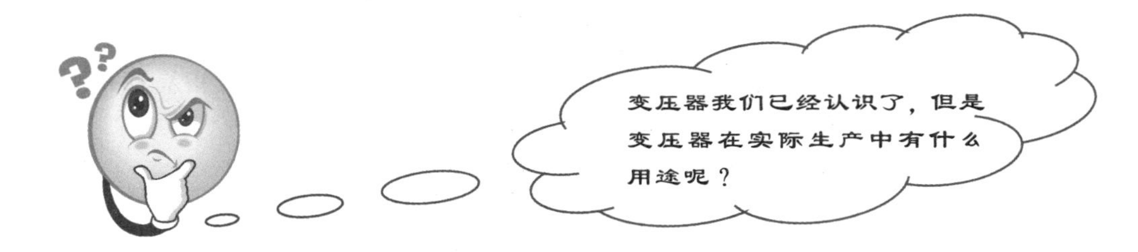

变压器我们已经认识了，但是
变压器在实际生产中有什么
用途呢？

任务 6 变压器的应用

电力系统中除广泛采用双绕组变压器以外，在实际应用中为适应某些需要也采用一些特殊的变压器，如整流变压器、电焊变压器等。这些常用变压器的基本原理和分析方法与双绕组变压器是相同的，但又具有自己的特点，下面对几种常见的变压器进行分析。重点学习各种特殊用途变压器的结构、工作原理，以及在使用中应注意的问题。

子任务 1 自耦变压器的认识与应用

自耦变压器也有单相和多相之分，但其与普通双绕组变压器的区别在于：只有一个绕组，二次绕组是一次绕组的一部分，因此，一、二次绕组之间不但有磁的耦合，还有电的联系。下面就以单相自耦变压器为例对其进行分析。

1. 自耦变压器的工作原理

自耦变压器没有独立的二次绕组，它将一次绕组的一部分作为二次绕组，图 1–21 为单相降压自耦变压器的工作原理图。二次绕组 N_2 为一次绕组 N_1 的一部分，并且与铁芯中的磁通同时交链。

与普通变压器一样，根据电磁感应定律可知，绕组的感应电动势与匝数成正比，一、二次绕组的感应电动势分别为

$$E_1 = 4.44 f_1 N_1 \Phi_m, \quad E_2 = 4.44 f_1 N_2 \Phi_m \tag{1-35}$$

自耦变压器的电压比为

$$\frac{E_1}{E_2}=\frac{N_1}{N_2}=k$$

通常自耦变压器的电压比在 2 左右或小于 2。

由磁动势平衡关系，得

$$\dot{I}_0N_1=\dot{I}_1N_1+\dot{I}_2N_2$$

由于励磁电流 $\dot{I}_0$ 很小，可忽略不计，故

$$\dot{I}_1N_1+\dot{I}_2N_2=0$$

简化为

$$\dot{I}_1=-\frac{\dot{I}_2}{k}=-\dot{I}_2' \tag{1-36}$$

从式（1–36）可知，一、二次绕组电流的大小与绕组匝数成反比，而相位相差 180°（即反相）。

根据基尔霍夫电流定律（KCL）可得公共绕组部分的电流为

$$\dot{I}_{12}=\dot{I}_1+\dot{I}_2=\dot{I}_2(1-1/k) \tag{1-37}$$

通过图 1–22 所示单相自耦变压器电流的相量图可知，电流的大小关系为

$$\dot{I}_2=\dot{I}_1+\dot{I}_{12} \tag{1-38}$$

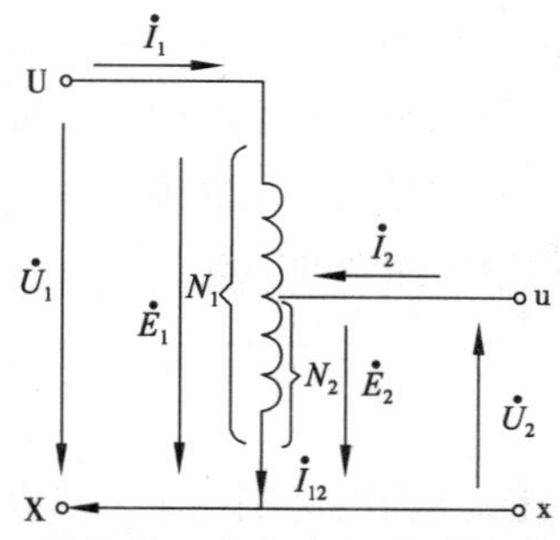

图 1–21　单相降压自耦变压器的工作原理图

$\dot{I}_1$　$\dot{I}_{12}$　$\dot{I}_2$

图 1–22　单相自耦变压器电流的相量图

对于降压变压器，$k>1$，所以公共绕组的电流$\dot{I}_1$与二次绕组的电流$\dot{I}_2$在时间相位上同相，流经公共绕组（低压绕组）的电流比二次绕组的电流小。

在式（1–38）的两边同时乘以 U_2，就可得到自耦变压器的输出功率为

$$U_2\dot{I}_2=U_2\dot{I}_1+U_2\dot{I}_{12} \tag{1-39}$$

普通变压器是以磁场为媒介，通过电磁感应作用来进行能量传输的。自耦变压器的一、二次绕组既然有了电的联系，它的能量传输方式必然有与普通变压器的不同之处。从式（1–39）中可以看出，自耦变压器的输出功率由两部分组成，一部分为$U_2\dot{I}_1$，由于$\dot{I}_1$是一次绕组电流，在它流经只属于一次侧部分的绕组之后，直接流到二次绕组，传输到负载中

去，故$U_2\dot{I}_1$称为传导功率；另一部分为$U_2\dot{I}_{12}$，显然要受到负载电流和一次绕组电流的影响，这三者要满足式（1-37）所示的关系，所以$\dot{I}_{12}$可以看成是由于电磁感应作用而产生的电流，这一部分功率也相应地称为电磁功率。

另外，自耦变压器通常设计为一、二次绕组容量相等，即

$$S_N = U_{1N} I_{1N} = U_{2N} I_{2N} \tag{1-40}$$

2. 使用时应注意的问题

目前，自耦变压器应用广泛，但由于自耦变压器的特殊结构，应注意下列问题：

① 在电网中运行的自耦变压器，中性点必须可靠接地。

② 一、二次侧需加装避雷装置。由于自耦变压器的一次侧与二次侧之间有电路的直接联系，一次侧过电压时会直接传递到二次侧，容易造成危险事故。

③ 自耦变压器的短路阻抗比普通变压器小，产生的短路电流大，所以对自耦变压器短路保护措施的要求比双绕组变压器要高，要有限制短路电流的措施。

④ 使用三相自耦变压器时，由于一般采用 Y/y 连接，为了防止产生三次谐波磁通，通常增加一个三角形连接的附加绕组，用来抵消三次谐波。

子任务 2 仪用互感器的认识与应用

仪用互感器是配电系统中供测量和保护用的设备，分为电流互感器和电压互感器两类。它们的工作原理和变压器相似，是把高压设备和母线的运行高电压、大电流（设备和母线的负载或短路电流）按规定比例变成测量仪表、继电保护及控制设备的低电压和小电流。

1. 电压互感器

电压互感器又称仪表变压器、PT 或 TV，它的工作原理、结构和接线方式都与普通变压器相同，其接线图如图 1-23 所示。电压互感器一次绕组并联在被测线路中。二次绕组接有电压表，相当于一个二次绕组开路的变压器。电压互感器按其绝缘结构形式，可分为干式、浇注式、充气式、油浸式等几种；根据相数，可分为单相和三相；根据绕组数，可分为双绕组式和三绕组式。

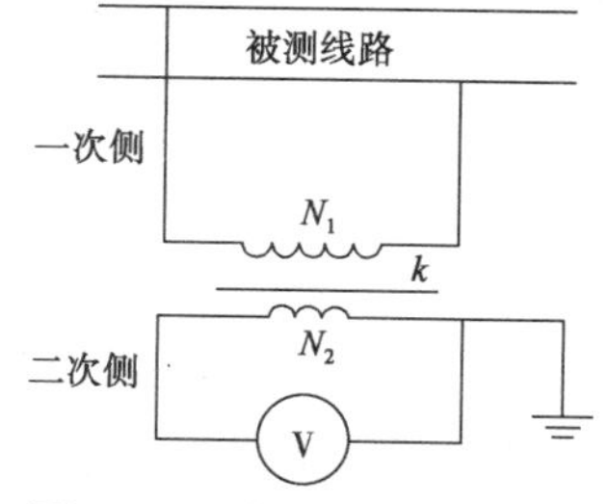

图 1-23 电压互感器接线图

电压互感器的特点：

① 与普通变压器相比，电压互感器容量较小，类似一台小容量变压器。

② 二次绕组负载比较恒定，所接测量仪表和继电器的电压线圈阻抗很大，因此，在正常运行时，电压互感器接近于空载状态。

电压互感器的一、二次绕组额定电压之比，称为电压互感器的额定电压比，即$k = U_{1N}/U_{2N}$，其中：一次绕组额定电压U_{1N}是电网的额定电压，且已标准化，如 10 kV、35 kV、110 kV、220 kV 等；二次绕组额定电压U_{2N}则统一定为 100 V（或 $100/\sqrt{3}$ V），所以 k 也就相应地实

现了标准化。

为安全起见，二次绕组必须有一点接地，并且绝对不能短路。

2. 电流互感器

电流互感器也是按电磁感应原理制成的，又称 CT 或 TA。其一次绕组串联在被测线路中，二次绕组与测量仪表或继电器的电流线圈串联，二次绕组的电流按一定的电流比反映一次绕组电路的电流，其接线图如图 1–24 所示。与电压互感器的情况相似，电流互感器的二次绕组也必须有一点接地。由于作为电流互感器负载的电流表或继电器的电流线圈阻抗都很小，所以，电流互感器在正常运行时接近于短路状态。

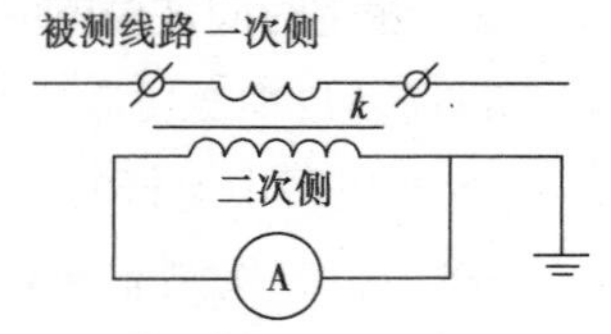

图 1–24 电流互感器接线图

电流互感器的种类很多，根据安装地点可分为户内式和户外式；根据安装方式可分为穿墙式、支持式和套管式；根据绝缘结构可分为干式、浇注式和油浸式；根据一次绕组的结构形式可分为单匝式和多匝式等。

电流互感器的特点：

① 一次绕组串联在被测线路中，并且匝数很少，因此，一次绕组中的电流完全取决于被测电路的负载电流，而与二次绕组电流无关。

② 电流互感器二次绕组所接电流表或继电器的电流线圈阻抗都很小，所以正常情况下，电流互感器在近于短路状态下运行。

电流互感器一、二次绕组额定电流之比，称为电流互感器的额定互感比，即 $k=I_{1N}/I_{2N}$，因为一次绕组额定电流 I_{1N} 已标准化，二次绕组额定电流 I_{2N} 统一为 5 A（或 1 A、0.5 A），所以电流互感器额定互感比也标准化了。

为安全起见，电流互感器二次绕组在运行中绝对不允许开路。为此，在电流互感器的二次绕组回路中不允许装设熔断器，而且当需要将正在运行中的电流互感器二次绕组回路中仪表设备断开或退出时，必须将电流互感器的二次绕组短接，保证不致断路。

子任务 3 电焊机变压器的认识与应用

电焊机在生产中的应用非常广泛，它是利用变压器的特殊外特性（二次侧可以短时间短路的性能）工作的，它实际上是一台降压变压器。

1. 电焊工艺对变压器的要求

要保证电焊的质量及电弧燃烧的稳定性，电焊机对变压器有以下几点要求：

① 空载时，空载电压 U_{20} 一般应在 60 ~ 75 V，以保证容易起弧。但考虑到操作者的安全，U_{20} 的最高电压不超过 85 V。

② 负载（即焊接）时，变压器应具有迅速降压的外特性，如图 1–25 所示，在额定负载时的输出电压 U_2（焊钳与工件间的电弧）约为 30 V。

③ 当短路（焊钳与工件接触）时，短路电流 I_{2k} 不应过大，一般 $I_{2k} \leqslant 2I_{2N}$。

④ 为了适应不同焊接工件和焊条，要求焊接电流大小在一定范围内要均匀可调。由

普通变压器的工作原理可知，引起变压器二次侧电压U_2下降的内因是内阻抗Z_2的存在（$U_2=E_2-I_2Z_2$）。而普通变压器Z_2却很小，I_2Z_2很小，从空载到额定负载变化不大，不能满足电焊要求。因此电焊变压器应具备较大的电抗，才能使U_2迅速下降，并且电抗还要可调。改变电抗的方法不同，可得不同的电焊变压器。

2. 磁分路动铁芯电焊变压器

（1）结构

磁分路动铁芯电焊变压器如图1–26所示，一、二次绕组分装于两铁芯柱上，在两铁芯柱之间有一磁分路，即动铁芯（衔铁），动铁芯通过一螺杆可以移动调节，以改变漏磁通的大小，从而达到改变电抗的大小。

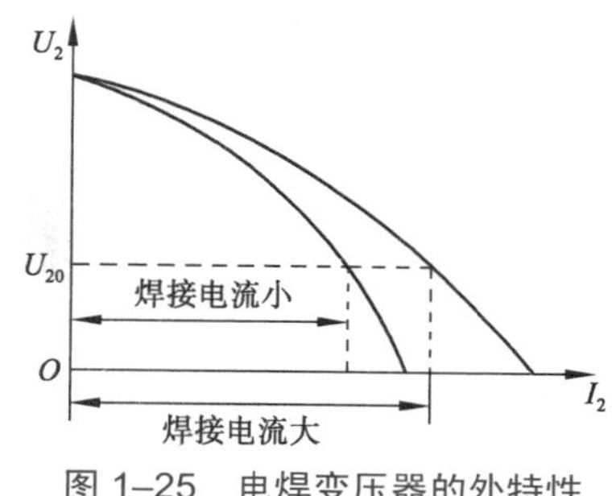

图1–25 电焊变压器的外特性

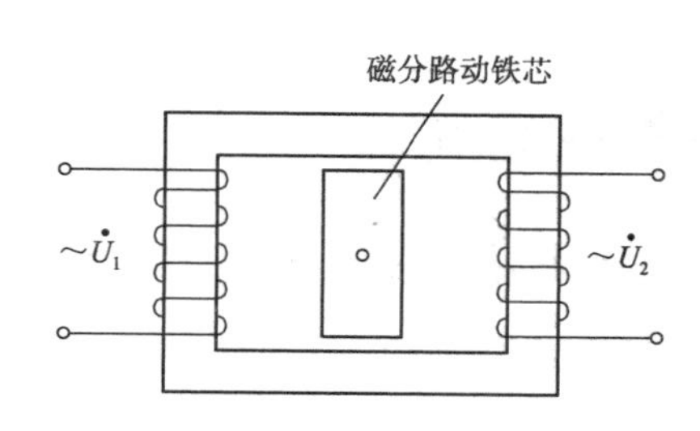

图1–26 磁分路动铁芯电焊变压器

（2）工作原理

① 当动铁芯移出时，一、二次绕组漏磁通减小，磁阻增大，磁导Λ_{2s}减小，漏抗X_2减小（$X_2=2\pi fN^2\Lambda_{2s}$），阻抗压降减小，$U_2$增高，焊接电流$I_2$增大。

② 当动铁芯移入时，一、二次绕组漏磁通经过动铁芯形成闭合回路而增大，磁阻减小，磁导Λ_{2s}增大，漏抗X_2增大，阻抗压降增大，U_2减小，焊接电流I_2减小。

③ 可根据不同焊件和焊条，灵活地调节动铁芯位置来改变电抗的大小，达到输出电流可调的目的。

3. 串联可调电抗器的电焊变压器

串联可调电抗器的电焊变压器如图1–27所示，在普通变压器二次绕组中串联一个可调电抗器，电抗器的气隙δ通过一螺杆调节大小，这时焊钳与焊件之间的电压为

$$\dot{U}_2=\dot{E}_2-\dot{I}_2\dot{Z}_2-\mathrm{j}\dot{I}_2X$$

式中，X为可调电抗器的电抗。

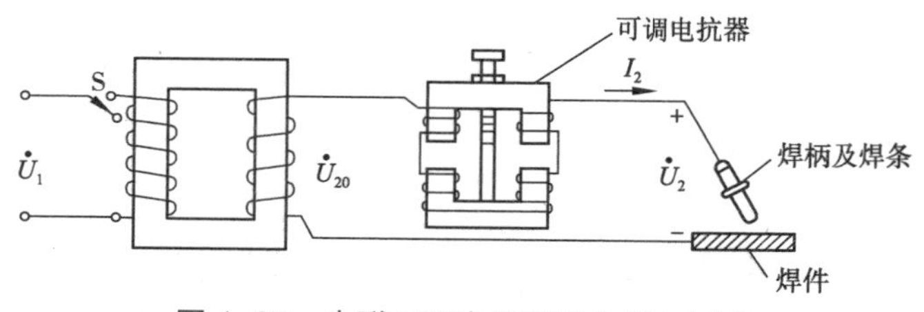

图1–27 串联可调电抗器的电焊变压器

① 当电抗器的气隙 δ 调小时，磁阻减小，磁导Λ_{2s}增大，可调电抗 X 增大（$X=2\pi fN^2\Lambda_{2s}$），U_2减小，I_2减小。

② 当气隙 δ 调大时，磁阻增大，磁导Λ_{2s}减小，可变电抗 X 减小，U_2增大，I_2增大。

③ 根据焊件与焊条的不同，可灵活地调节气隙 δ 的大小，达到输出电流可调的目的。

电焊机一次绕组还备有抽头，可以调节起弧电压的大小。

我们是一个小组，团队合作意识非常重要。

训练一：小型变压器的拆卸

几种常见小型变压器的外形如图 1–28 所示。

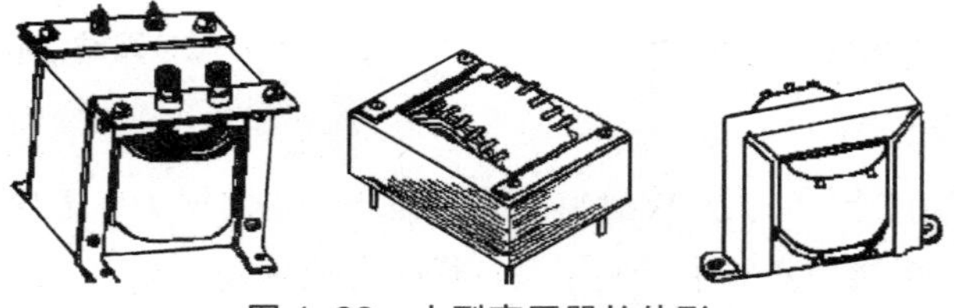

图 1–28　小型变压器的外形

1. 目的

① 了解拆装工艺的同时，加强对变压器结构的感性认识。

② 巩固铭牌数据知识。

③ 加强对绕组及相关数据的认识。

④ 学习变压器拆装工具及相关检测仪表的使用。

2. 训练指导

（1）记录原始数据

在拆除变压器铁芯前，必须记录原始数据，作为重绕变压器的依据。所需记录的数据包括：铭牌数据（型号，相数，容量，一、二次电压，连接组，绝缘等级等）、绕组数据（导线规格、匝数、尺寸、引出线规格与长度等）、铁芯数据（形状、尺寸、厚度、叠压顺序、叠压方式等）。

（2）拆卸步骤

拆卸铁芯的步骤为：拆除外壳与接线柱→拆除铁芯夹板或铁轭→用螺丝刀把粘合在一起的硅钢片撬松→用钢丝钳将硅钢片一一拉出→对硅钢片进行表面处理→将硅钢片依次叠

放并妥善保管。

（3）注意事项

具体拆卸时，可将铁芯夹持在台虎钳上。在卸掉铁芯夹板后，先用平口螺丝刀从芯片的叠缝中切入，沿铁芯四周切割一圈，切开头几片硅钢片间的粘连物，然后用钢丝钳夹住硅钢片的中间位置并稍加左右摆动，即可将硅钢片一一拉出。

在拆卸铁芯的过程中，当用螺丝刀撬松硅钢片时，动作要轻，用力要均匀，入刀位置要常换；在用钢丝钳抽拉硅钢片时，要多次试拉，不能硬抽，注意不要造成硅钢片的损坏或变形。

训练二：变压器绕组的极性判别

1. 目的

① 熟悉万用表和电压表的使用。

② 掌握变压器绕组的极性判别常用的方法。

③ 理解绕组同名端和异名端的判别法则。

2. 训练指导

（1）电压表法

电压表法判别同名端如图 1–29 所示，在变压器的一次侧加上适当的交流电压，分别用电压表测量 U_{AX}、U_{ax} 和 U_{Aa}，若 $U_{Aa}=U_{AX}+U_{ax}$，则表明 A 和 a 互为异名端，A 和 X 互为同名端（当然，X 和 a 也互为同名端）；反之则结果相反。

（2）万用表法

万用表法判别同名端如图 1–30 所示，一次侧经开关接电池，二次侧接万用表的直流微安挡（或接检流计、直流毫伏表）。在开关闭合瞬间，若指针正偏，则表明 A 和 a 互为同名端；若指针反偏，则表明 A 和 X 互为同名端。

3. 训练应用

上述两种判别一、二次侧间同名端的方法，同样适用于多绕组变压器二次侧间同名端的判定。

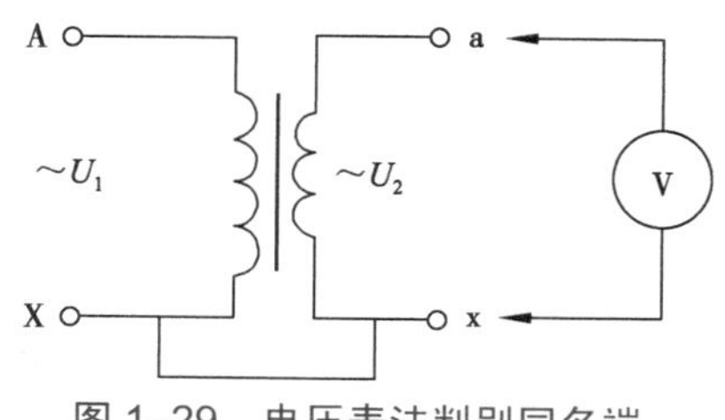

图 1–29　电压表法判别同名端

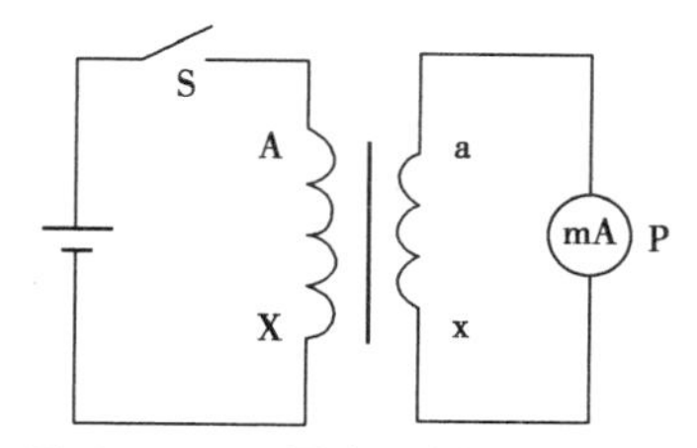

图 1–30　万用表法判别同名端

思考：某单相变压器，二次侧有两个相互独立的绕组，其电压分别为 10 V 和 50 V。问：变压器二次侧可获得哪几种电压？

思考与习题

1. 变压器是如何实现变压的？为什么能变电压，而不能变频率？

2. 变压器铁芯的作用是什么？为什么要用硅钢片制成？

3. 变压器的主要作用是什么？有哪些主要部件？各部件的功能是什么？

4. 简要说明变压器是如何工作的？

5. 变压器的额定容量为什么以千伏·安为单位而不以千瓦为单位？

6. 变压器的铭牌上标出了效率和功率因数吗？

7. 为什么要把变压器的磁通分成主磁通和漏磁通，它们有哪些区别？

8. 变压器接负载时，一、二次绕组各产生哪些电动势？它们产生的原因是什么？写出电动势平衡方程式。

9. 一台单相变压器，一次侧和二次侧之间没有导线连接，为什么负载运行时一次侧的电流要随着二次侧电流的变化而变化？

10. 变压器空载运行时，是否要从电网中取得功率？起什么作用？为什么小负载的用户使用大容量变压器，无论对电网还是对用户都不利？

11. 当变压器一次绕组匝数比设计值减少而其他条件不变时，铁芯饱和程度、空载电流大小、铁损耗、感应电动势和电压比都将如何变化？

12. 双绕组变压器一、二次侧的额定容量为什么按相等进行设计？

13. 变压器的励磁电抗和漏电抗各对应什么磁通？对已制成的变压器，它们是否是常数？当电源电压降至额定电压值的一半时，它们如何变化，这两个电抗大好还是小好，为什么？并比较这两个电抗的大小。

14. 变压器等效电路的物理意义是什么？

15. 试绘出变压器T形、近似和简化等效电路。

16. 在变压器高压侧进行空载和短路试验，测定的参数与在低压侧做上述试验求得的各参数有什么不同？又有什么联系？

17. 为什么变压器的空载损耗可近似看成铁损耗？短路损耗可否近似看成铜损耗？

18. 自耦变压器的主要特点是什么？有何优缺点？

19. 一台单相变压器的额定容量 $S_N = 50\ \text{kV·A}$，额定电压 $U_{1N}/U_{2N} = 10\,500/300$。试求一、二次绕组的额定电流。

单元 2

直流电动机的原理及应用

【学习目标】

◎认识并能够计算出直流电动机铭牌数据。

◎能对工程中常用直流电动机进行拆装。

◎正确合理地将直流电动机在生产中应用。

◎掌握直流电动机的基本结构组成和工作原理。

◎掌握直流电动机励磁方式及分类。

电动机是将电能转变成机械能的装置。按照用途划分，电动机分为驱动用电动机和控制用电动机。直流电动机以其结构简单、控制方便的特点主要应用于驱动，因此，在日常生活中，直流电动机的应用较为普遍，如作为交通工具的电车、短距离运输的电动车、汽车上用的起动机和其他设备，还应用于一些可以移动的靠蓄电池或电池供电的动力设备，如机器人、剃须刀、儿童玩具等。电动机在工业应用中的位置如图 2–1 所示。

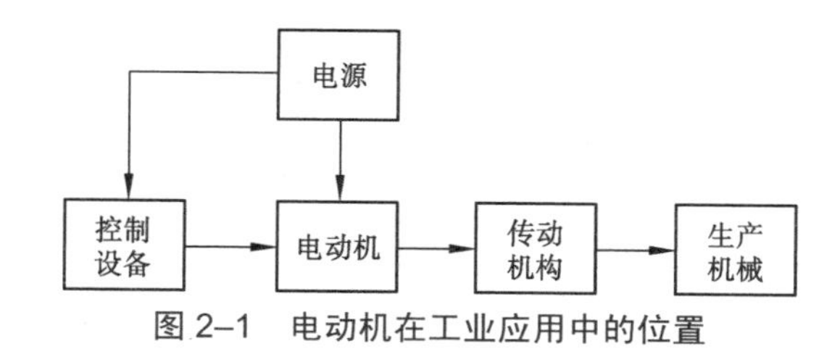

图 2–1　电动机在工业应用中的位置

任务 1　直流电动机的分类

结构和工作原理的不同，使得直流电动机有多种不同的类型，但在工业应用中，直流电动机主要根据励磁方式的不同分为 4 种类型：他励式、并励式、串励式、复励式。

励磁方式是指直流电动机的励磁绕组与其电枢绕组的连接方式。励磁绕组与电枢绕组无连接关系，而由其他直流电源对励磁绕组供电的直流电动机称为他励直流电动机，接线如图 2–2（a）所示，永磁直流电动机也可看作他励直流电动机；并励直流电动机的励磁绕组与电枢绕组相并联，接线如图 2–2（b）所示，对并励直流电动机来说，励磁绕组与电枢绕组共用同一电源，从性能上讲与他励直流电动机相同；串励直流电动机的励磁绕组与电枢绕组串联后，再接于直流电源，接线如图 2–2（c）所示，这种直流电动机的励磁电流就是电枢电流；复励直流电动机有并励和串励两个励磁绕组，接线如图 2–2（d）所示，若串励绕组产生的磁通势与并励绕组产生的磁通势方向相同，则称为积复励；若两个磁通势方向相反，则称为差复励。一般情况直流电动机的主要励磁方式是并励式、串励式和复励式。

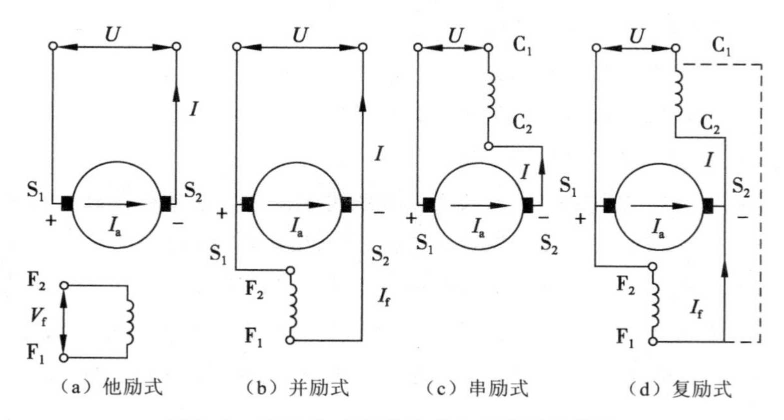

图 2–2　直流电动机按励磁方式分类接线图

图 2–3 展示了直流电动机的总体分类。

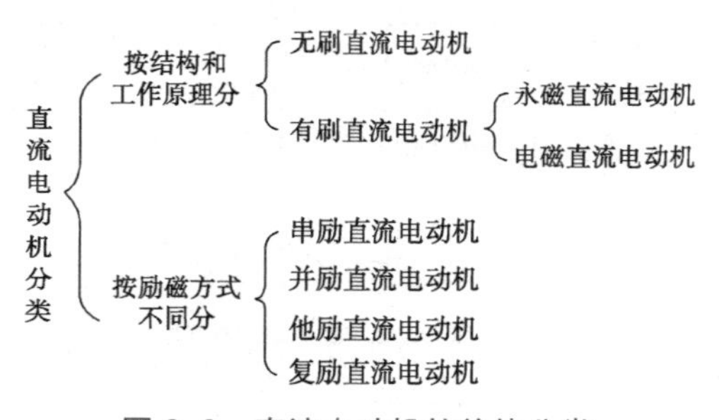

图 2–3　直流电动机的总体分类

让我们一起来看看直流电动机是如何工作的。

任务 2 认识直流电动机的工作原理

直流电动机
工作原理

认识直流电动机的工作原理，首先要了解直流电动机的组成和内部构造。

子任务 1 认识直流电动机的基本组成

直流电动机由定子和转子两大部分构成，在定子和转子之间有一定大小的间隙（称为气隙），其作用是产生恒定、有一定空间分布形状的磁通密度。直流电动机的基本组成及作用如图 2–4 所示。

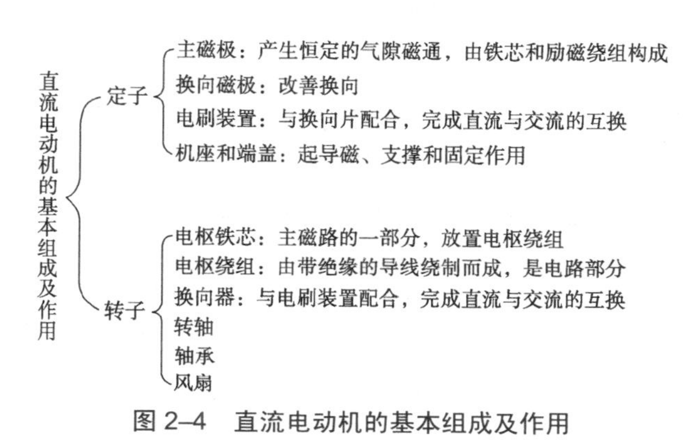

图 2–4　直流电动机的基本组成及作用

子任务 2 直流电动机的结构识别

1. 定子

直流电动机定子的作用是产生磁场和作为电动机的机械支撑。主要由主磁极、机座、换向磁极、电刷装置和端盖组成。

（1）主磁极

主磁极是一个电磁铁，如图 2–5 所示，由主磁极铁芯和放置在铁芯上的励磁绕组构成。主磁极铁芯一般用 1 ～ 1.5 mm 厚的薄硅钢板冲片叠压后再用铆钉铆紧成一个整体。小型电动机的主磁极励磁绕组用绝缘铜线（或铝线）绕制而成，大中型电动机主磁极励磁绕组用扁铜线绕制，并进行绝缘处理，然后套在主磁极铁芯外面，整个主磁极用螺钉固定在机座内壁。

（2）机座

机座起导磁作用，因此机座是主磁路的一部分，称为定子铁轭；另外，主磁极、换向磁极及端盖均固定在机座上，机座也起机械支撑作用。直流电动机的机座有两种形式：一种为整体机座，另一种为叠片机座。整体机座是用导磁效果较好的铸钢材料制成，该种机座能同时起到导磁和机械支撑的作用。一般直流电动机均采用整体机座，叠片机座是用薄硅钢板冲片叠压成定子铁轭，再把定子铁轭固定在一个专起支撑作用的机座里，这样定子铁轭和机座是分不开的，机座只起支撑作用，可用普通钢板制成。叠片机座主要用于主磁通变化快、调速范围较高的场合。

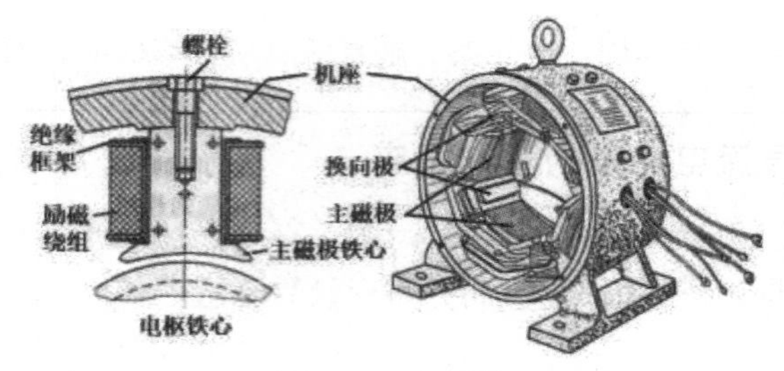

图 2–5　主磁极

（3）换向磁极

换向磁极又称附加极，它装在两个主磁极之间，起到改善直流电动机换向的作用，一般电动机容量超过 1 kW 时均应安装换向磁极。换向磁极由换向磁极铁芯和换向磁极绕组构成。换向磁极铁芯比主磁极的简单，大多用整块钢加工而成，其上放置换向磁极绕组，换向磁极绕组一般也用圆铜线或扁铜线绕制而成，经绝缘处理后套在换向磁极铁芯上，最后用螺钉将换向磁极固定在机座内壁。换向磁极的结构如图 2–6 所示。

（4）电刷装置

电刷装置是直流电动机的重要组成部分。其作用是通过电刷与换向器表面的滑动接触，把转动的电枢绕组与外电路相连或把外部电源与电动机电枢相连。电刷装置与换向片一起完成机械整流，把电枢中的交变电流变成电刷上的直流或把外部电路中的直流变成电枢中的交流。电刷装置一般由电刷、刷握、刷杆、刷杆座及弹簧压板等部分组成。电刷放在刷握内，用弹簧压板压紧在换向器上，刷握固定在刷杆上，刷杆装在刷杆座上，成为一个整体部件，电刷装置示意图如图 2–7 所示。

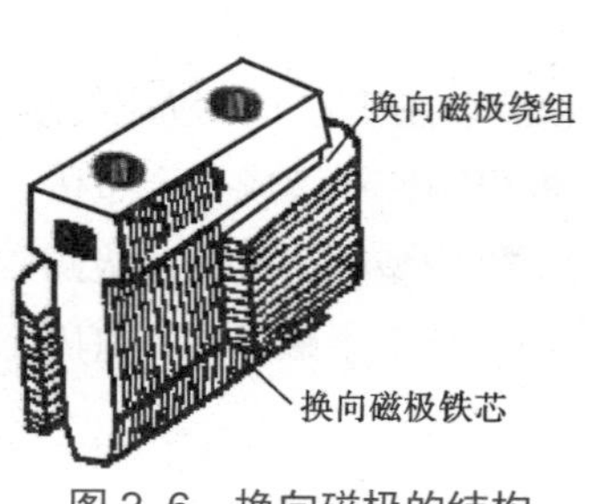

图 2–6　换向磁极的结构

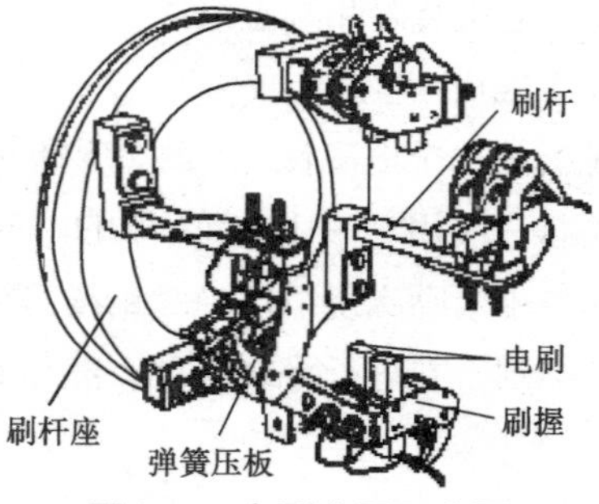

刷杆
电刷
刷握
刷杆座
弹簧压板

图 2–7　电刷装置示意图

（5）端盖

端盖固定于机座上，其上放置轴承，支撑直流电动机的转轴，使直流电动机能够旋转，因此端盖主要起支撑作用。

2. 转子

直流电动机的转子（又称电枢）是电动机的转动部分，由电枢铁芯、电枢绕组、换向器、转轴等构成。

（1）电枢铁芯

电枢铁芯是电动机主磁路的一部分，同时对放置在其上的电枢绕组起支撑作用。当电枢在磁场中旋转时，在电枢铁芯中产生涡流损耗和磁滞损耗，为减少这些损耗的影响，电枢铁芯通常用 0.5 mm 厚的硅钢片冲压成形，并在硅钢片的两侧涂绝缘漆，为放置电枢绕组而在硅钢片上冲出转子槽，冲制好的硅钢片叠装成电枢铁芯固定在转子支架或转轴上。电枢铁芯的结构如图 2–8 所示。

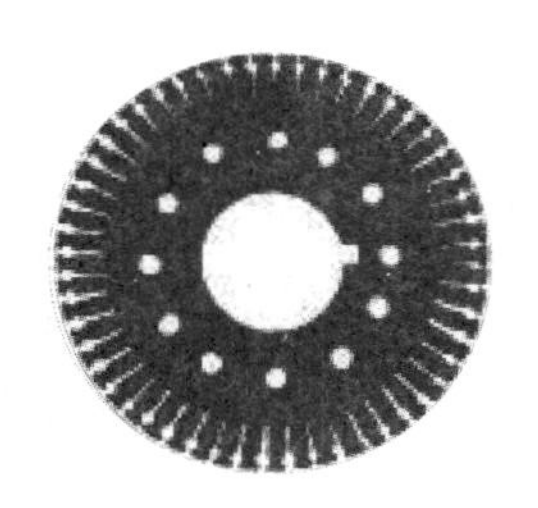

（a）电枢铁芯片　　（b）电枢铁芯

图 2–8　电枢铁芯的结构

图 2–9 所示为电枢铁芯与电枢绕组、换向器之间的装配关系。

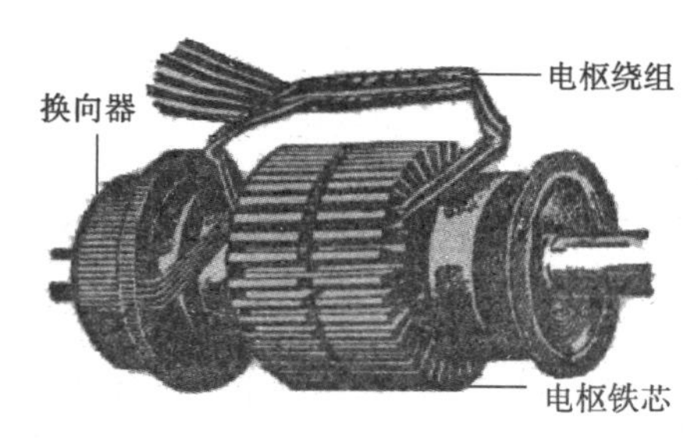

图 2–9　电枢铁芯与电枢绕组、换向器之间的装配关系

（2）电枢绕组

① 直流电枢绕组的基本知识。在直流电动机中，每个线圈称为一个元件，多个元件有规律地连接起来形成电枢绕组，电枢绕组的作用是产生感应电动势和通过电流产生电磁转矩，实现机电能量的转换。电枢绕组是直流电动机的主要电路部分，通常用带绝缘的圆形或矩形截面的导线绕制而成，对于小型电动机常用铜导线绕制，对于大中型电动机常采用成形线圈。绕制好的绕组或成形绕组放置在电枢铁芯上的槽内，如图 2–9 所示，其中直线部分在电动机运转时将产生感应电动势，称为元件的有效部分；在电枢槽两端把有效部分连接起来构成的部分称为端接部分，该部分不产生感应电动势。

电枢绕组按其绕组元件与换向器连接方式的不同，可分为叠绕组（单叠和复叠）、波绕组（单波和复波）和混合（蛙式）绕组，其中单叠和单波是最基本的绕组形式。

对电枢绕组有几个常用术语，分别叙述如下：

元件的首、末端：每一个元件不管是单匝还是多匝，均引出两根线与换向片相连，其

中一根称为首端，另一根称为末端。每一个元件的两个端点分别接在不同的换向片上，每个换向片接两个不同的线圈端头。绕组在槽内放置示意图如图 2–10 所示。

实槽：电动机电枢上实际开出的槽。

虚槽:单元槽（每层元件边的数量等于虚槽数)，每个虚槽的上、下层各有一个元件边。实槽与虚槽如图 2–11 所示。

极距：相邻两个主磁极轴线沿电枢表面之间的距离，用 τ 表示：

$$\tau = \frac{\pi D}{2p} \tag{2-1}$$

式中，D 为电枢铁芯外直径；p 为直流电动机磁极对数。

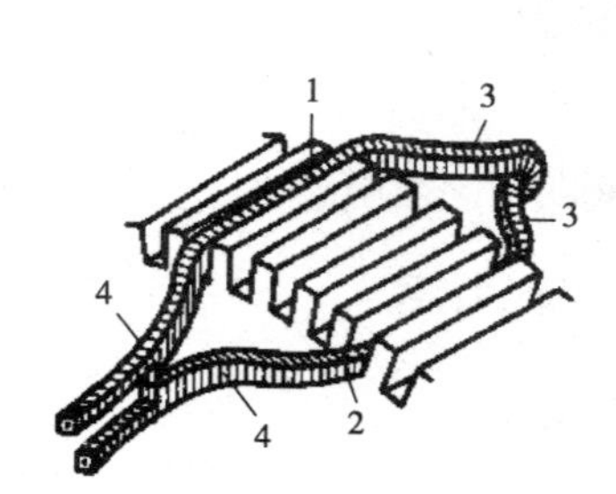

图 2–10　绕组在槽内放置示意图

1—上层边；2—下层边；

3—端接部分；4—首、末端

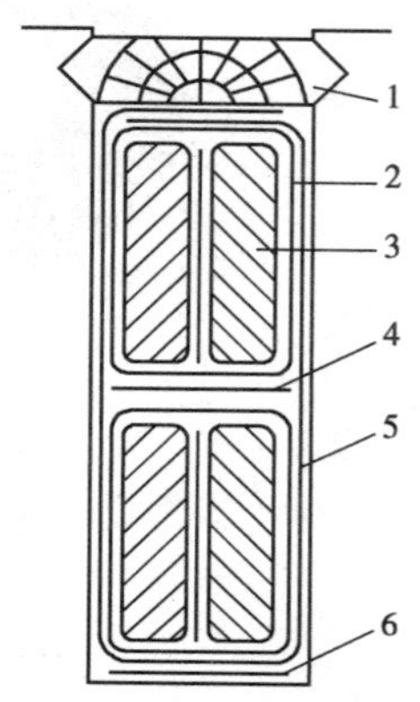

图 2–11　实槽与虚槽

1—槽楔；2—线圈绝缘；3—导线；

4—层间绝缘；5—槽绝缘；6—槽底绝缘

叠绕组：指串联的两个元件总是后一个元件端接部分紧叠在前一个元件端接部分，整个绕组成折叠式前进。

波绕组：指把相隔约为一对极距的同极性磁场下的相应元件串联起来，像波浪式的前进。

绕组节距：绕组节距通常用虚槽数或换向片数表示。主要有如下几种节距：第一节距，即一个元件的两个有效边在电枢表面跨过的距离，用 y_1 表示；第二节距，即连至同一换向片上的两个元件中第一个元件的下层边与第二个元件的上层边间的距离，用 y_2 表示；合成节距，即连至同一换向片上两个元件对应边之间的距离——第一个元件的上层边与第二个元件的上层边间的距离或第一个元件的下层边与第二个元件的下层边间的距离，用 y 表示。合成节距与第一节距、第二节距的关系如下：

单叠绕组　　$$y = y_1 - y_2 \tag{2-2}$$

单波绕组　　$$y = y_1 + y_2 \tag{2-3}$$

换向节距：同一元件首末端连接的换向片之间的距离，用 y_k 表示。

单叠绕组和单波绕组的节距示意图如图 2–12 所示。

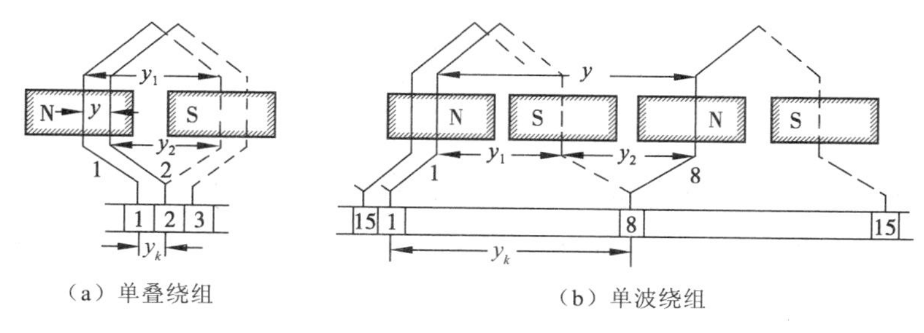

图 2–12　单叠绕组和单波绕组的节距示意图

② 单叠绕组。单叠绕组的特点是相邻元件（线圈）互相叠压，合成节距与换向节距均为 1，即 $y=y_k=1$。

单叠绕组的节距计算：第一节距 y_1 计算公式为

$$y_1=\frac{Z}{2p}\pm\varepsilon \tag{2-4}$$

式中，Z 为电动机电枢槽数；ε 为使 y_1 为整数而加的一个小数。

当 ε 前面为负号时，线圈为短距线圈；当 ε 前面为正号时，线圈为长距线圈。长、短距线圈的有效边是一样的，但由于长距线圈连接部分比短距线圈要长，因此，为节省材料常使用短距线圈。

单叠绕组的合成节距和换向节距相同，即 $y=y_k=\pm1$，一般取 $y=y_k=+1$，此时的单叠绕组称为右行绕组，元件的连接顺序为从左到右进行。

单叠绕组的第二节距 y_2 由第一节距和合成节距之差计算得到，即

$$y_2=y_1-y \tag{2-5}$$

单叠绕组的展开图：电动机绕组展开图即把放在铁芯槽里、构成绕组的所有元件均取出来，画在同一张图里，其作用是展示元件相互间的电气连接关系。除元件外，展开图中还包括主磁极、换向片及电刷间的相对位置关系。在画展开图前应根据所给定的电动机磁极对数 p、电枢槽数 Z、元件数 S 和换向片数 K，算出各节距值，然后根据计算值画出单叠绕组展开图。

下面用一个具体的例子说明单叠绕组展开图的画法。

【例 1】已知一台直流电动机的磁极对数 $p=2$，$Z=S=K=16$，试画出其右行单叠绕组展开图。

解：第一步，计算绕组数据：

$$y_1=\frac{Z}{2p}\pm\varepsilon=\frac{16}{2\times2}=4$$

因为是单叠绕组，所以

$$y=y_k=1$$

$$y_2=y_1-y=4-1=3$$

第二步，画绕组展开图：

a．先画 16 根等长、等距的实线，代表各槽上层边，再画 16 根等长、等距的虚线，代表各槽下层边。

b．根据 y_1，画出第 1 个元件的上下层边（1 ～ 5 槽），令上层边所在的槽号为元件号。

c．放置换向片，用带有编号的小方块代表各换向片，换向片的编号也是从左到右顺序编排，并以第 1 个元件上层边所连接的换向片为第一个换向片号，1、2 片之间对准元件中心线，等分换向器。

d．画出第 2 个元件，上层边在第 2 槽，与第 1 个元件的下层边连接；下层边在第 6 槽与 3 号换向片连接。按此规律，一直把 16 个元件全部连起来。

e．放磁极：磁极宽度均匀分布在圆周上，N 极磁感线垂直向里（进入纸面），S 极磁感线垂直向外（从纸面穿出）。

f．放置电刷：对准磁极轴线，在其下画一个换向片宽（实际上换向片数很多，电刷为 2 ～ 3 片）。并把相同极性下的电刷并联起来。在实际运行时，电刷是静止不动的，电枢在旋转，被电刷所短路的元件永远都处于电动机的几何中性线，其感应电动势接近于零。为使正、负电刷间引出的电动势最大，已知被电刷所短路的元件电动势为零，在元件端接线对称的情况下，电刷的实际位置应在磁极中性线下，所以习惯上称为“电刷放在几何中性线位置”。

该例子的单叠绕组展开图如图 2–13 所示。

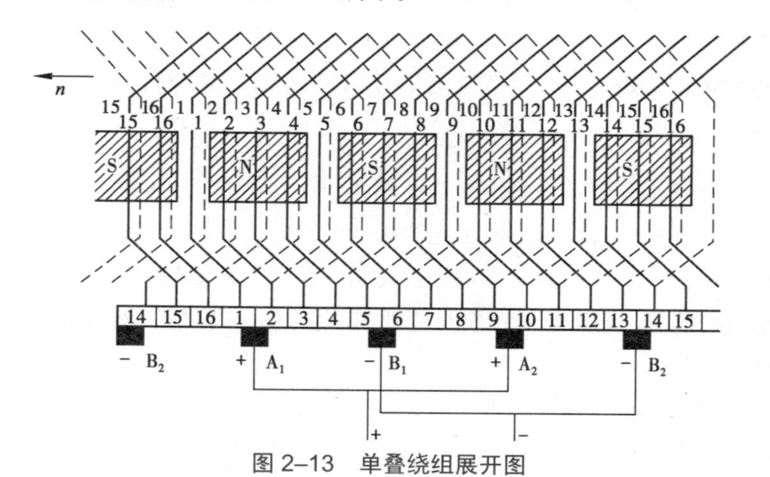

图 2–13　单叠绕组展开图

单叠绕组的元件连接顺序及并联支路图：从图 2–13 单叠绕组展开图中可以看出，根据第一节距值 $y_1 = 4$ 可知，第 1 槽元件 1 的上层边可以连接到第 5 槽元件 1 的下层边，构成了第 1 个元件；根据换向节距 $y_k = 1$，第 1 个元件的首、末端分别连接到第 1、2 两个换向片上；根据合成节距求得 $y_2 = 3$，第 5 槽元件 1 的下层边连接到第 2 槽元件 2 的上层边，这样就把第 1、2 两个元件连接起来了。其余元件的连接以此类推，单叠绕组元件连接顺序如图 2–14 所示。

从图中可以看出，从第 1 个元件开始，绕电枢一周，把全部元件边都串联起来后，又回到第 1 个元件的起始点 1，可见，整个绕组是一个闭合绕组。

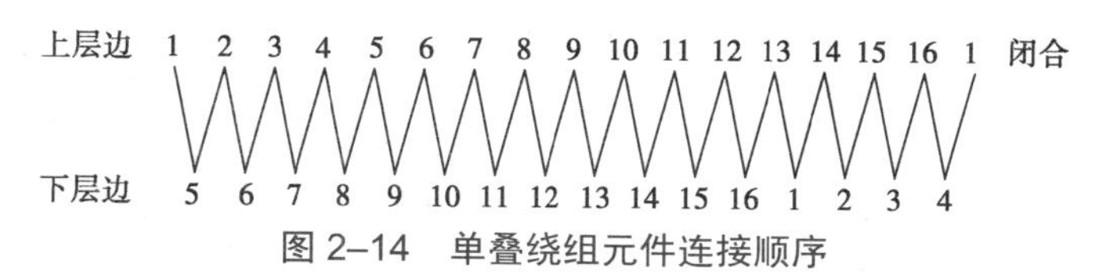

图 2–14 单叠绕组元件连接顺序

图 2–15 所示为单叠绕组并联支路，电刷短接元件为元件 1、5、9 和 13，并联支路对数 a 与主磁极对数相同，即 $a = p$。

综上所述，单叠绕组有以下特点：同一主磁极下的元件串联在一起组成一条支路，因此有几个主磁极就有几条支路；电刷数等于主磁极数，电刷位置应使支路感应电动势最大，电刷间电动势等于并联支路电动势；电枢电流等于各并联支路电流之和。

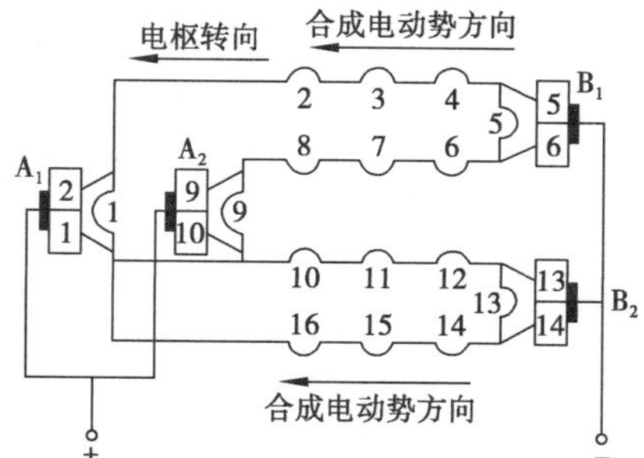

图 2–15 单叠绕组并联支路

③ 单波绕组。单波绕组节距计算：第一节距 y_1 计算公式与单叠绕组计算相同。合成节距 y 与换向节距 y_k 的计算如下：

选择时，应使串联的元件感应电动势同方向，因此，得把两个串联的元件放在同极性磁极的下面，此时它们在空间位置上相距约两个极距。其次，当沿圆周向一个方向绕了一周，经过 p 个串联的元件后，其末尾所连的换向片必须落在起始换向片相邻的位置，这样才能使第二周元件继续往下连，此时换向总节距为 Py_k，即

$$py_k = K \mp 1 \tag{2-6}$$

式中，K 为换向片数。

由式（2–6）可得换向节距为

$$y_k = \frac{K \mp 1}{p} \tag{2-7}$$

在式（2–7）中，正负号的选择首先应满足使 y_k 为整数，其次考虑选择负号。选择负号时的单波绕组称为左行绕组。单波绕组的合成节距与换向节距相同，即 $y = y_k$。

第二节距 y_2 计算：

$$y_2 = y - y_1 \tag{2-8}$$

单波绕组展开图：单波绕组展开图画法可见例 2。

【例 2】已知主磁极对数 $p = 2$，$Z = S = K = 15$，试画出单波左行绕组展开图。

解：

第一步：首先计算各节距。计算式如下：

$$y_1 = \frac{Z}{2p} \mp \varepsilon = \frac{15}{4} - \frac{3}{4} = 3$$

$$y = y_k = \frac{K-1}{p} = \frac{15-1}{2} = 7$$

$$y_2 = y - y_1 = 7 - 3 = 4$$

第二步：画图。参照单叠绕组的展开图画法，可画出单波绕组展开图如图 2–16 所示。

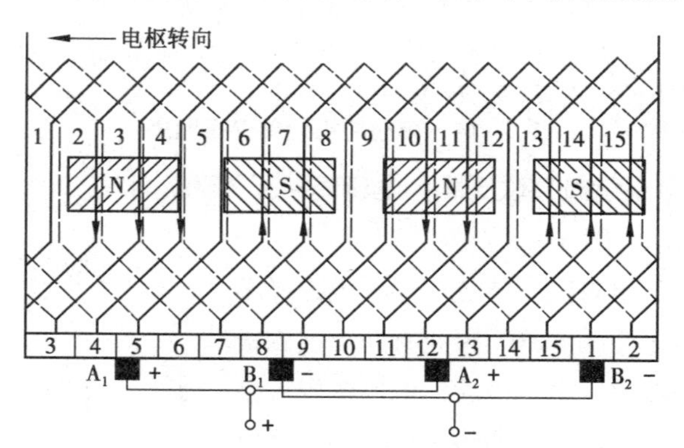

图 2–16　单波绕组展开图

单波绕组的连接次序及并联支路图：单波绕组也是一个自身闭路的绕组。

单波绕组的并联支路如图 2–17 所示。从图中可以看出，单波绕组是把所有 N 极下的全部元件串联起来形成一条支路，把所有 S 极下的元件串联起来形成另外一条支路。

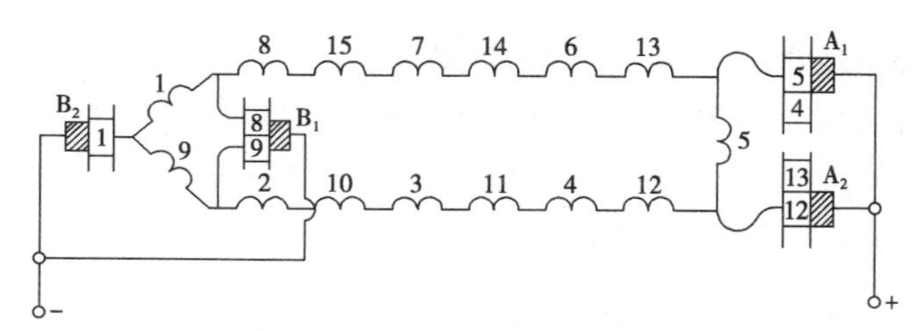

图 2–17　单波绕组的并联支路

综上所述，单波绕组有以下特点：同极性下各元件串联起来组成一条支路，支路对数 $a=1$，与磁极对数 p 无关；当元件的几何形状对称时，电刷在换向器表面上的位置对准主磁极中心线，支路电动势最大（即正、负电刷间电动势最大）；电刷数等于磁极对数；电枢电动势等于支路感应电动势；电枢电流等于两条支路电流之和。

（3）换向器

换向器又称整流子，其作用是机械整流，即在直流电动机中，将外加的直流电流逆变成绕组内的交流电流以使电动机旋转。换向器由许多换向片组成，是直流电动机最薄弱的部分。换向片凸起的一端称为升高片，用于与电枢绕组端头相连，换向片下部做成燕尾形，利用绝缘套筒、V 形钢环及螺旋压圈将换向片、云母片紧固成一个整体，相邻的两换向片间以 0.6 ～ 1.2 mm 厚的云母片绝缘，最后用螺旋压圈压紧。换向器固定在转轴的一端，换向片靠近电枢绕组一端的部分与绕组引出线相焊接。换向器采用导电性能好、硬度大、耐磨性能好的纯铜或铜合金制成。换向器结构组成如图 2–18 所示。

（4）转轴

转轴的作用是传递转矩，一般用合金钢锻压而成。

3. 整体结构

直流电动机的结构模型如图 2–19 所示，内部整体结构如图 2–20 所示，剖视图如图 2–21 所示。

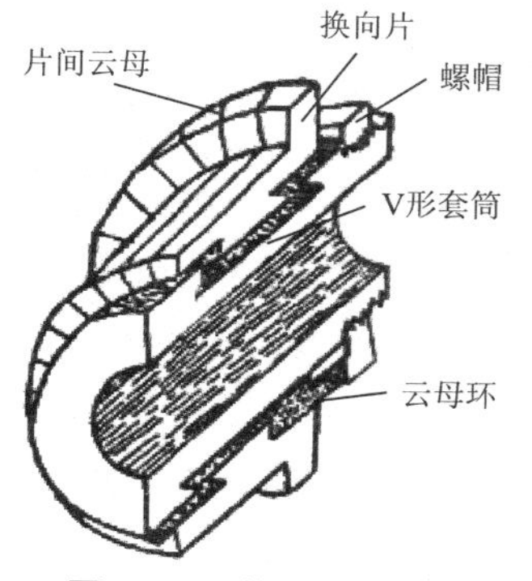

图 2–18　换向器结构组成

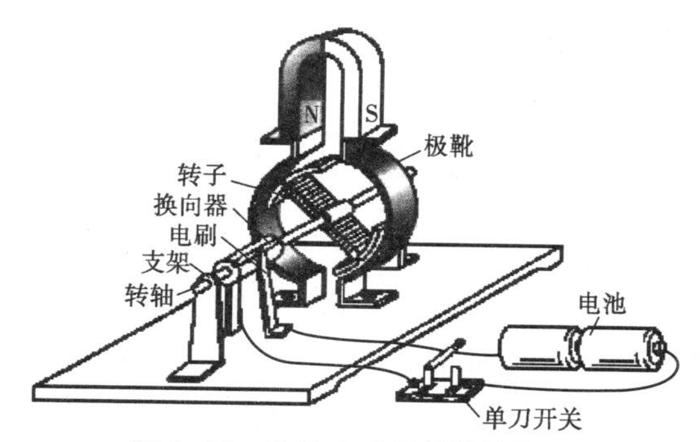

图 2–19　直流电动机的结构模型

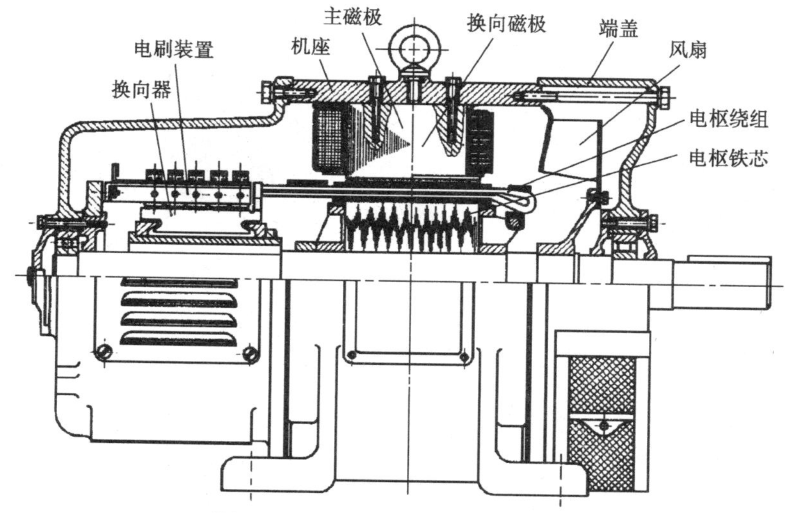

图 2–20　直流电动机内部整体结构

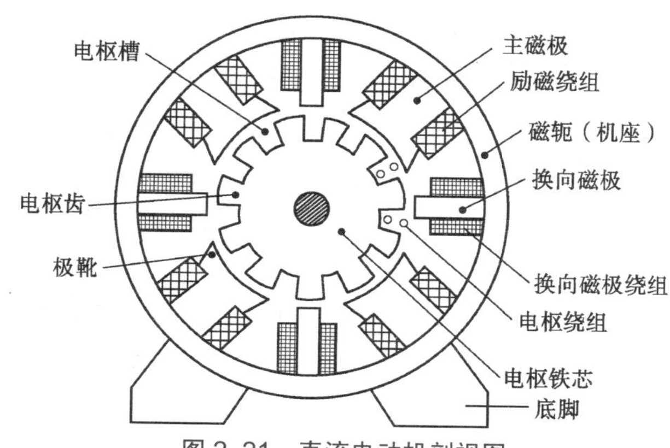

图 2–21　直流电动机剖视图

子任务 3 直流电动机工作原理

直流电动机的工作原理如图 2–22 所示，将电刷 A、B 接到直流电源上，电刷 A 接正极，电刷 B 接负极，此时电流的流向为 + → A →换向片 1 → a → b → c → d →换向片 2 → B，根据电磁力定律，载流导体 ab、cd 都将受到电磁力 f 的作用，其大小为

$$f = B_x Il$$

式中，B_x 为导体所在处的磁通密度，单位为特 [斯拉]，符号为 T（1 T = 1 Wb/m^2）；l 为导体 ab 或 cd 的有效长度，单位为 m；I 为导体中流过的电流，单位为 A；f 为电磁力，单位为 N。

根据左手定则可知：在磁场作用下，N 极性下导体 ab 受力方向从右向左，S 极性下导体 cd 受力方向从左向右，该电磁力形成逆时针方向的电磁转矩。当电磁转矩大于阻转矩时，电动机线圈逆时针方向旋转。

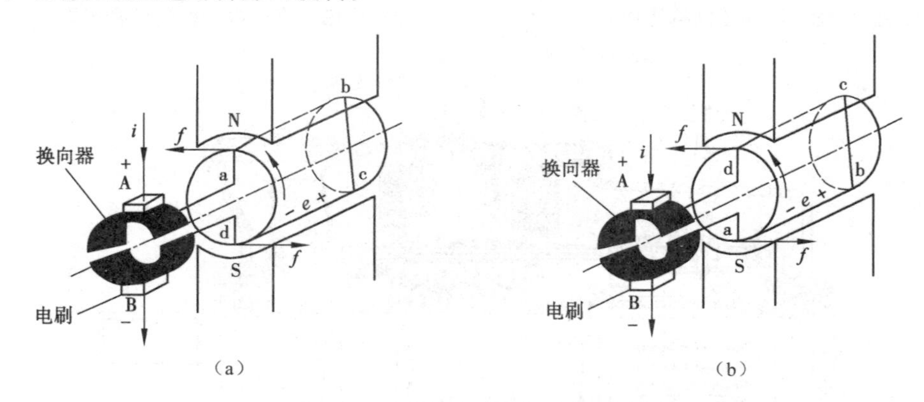

图 2–22 直流电动机工作原理图

当电枢转到 90°，电刷不与换向片接触，而与换向片间的绝缘片相接触，此时线圈中没有电流通过，故电磁转矩为 0，但由于惯性的作用，电枢仍能转过一个角度，当电枢旋转到图 2–22（b）所示位置时，原 N 极性下导体 ab 转到 S 极性下，受力方向从左向右，原 S 极性下导体 cd 转到 N 极性下，受力方向从右向左。该电磁力仍形成逆时针方向的电磁转矩。线圈在该电磁力形成的电磁转矩作用下继续逆时针方向旋转。

在直流电动机中，电刷两端虽然加的是直流电，但在电刷和换向器的作用下，线圈内部却变成了交流电，从而产生了单方向的电磁转矩，驱动电动机持续旋转。这样虽然导体中流通的电流为交变的，但 N 极性下的导体受力的方向和 S 极性下导体所受力的方向并未发生变化，电动机在此方向不变的转矩作用下转动。直流电动机工作原理示意图如图 2–23 所示。

旋转的线圈中将产生感应电动势 e，其方向与线圈中电流方向相反，称为反电动势。直流电动机若要维持继续旋转，外加电压就必须高于反电动势，才能不断克服反电动势而流入电流，正是这种不断克服，实现了电能转换成机械能。由此可见，当输入机械转矩将机械能转换成电能时，电动机就转变成发电机。

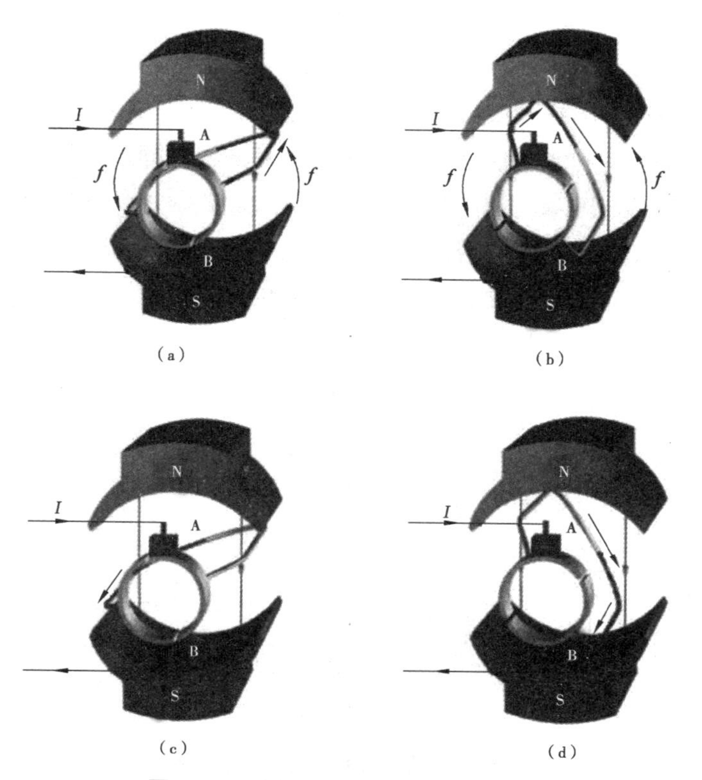

图 2–23　直流电动机工作原理示意图

任务 3　直流电动机综合应用

电动鱼雷

使用电动力装置的鱼雷称为电动鱼雷，这种鱼雷用蓄电池作电源，利用直流电动机将电能转换成推进器（如螺旋桨）转动的机械能。因此，电动鱼雷的动力系统由电源、电动机和动力操纵装置等组成。

（1）电动鱼雷的动力操纵装置组成

某种型号电动鱼雷的整体布局如图 2–24 所示。

电动鱼雷的电源一般装在鱼雷的中段，在中段还装有动力操纵装置的控制仪表。电动机则多装于鱼雷后段的前部，置于电动鱼雷的动力操纵装置系统中。电动鱼雷的动力操纵装置系统图如图 2–25 所示。

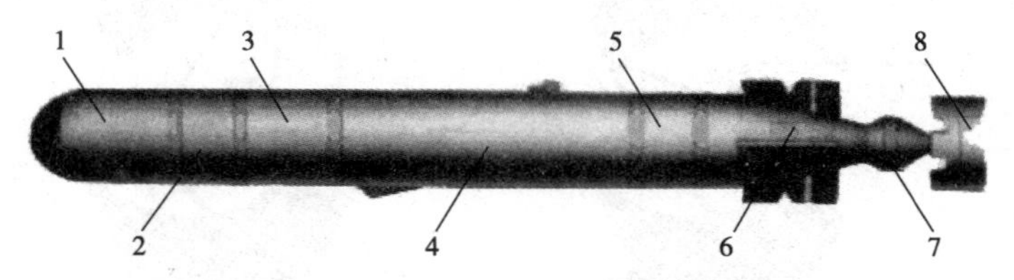

图 2–24　电动鱼雷的整体布局

1—自导头；2—仪器舱；3—战斗部；4—电池舱；5—电动机；

6—舵机舱；7—推进器；8—伞包

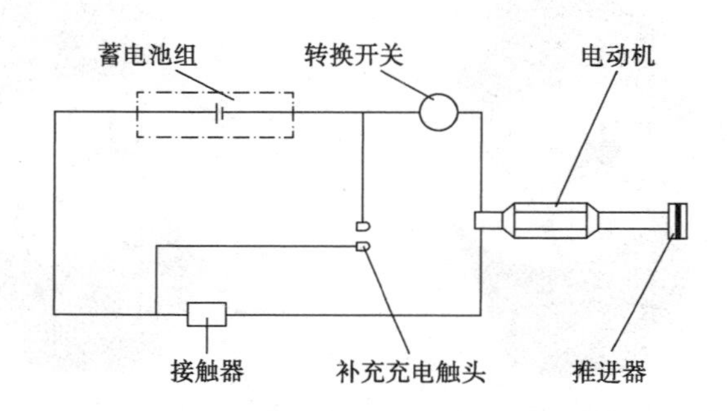

图 2–25　电动鱼雷的动力操纵装置系统图

其中，转换开关是用手操纵电路接通与断开的装置，在转换开关上还可以选定在接通电路时所用的速度和自导工作方式等，因此它起着设定与保证安全的作用，转换开关主要是在检查鱼雷时使用，用它将空载情况下的主电路接通或断开以供检查，发射鱼雷前必须先将转换开关置于接通动力电路的位置。接触器是发射鱼雷时自动将动力电路接通的开关，电路接通后即可使电动机运转，此开关有多种结构形式，可用机械传动，也可用气压操纵。补充充电触头是保养鱼雷用的。充好电的鱼雷必须定期向蓄电池补充充电，因为电池存放时有自放电现象，储存时间过长电压会降低，故必须定期充电。

（2）电动鱼雷的优点

电动鱼雷与热动力鱼雷相比，具有无航迹和噪声小的优点。没有航迹，不但可以提高鱼雷攻击的隐蔽性和突然性，使敌舰难以回避鱼雷攻击，而且能保证发射艇的隐蔽性。噪声小的鱼雷不易被攻击对象发现，也有利于鱼雷声自导装置的工作，提高鱼雷搜索和跟踪目标的能力。此外，电动鱼雷其电动机的功率与海水压力无关，所以鱼雷的航速和航程都不受航行深度的影响。由于电动力装置在工作期间没有燃料消耗，所以在航行过程中电动鱼雷的质量基本保持不变，这就使鱼雷的航行品质较好。电动鱼雷容易实现变速，方便给鱼雷中各种设备提供电源，工作可靠，便于维修、使用。

（3）电动鱼雷中电动机的使用要求

电动鱼雷所携带的是直流电源，因此电动鱼雷使用的电动机多为直流电动机。电动机把蓄电池组的电能转换为推进装置转动的机械能。电动鱼雷中电动机的工作特点：使用条件复杂、工作时间短、启动力矩大等。因此，对于电动鱼雷中电动机的主要要求如下：

① 电动机在一定的质量和尺寸条件下，具有较大的功率和较高的效率以达到提高速度和增大航程的目的。

② 具有较大的启动力矩，以使鱼雷发射后能迅速达到全速运转，从而保证初始弹道稳定。

③ 工作要可靠，以适应电动机工作时通风散热条件比较差、湿度大以及各种发射方式等。

④ 当要求电动鱼雷变速时，其调速装置要简单、可靠。

⑤ 工作时噪声要小。

此外，由于电动鱼雷中电动机要带动对转双螺旋桨，这样电动鱼雷中使用的电动机就有双转电动机和单转电动机之分。单转电动机只有电枢带动输出轴转动，而磁系统固定不动，与一般电动机没有区别。如果将电动机的电枢和磁系统都做成可旋转的，并且电枢和磁系统的转向相反，则称为双转电动机。电动鱼雷双转电动机如图 2–26 所示，电动机的电枢和磁系统分别与一转动轴相连，这两轴同心，在两轴上各装一个螺旋桨，当电动机工作时，则带动前后两个螺旋桨做方向相反的旋转运动。对于电动鱼雷单转电动机，必须经过减速装置才能带动反向旋转的前后螺旋桨，但电动机转速可以很高，从而可提高电动机的比功率（即电动机单位质量发出的功率）。采用双转电动机，取消了减速装置，可提高传动效率，并能减小噪声和减轻质量，但由于磁系统也要转动，双转电动机的结构复杂，需要两套电刷和轴承等零部件，并需另装一个外壳或支承架。

图 2–26　电动鱼雷双转电动机

（4）电动鱼雷中直流电动机的应用特点

根据电动鱼雷中电动机性能的要求，电动鱼雷多采用串励式直流电动机。因为这种电动机具有以下特点：

① 启动时间短，有较大的启动力矩。保证电动鱼雷在短时间内即可达到全速航行。

② 有较强的过载能力。鱼雷的工作时间一般在 20 min 左右，这样在设计电动机时可选取较高的温升和机械负载，从而使电动机的质量和体积都能明显减小。

③ 串励式直流电动机的功率受电压变化影响较小，因此可使电动鱼雷有较好的运动平稳性。

④ 串励式直流电动机结构简单、制造容易、成本低。

⑤ 串励式直流电动机不能空载和小负载启动。所以这种电动机较适合于潜艇用鱼雷，

水面舰艇和空投鱼雷使用时，则需要考虑启动问题。

随着永磁材料的发展，尤其是稀土永磁的相继问世，材料磁性能有了很大提高。特别是稀土永磁电动机具有结构简单、运行可靠、体积小、质量小、损耗小、效率高、电动机的形状和尺寸可以灵活多样等显著优点。因此，鱼雷上的电动机也已开始采用永磁体励磁的电动机，特别是采用稀土永磁电动机。结合上面的特点，电动鱼雷主要采用串励式双转直流电动机。

让我们一起学习直流
电动机的铭牌数据。

任务 4 直流电动机的铭牌数据

直流电动机的铭牌可以让使用者充分认识直流电动机的性能，因此，掌握直流电动机的铭牌数据含义、在铭牌的基础上会合理选用直流电动机等方面的能力具有重要意义。

子任务 1 直流电动机铭牌数据含义

直流电动机底座的外表面上都有一块铭牌，上面印有电动机的主要额定数据及电动机产品数据，这是用户合理选择和正确使用电动机的依据。铭牌数据主要包括：电动机型号、额定功率、额定电压、额定电流、额定转速、额定励磁电流及励磁方式等，此外还有电动机的出厂数据，如出厂编号、出厂日期等。表 2–1 所示为某台直流电动机的铭牌数据。

表 2–1 某台直流电动机的铭牌数据

型 号	Z4-112/2-1	励磁方式	并 励
额定功率	5.5 kW	励磁电压	180 V
额定电压	440 V	效率	81.190
额定电流	15 A	定额	连续
额定转速	3 000 r/min	温升	80 ℃
出品号数	× × × ×	出厂日期	2001 年 10 月
× × × × 电机厂			

电动机铭牌上所标的数据称为额定数据，具体含义如下：

额定功率 P_N：指在额定条件下电动机所能供给的功率，即电动机轴上输出的额定机械功率，单位为 kW，即

$$P_N = U_N I_N \eta_N \tag{2-9}$$

式中，η_N为额定效率。

额定电压 U_N：指在额定工况下电动机出线端的平均电压，即电动机输入额定电压，单

位为 V。

额定电流 I_N：指电动机在额定电压情况下，运行于额定功率时对应的电流值，单位为 A。

额定转速 n_N：指对应于额定电压、额定电流时，电动机运行于额定功率时所对应的转速，单位为 r/min。

额定励磁电流 I_{fN}：指对应于额定电压、额定电流、额定转速及额定功率时的励磁电流，单位为 A。

此外，还有工作方式、额定励磁电压、额定温升、额定效率、额定转矩等。

电动机的产品型号表示电动机的结构和使用特点，国产电动机的型号一般采用大写的汉语拼音字母和阿拉伯数字表示，其格式为：第一部分用大写的拼音字母表示产品代号；第二部分用阿拉伯数字表示设计序号；第三部分用阿拉伯数字表示机座序号；第四部分用阿拉伯数字表示电枢铁芯长度代号。以 Z2-92 为例说明如下：

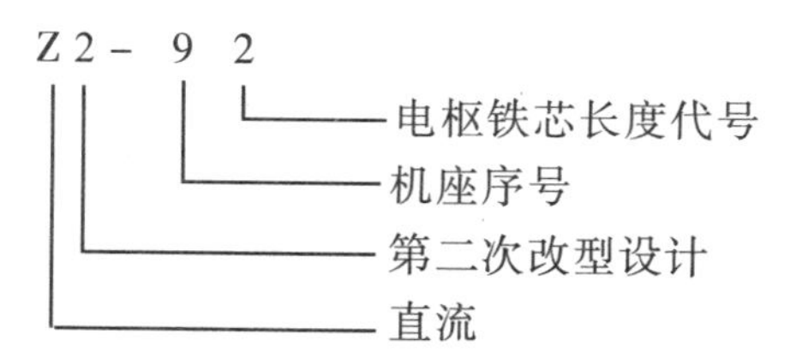

Z 表示一般用途直流电动机；2 表示设计序号，第二次改型设计；9 表示机座序号；2 表示电枢铁芯长度代号。另外，根据直流电动机应用场合的不同，第一部分字符的含义也有所不同，具体如下：

Z 系列：一般用途直流电动机（如 Z2、Z3、Z4 等系列）。

ZJ 系列：精密机床用直流电动机。

ZT 系列：广调速直流电动机。

ZQ 系列：牵引直流电动机。

ZH 系列：船用直流电动机。

ZA 系列：防爆安全型直流电动机。

ZKJ 系列：挖掘机用直流电动机。

ZZJ 系列：冶金起重机用直流电动机。

子任务 2 直流电动机的选用原则

直流电动机的选择要从负载的要求出发，考虑工作条件、负载性质、生产工艺、供电情况等，可按照以下原则选择：

（1）机械特性

机械特性是指负载转矩与转速之间的函数关系 $n=f(T_L)$，又称负载转矩特性；电动机的启动转矩、最大转矩、额定转矩等性能均应满足工作机械运行的要求。

（2）转速

电动机的转速要满足工作机械运行要求，其最高转速、转速变化率、稳速、调速、变速等性能均能适应工作机械运行的要求。

（3）运行经济性

为避免出现“大马拉小车”现象，在满足工作机械运行要求的前提下，尽可能选用结构简单、运行可靠、造价低廉的电动机。

子任务 3　直流电动机计算的基本方程

直流电动机基本的平衡方程式是指直流电动机稳定运行时，电路系统的电动势平衡方程式、能量转换过程中的功率平衡方程式和机械系统的转矩平衡方程式。这些方程式反映了直流电动机内部的电磁过程，也表达了电动机内外的机电能量转换，进一步说明了直流电动机的运行原理。

（1）电动势平衡方程式

由基尔霍夫定律可知，在电动机电枢电路中存在如下回路电压方程式：

$$U = E_a + I_a R_a \tag{2-10}$$

式中，U 为电枢电压；I_a 为电枢电流；R_a 为电枢回路中的总电阻；E_a 为电枢电动势。

（2）功率平衡方程式

由能量转换过程可知，直流电动机在工作过程中，不可能将输入功率全部转换成机械功率，因为电动机在工作过程中会伴随着其他各种损耗，按性质可分为机械损耗 P_m，铁损耗 P_{Fe}，铜损耗 P_{Cu} 和附加损耗 P_s。

① 机械损耗。电动机旋转时，必须克服轴与轴承之间的摩擦、电刷与换向器之间的摩擦以及转动部分与空气之间的摩擦。其中，轴承摩擦损耗一般假定与轴颈圆周线速度的 1.5 次方成正比；电刷摩擦损耗由电刷牌号以及电刷和换向器表面的接触情况来决定；通风损耗与风扇外缘直径的二次方成正比。在转速变化不大的情况下可认为机械损耗是不变的。

② 铁损耗。当直流电动机旋转时，电枢铁芯因其中磁场的反复变化而产生的磁滞损耗和涡流损耗称为铁损耗。一般认为铁损耗和磁通密度（B）的二次方成正比，和铁芯中磁通交变频率（f）的 1.2 ～ 1.5 次方成正比。由于涡流损耗正比于硅钢片厚度的二次方，因此铁芯采用的硅钢片越薄，铁损耗越小。

当直流电动机转动时，机械损耗和铁损耗在尚未带负载时就存在，故该两种损耗之和称为空载损耗 P_0，即

$$P_0 = P_m + P_{Fe} \tag{2-11}$$

由于机械损耗和铁损耗都会引起与旋转方向相反的制动转矩，因此，该制动转矩称为空载转矩 T_0。

③ 铜损耗。当直流电动机运行时，在电枢回路和励磁回路中都有电流流过。因此，在绕组电阻上产生的损耗称为铜损耗。

④ 附加损耗。附加损耗又称杂散损耗，其值很难计算和测定，一般取 0.5% ~ 1% P_N（P_N 是额定功率）。

电动机总损耗 $\sum P$ 为

$$\sum P = P_m + P_{Fe} + P_{Cu} + P_s \tag{2-12}$$

当他励直流电动机接上电源时，电枢绕组流过电流 I_a，电网向电动机输入的电功率为

$$P_1 = UI = UI_a = (E_a + I_aR_a)I_a = E_aI_a + I_a^2R_a \tag{2-13}$$

$$P_1 = P_{em} + P_{Cua} \tag{2-14}$$

式（2–14）说明，输入电功率一部分被电枢绕组消耗（电枢铜损耗），一部分作为电磁功率转换成机械功率。从以上分析知，电动机旋转后，还要克服各类摩擦引起的机械损耗、铁损耗，以及附加损耗，而大部分从电动机轴上输出，故电动机输出机械功率为

$$P_2 = P_{em} - P_{Fe} - P_m - P_s \tag{2-15}$$

若忽略附加损耗，则输出机械功率为

$$P_2 = P_{em} - P_{Fe} - P_m = P_{em} - P_0 = P_1 - P_{Cua} - P_0 \tag{2-16}$$

$$P_2 = P_1 - \sum P \tag{2-17}$$

直流电动机的效率为

$$\eta = \frac{P_2}{P_1} \times 100\% = \frac{P_2}{P_2 + \sum P} \times 100\% \tag{2-18}$$

一般中小型直流电动机的效率为 75% ~ 85%，大型直流电动机的效率为 85% ~ 94%。

对于他励直流电动机的功率平衡关系可用功率流程图来表示，如图 2–27 所示。

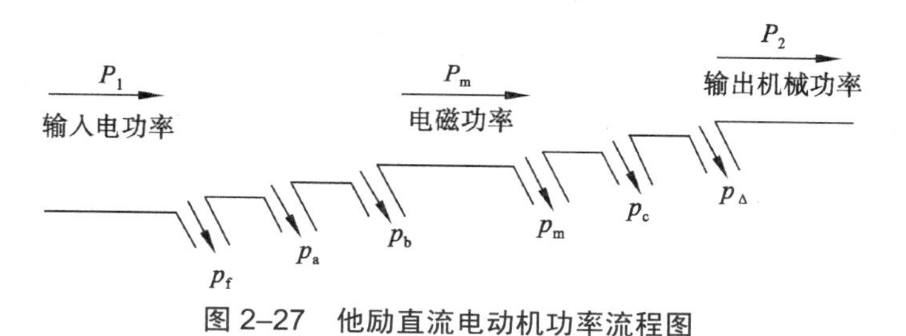

图 2–27　他励直流电动机功率流程图

（3）转矩平衡方程式

将式（2–16）等号两边同除以电动机机械角速度 ω，可得如下转矩平衡方程式：

$$\frac{P_2}{\omega} = \frac{P_{em}}{\omega} - \frac{P_0}{\omega} \tag{2-19}$$

得

$$T_2 = T - T_0 \tag{2-20}$$

或

$$T = T_2 + T_0 \tag{2-21}$$

式中，T 为电动机电磁转矩；T_2 为电动机轴上输出的机械转矩；T_0 为空载转矩。

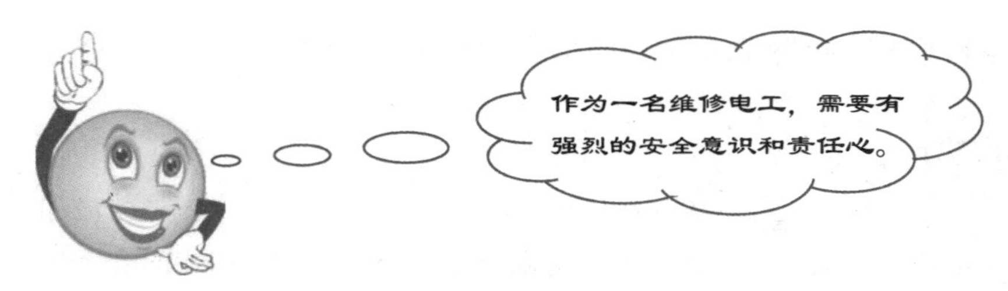

作为一名维修电工，需要有
强烈的安全意识和责任心。

强化训练

训练：小型电风扇的设计制作

1. 目的

① 了解直流电动机的工作原理，加强对直流电动机工作原理的感性认识。

② 能够根据实际条件合理选用直流电动机。

③ 加强直流电动机工作原理的掌握。

④ 强化学生在实际应用中安装直流电动机的能力。

2. 设计制作步骤

① 根据电风扇工作特点计算铭牌数据并记录，选用直流电动机。

② 根据电风扇的装配关系合理安装直流电动机。

③ 电风扇通电运行调试。

思考与习题

1. 简要介绍直流电动机的励磁方式。

2. 列举直流电动机铭牌数据，并说明每个数据代表的意义。

3. 直流电动机由哪几部分构成？各有什么作用？

4. Z3-51 型直流电动机的技术数据分别为 $P_N = 10$ kW，$U_N = 220$ V，$I_N = 54.8$ A，n_N=3 000 r/min。试求电动机在额定运行情况下的电磁转矩、输入功率和效率。

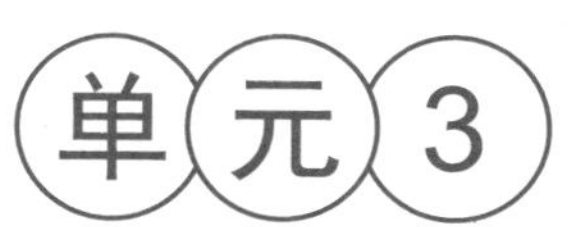

他励直流电动机的运行

【学习目标】

◎掌握他励直流电动机启动、制动、调速的方法。

◎能画出不同运行状态下电动机的机械特性坐标图，并分析其他直流电动机的机械特性。

◎掌握他励直流电动机机械特性表达式及机械特性坐标图。

◎能根据坐标图合理分析不同状态下电动机的机械特性，掌握直流电动机的启动、制动及调速原理。

让我们以他励直流电动机为例来
认识直流电动机的机械特性。

图片

国产直流电机遨游于“海斗一号”

图片

直流电机励磁方式

任务1 他励直流电动机的机械特性分析

在对直流电动机进行控制前，必须首先明确直流电动机的机械特性表达式。所谓机械特性是指在直流电动机的电枢电压、励磁电流、电枢回路电阻为恒定值的条件下，即电动机处于稳态运行时，电动机的转速 n 与电磁转矩T_{em}之间的关系：$n=f(T_{em})$。由于转速和电磁转矩都是机械量，所以该关系为机械特性。电动机的机械特性是分析直流电动机的启动、调速及制动的重要工具。

子任务1 机械特性表达式分析

图 3–1 为一台他励直流电动机结构示意图和电路图，在图 3–1（b）的电路图中，U 为外加电源电压，E_a 为电枢电动势，其为反电动势，即与电枢电流 I_a 方向相反，R_K 为电枢回路串联电阻，I_f 是励磁电流，电磁转矩 T 为拖动转矩，与转速 n 的方向一致。

按照图中标明的各个量的正方向，可以列出电枢回路的电动势平衡方程式为

$$U = E_a + I_a(R_a + R_K) = E_a + I_a R \tag{3-1}$$

式中，R_K 为电枢回路串联电阻；R 为电枢回路总电阻。

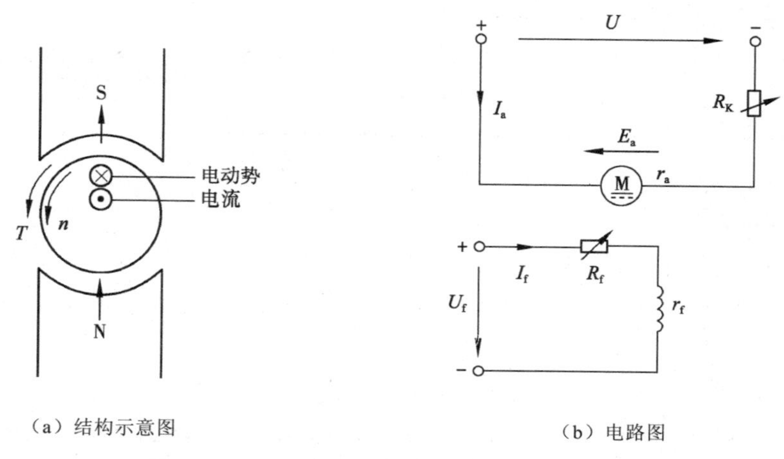

（a）结构示意图　　（b）电路图

图 3–1　他励直流电动机结构示意图和电路图

将电枢电动势 $E_a = C_e \Phi n$ 代入式（3–1）可得

$$n = \frac{U - I_a R}{C_e \Phi} \tag{3-2}$$

再由电磁转矩 $T_{em} = C_T \Phi I_a$ 可得 $I_a = \frac{T_{em}}{C_T \Phi}$，代入式（3–2）可得他励直流电动机的机械特性方程式为

$$n = \frac{U}{C_e \Phi} - \frac{R}{C_e C_T \Phi^2} T_{em} = n_0 - \beta T_{em} = n_0 - \Delta n \tag{3-3}$$

式中，C_e、C_T 分别为电动势常数和转矩常数（$C_T = 9.55\,C_e$）；$n_0 = \frac{U}{C_e \Phi}$ 为电磁转矩 $T_{em} = 0$ 时的转速，称为理想空载转速，电动机实际空载运行时，由于摩擦的存在使 $T_{em} = T_0 \neq 0$，所以实际空载转速 n'_0 比理想空载转速 n_0 略低；$\beta = \frac{R}{C_e C_T \Phi^2}$ 为机械特性的斜率；$\Delta n = \beta T_{em}$ 为转速降。

当 U、Φ、R 为常数时，他励直流电动机的机械特性是一条斜率为 β，方向向下的直线，他励直流电动机的机械特性曲线如图 3–2 所示。

转速降 Δn 为理想空载转速与实际转速之差，电磁转矩一定时，Δn 与机械特性的斜率 β 成正比：β 越大，特性越陡，Δn 越大；β 越小，特性越平，Δn 越小。通常称 β 大的机械特性为软特性，而 β 小的机械特性为硬特性。

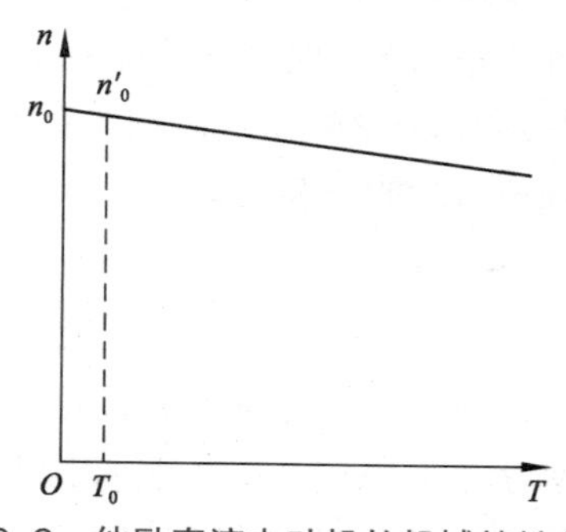

图 3–2　他励直流电动机的机械特性曲线

子任务 2 固有机械特性和人为机械特性分析

1. 固有机械特性

当他励直流电动机的电源电压、磁通为额定值（即$U=U_N$、$\Phi=\Phi_N$），电枢回路未接串联电阻R_K时的机械特性称为固有机械特性，其固有机械特性方程式为

$$n=\frac{U_N}{C_e\Phi_N}-\frac{R_a}{C_eC_T\Phi_N^2}T_{em} \tag{3-4}$$

因为电枢电阻 R_a 很小，而Φ_N很大，因此额定转速降 Δn_N 只有额定转速的百分之几到百分之十几，特性斜率β很小，所以他励直流电动机的固有机械特性是硬特性。图 3–3 所示为他励直流电动机的固有机械特性曲线及电枢串联电阻时的人为机械特性曲线，图中的曲线 r_a 为固有机械特性。

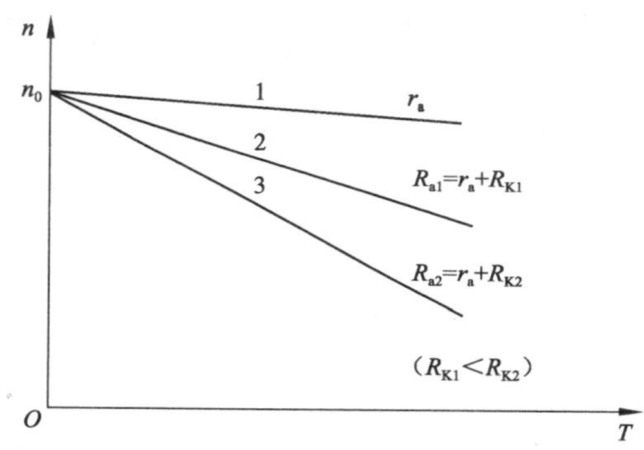

图 3–3 他励直流电动机的固有机械特性曲线及电枢串联电阻时的人为机械特性曲线

2. 人为机械特性

人为地改变电动机磁通 Φ、电源电压 U 和电枢回路串联电阻R_K等参数，获得的机械特性称为人为机械特性。

（1）电枢回路串联电阻R_K时的人为机械特性

保持$U=U_N$、$\Phi=\Phi_N$不变，只在电枢回路中串联电阻R_K时的人为机械特性方程式为

$$n=\frac{U_N}{C_e\Phi_N}-\frac{R_a+R_K}{C_eC_T\Phi_N^2}T_{em} \tag{3-5}$$

与固有机械特性相比，电枢串联电阻时人为机械特性的理想空载转速n_0不变，但斜率β随串联电阻R_K的增大而增大，所以特性变软。图 3–3 所示为不同R_K时的一组特性曲线。从图中可以看出，改变电阻R_K的大小可以使电动机的转速发生变化。因此，电枢回路串联电阻可用于调速。

（2）改变电源电压时的人为机械特性

保持$R=R_a$、$\Phi=\Phi_N$不变，只改变电源电压 U 的人为机械特性方程式为

$$n=\frac{U}{C_e\Phi_N}-\frac{R_a}{C_eC_T\Phi_N^2}T_{em} \tag{3-6}$$

由于电动机的工作电压以额定电压U_N为上限，因此改变电压时只能从额定电压U_N向下调节。与固有机械特性相比，改变电源电压的人为机械特性的斜率β不变，但理想空载转速n_0随电压的降低而正比减小。因此改变电压时的人为机械特性为位于固有机械特性下方，且是与固有机械特性平行的一组直线，他励直流电动机改变电源电压时的人为机械特性直线如图 3–4 所示。因此，降低电源电压也可用于调速，U越低，转速越低。

（3）改变磁通时的人为机械特性

保持电动机电源电压$U=U_N$，电枢回路不串联电阻，即$R_K=0$时，改变磁通的人为机械特性方程式为

$$n=\frac{U_N}{C_e\Phi}-\frac{R_a}{C_eC_T\Phi^2}T_{em} \tag{3-7}$$

由于电动机额定运行时，磁路已经处于饱和状态，即使再成倍增加励磁电流，磁通也不会有明显增加，因此，只能通过减小磁通来减小励磁电流。与固有机械特性相比，减小磁通的人为机械特性为，理想空载转速与磁通成反比，另外，人为机械特性的斜率β与磁通的二次方成反比，弱磁使斜率增大。图 3–5 所示为他励直流电动机弱磁人为机械特性曲线。它是一组随Φ减弱，n_0升高、曲线斜率变大的直线，若用于调速，则Φ越小，转速越高。

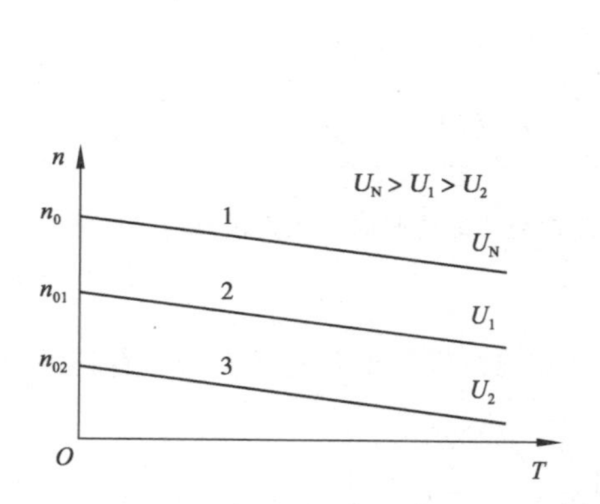

图 3–4　他励直流电动机改变电源电压时的人为机械特性曲线

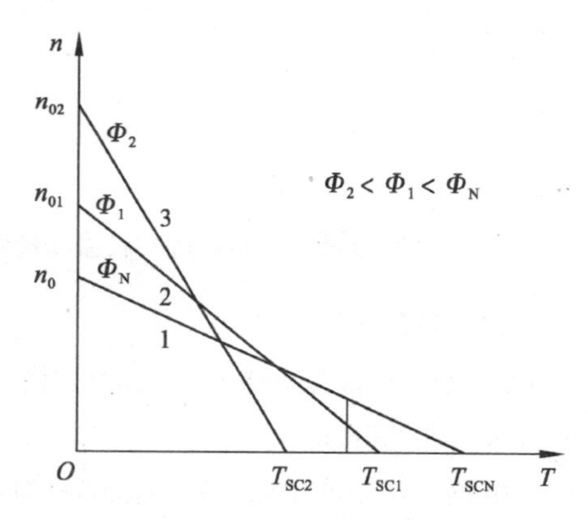

图 3–5　他励直流电动机弱磁人为机械特性曲线

视频

直流电机电枢电动势

任务 2　他励直流电动机启动控制

直流电动机的启动是指直流电动机接通电源后，由静止状态加速到稳定运行状态的过

程。电动机在启动瞬间（$n=0$）时的电磁转矩称为启动转矩，启动瞬间的电枢电流称为启动电流，分别用 T_{st} 和 I_{st} 表示。启动转矩表达式为

$$T_{st}=C_T\Phi I_{st} \tag{3-8}$$

子任务 1　直流电动机启动的基本要求分析

电动机启动时，必须先保证有磁场（即先通励磁电流），而后加电枢电压。由于直流电动机带动生产机械启动，因此生产机械根据生产工艺的特点，对启动过程会有不同的要求。例如，对于无轨电车的直流电动机拖动系统，启动时要求平稳慢速启动；而对于一般的生产机械则要求有足够大的启动转矩，这样可以缩短启动时间，从而提高生产效率。一般情况下对直流电动机的启动要求如下：

① 要有足够大的启动转矩。

② 启动电流要限制在一定范围内。

③ 启动设备要简单、可靠。

直流电机启动

子任务 2　他励直流电动机启动方法运用

在保证启动要求的前提下，他励直流电动机通常采用电枢回路串联电阻器启动或降低电枢电压启动两种方法。无论采用哪种方法，启动时都应保证电动势的磁通达到最大值。这是因为在同样的电流下，Φ 大则 T_{st} 大。

（1）电枢回路串联电阻器启动

电枢回路串联电阻器启动是电动机电源电压为额定值且恒定不变时，在电枢回路中串联一个启动电阻器 R_K 来达到限制启动电流的目的，此时启动电流 I_{st} 为

$$I_{st}=\frac{U_N}{R_a+R_K} \tag{3-9}$$

式中，R_K 值应不大于 I_{st} 允许值。对于普通直流电动机，一般要求 $I_{st}\leqslant(1.5\sim2)I_N$。

在启动电流产生的启动转矩下，电动机开始转动并逐渐加速，随着转速的升高，电枢电动势（反电动势）E_a 逐渐增大，使电枢电流 I_{st} 逐渐减小，启动转矩 T_{st} 也逐渐减小，这样转速的上升就会逐渐缓慢，启动过程延长。为了缩短启动时间，保持电动机在启动过程中的加速度不变，就要求在启动过程中电枢电流维持不变，因此随着电动机转速的升高，应将 R_K 平滑地切除(往往是把 R_K 分成若干段，来逐级切除)，最后使电动机转速达到运行值。图 3–6 为他励直流电动机电枢回路串联电阻器启动控制主电路图和启动机械特性图。图中 R_{K1}、R_{K2} 为各级串联的启动电阻器，KM_1、KM_2 为启动接触器，用其常开主触点来短接各段电阻器。

电动机励磁绕组通电后，电动机接上额定电压 U_N，此时电枢回路串联全部启动电阻器，回路中的电阻为 $R=R_a+R_{K1}+R_{K2}$，启动电流 $I_1=U_N/R$，产生的启动转矩 $T_1>T_L$（T_L 为负载转矩，$T_L=T_N$），电动机从图 3–6（b）中的 a 点开始启动，随着转速上升，反电动

势$E_a = C_e\Phi n$上升，电枢电流减小，启动转矩减小，当转速沿特性曲线上升至 b 点，即电流降至I_2，转矩减至 T_2 时，接触器 KM_1 闭合，切除电阻器 R_{K1}，此时，电路中的电阻减小为 $R = R_a + R_{K2}$。I_2 称为切换电流。在切除电阻瞬间，由于机械惯性，转速没有突变，所以电动机的工作点由图 3–6（b）中的 b 点沿水平方向跃变到曲线 2 上的 c 点。这样依次减小电阻，使他励直流电动机能稳定启动。

以上分析为电动机启动时获得均匀加速、减少机械冲击的工作原理，实际应用中应合理选择各级启动电阻器，以使每一级切换转矩 T_1、T_2 数值相同。一般 $T_1 = (1.5 \sim 2.0)\ T_N$，$T_2 = (1.1 \sim 1.3)\ T_N$。

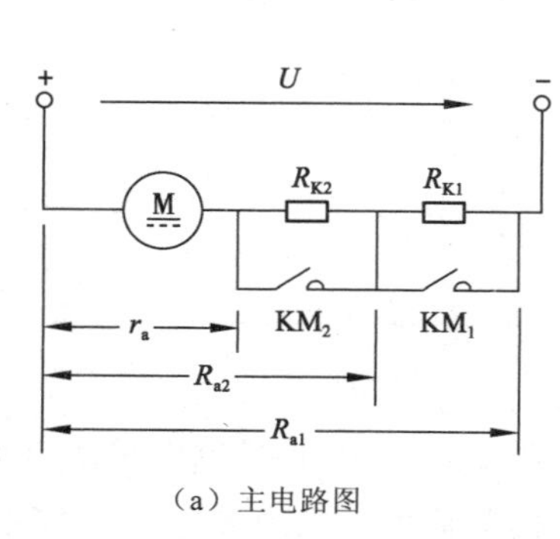

（a）主电路图

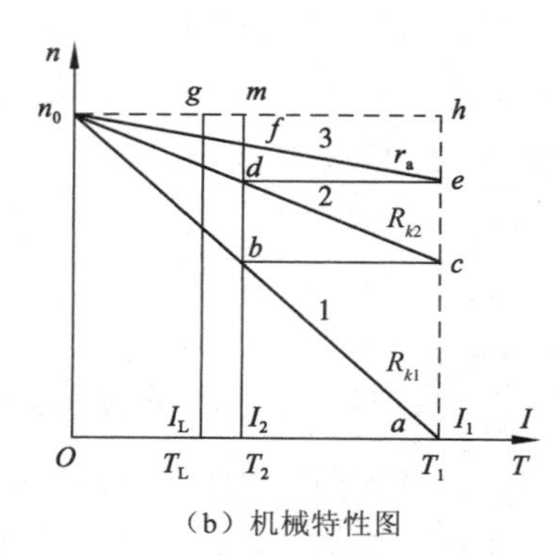

（b）机械特性图

图 3–6　他励直流电动机电枢回路串联电阻器启动控制主电路图和启动机械特性图

视频

他励直流电机机械特性

（2）降低电枢电压启动

当直流电源电压可调时，可采用降低电枢电压的方法启动。启动前将施加在电动机电枢两端的电源电压降低，以减小启动电流 I_{st}，随着电动机转速的升高，反电动势逐渐增大，再逐渐提高电源电压，使启动电流和启动转矩保持在一定的数值上，从而保证电动机按需要的加速度加速。为了获得足够大的启动转矩，启动时的电流通常限制在 $(1.5 \sim 2.0)I_N$ 内，则启动电压为

$$U_{st} = I_{st}R_a = (1.5 \sim 2.0)I_N R_a \tag{3-10}$$

启动过程中电源电压 U 必须逐渐升高，直到升至额定电压 U_N，电动机进入稳定运行状态，启动过程结束。

另外，还有一种全压启动方法，如果他励直流电动机在额定电压下直接启动，由于启动瞬间 $n = 0$，电枢电动势 $E_a = 0$，故启动电流为

$$I_{st} = \frac{U_N}{R_a} \tag{3-11}$$

因为电枢电阻 R_a 很小，所以直接启动电流可达到额定电流的 10 ~ 20 倍，过大的电流会使电动机的换向严重恶化，甚至会烧坏电动机。因此，除了个别容量很小的电动机外，一般直流电动机是不允许全压启动的。

任务 3 他励直流电动机的制动控制

根据电磁转矩 T_{em} 和转速 n 方向之间的关系，可以把电动机分为两种运行状态：当 T_{em} 与 n 方向相同时，称为电动机运行状态，简称电动状态；当 T_{em} 与 n 方向相反时，称为电动机制动运行状态，简称制动状态。电动状态时，电磁转矩为驱动转矩，电动机将电能转换成机械能；制动状态时，电磁转矩为制动转矩，电动机将机械能转换成电能。在制动过程中，要求电动机制动迅速、平滑、可靠、能量损耗少。

直流电动机的制动控制方式主要有能耗制动控制、反接制动控制和回馈制动控制 3 种，下面分别对其进行介绍。

子任务 1 能耗制动控制

（1）制动原理

图 3–7 为他励直流电动机能耗制动示意图，在制动时，将刀开关合向下方，刚开始时，因为磁通保持不变、电枢存在惯性，其转速 n 不能马上降为零，而是保持原来的方向旋转，于是 n 和 E_a 的方向均不变。但是，由于在闭合的回路内产生的电枢电流 I'_a 与电动状态时的电枢电流 I_a 的方向相反，由此产生与电动转矩 T_{em} 方向相反的电磁转矩，即电动机处于制动状态。很明显，此时，电动机的电能不再供向电网，而是在电阻上以电阻压降的形式进行消耗，这样一来电动机的转速迅速下降。这时电动机实际上处于发电机运行状态，将转动部分的动能转换成电能消耗在电阻和电枢回路的电阻上，所以称其为能耗制动。

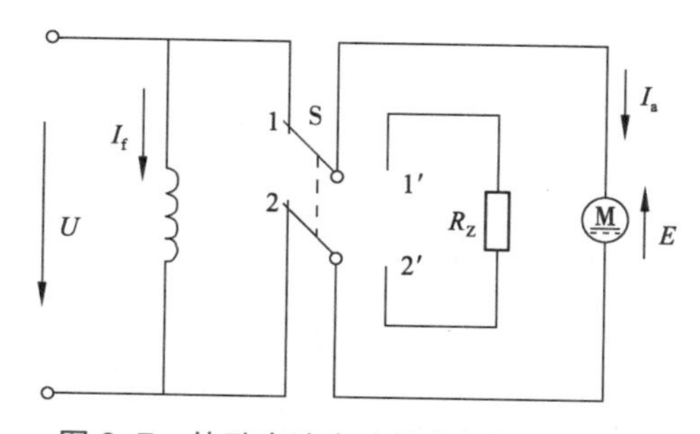

图 3–7 他励直流电动机能耗制动示意图

（2）机械特性

能耗制动机械特性就是在 $U = 0$、$\Phi = \Phi_N$、$R_{总} = R_a+R_Z$ 条件下的一条人为机械特性，

即

$$n = \frac{0}{C_e\Phi_N} - \frac{R_a + R_Z}{C_e C_T \Phi_N^2}T = -\frac{R_a + R_Z}{C_e C_T \Phi_N^2}T \tag{3-12}$$

或

$$n = -\frac{R_a + R_Z}{C_e\Phi_N} I_a \tag{3-13}$$

因此，能耗制动的机械特性为一条过坐标原点的直线，如图 3–8 中的直线 BC 所示，其理想空载转速为零。特性的斜率与电动状态下电枢串联电阻 R_K 时的人为机械特性的斜率相同。

若原电动机拖动反抗性恒转矩负载在 A 点运行，当进行能耗制动时，在制动切换瞬间，由于转速 n 不能突变，电动机的工作点由 A 点跳变至 B 点，此时电磁转矩反向，与负载转矩同方向，在它们共同作用下，电动机沿 BO 曲线减速，直至工作点到达 O 点速度减到零。

图 3–8　能耗制动机械特性

若电动机拖动位能性负载，虽然到达 O 点时 $n = 0$，$T_{em} = 0$，但在位能负载的作用下，电动机将反转并加速，工作点将沿特性曲线 OC 方向移动。此时 E_a 的方向随 n 的反向而反向，即 n 和 E_a 的方向均与电动状态时相反，而 E_a 产生的 I_a 的方向与电动状态相同，随之 T_{em} 的方向也与电动状态方向相同，电磁转矩仍为制动转矩。随着反向转速的增加，制动转矩也不断增大，当制动转矩达到与 A 点转矩相同时，获得稳定运行，此状态称为稳定能耗制动运行。

能耗制动操作简单，但随着转速的下降，电动势减小，制动电流和制动转矩也随之减小，制动效果也变差。

视频

直流电机反接制动特性

子任务 2　反接制动控制

反接制动分为电压反接制动和倒拉反转反接制动两种。

（1）电压反接制动

① 制动原理。电压反接制动是将电枢反接在电源上，即电枢电压由原来的正值变为负值，同时电枢回路要串联制动电阻器 R_p，此时，在电枢回路内，U 与 E_a 方向相同，共同产生很大的反向电流为

$$I = \frac{-U_N - E_a}{R_a + R_p} \tag{3-14}$$

反向的电枢电流 I 产生很大的反向电磁转矩 T，从而产生很强的制动作用，即电压反接制动。电压反接制动的控制电路示意图如图 3–9 所示。

② 机械特性。电枢电压反接制动时，在 $U = -U_N$，$R = R_a+R_p$ 条件下得到人为机械特性方程式为

$$n=-\frac{U_{\mathrm{N}}}{C_e\Phi_{\mathrm{N}}}-\frac{R_{\mathrm{a}}+R_{\mathrm{p}}}{C_eC_T\Phi_{\mathrm{N}}^2}T=-n_0-\frac{R_{\mathrm{a}}+R_{\mathrm{p}}}{C_eC_T\Phi_{\mathrm{N}}^2}T \tag{3-15}$$

可见，其特性曲线是一条通过 $-n_0$ 点，斜率为$\frac{R_{\mathrm{a}}+R_{\mathrm{p}}}{C_eC_T\Phi_{\mathrm{N}}^2}$的直线，电压反接制动机械特性曲线如图 3–10 所示。

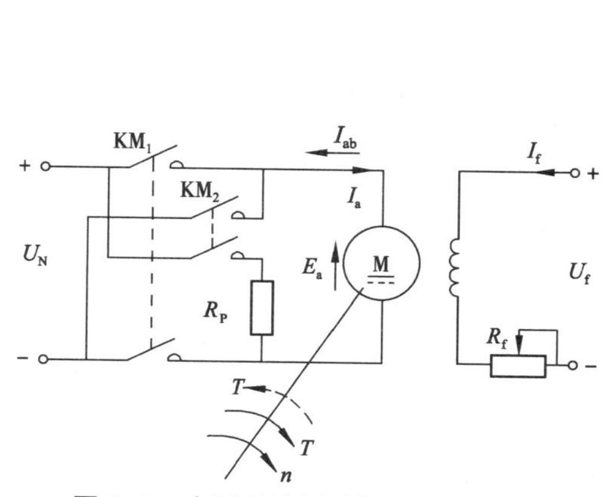

图 3–9　电压反接制动的控制电路示意图

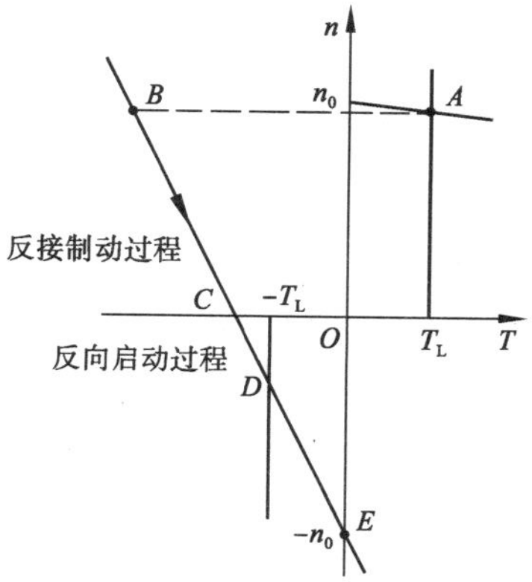

图 3–10　电压反接制动机械特性曲线

电压反接制动时，电动机的工作点从电动状态 A 点瞬间跳变到 B 点，电磁转矩反向对电动机制动控制，使电动机转速迅速降低，从 B 点沿制动特性下降到 C 点，此时，$n=0$，若要求停止，必须马上切断电源，否则将进入反向启动。

若要求电动机反向运行，且负载为反抗性恒转矩负载，那么当 $n=0$ 时，若电磁转矩 $|T|<|T_{\mathrm{L}}|$，则电动机堵转；若电磁转矩 $|T|>|T_{\mathrm{L}}|$，则电动机反向启动，沿特性曲线至 D 点，$-T=-T_{\mathrm{L}}$，电动机稳定运行在反向电动状态。如果负载为位能性恒转矩负载，电动机反向旋转继续升高将沿特性曲线到 E 点，在反向发电回馈制动状态下稳定运行，制动特性过 $-n_0$ 点。

（2）倒拉反转反接制动

这种制动方法一般发生在提升重物转为下放重物的情况下，即位能性恒转矩负载。

① 制动原理。图 3–11（a）为电动机在电动状态下拖动重物的原理图，图 3–11（b）为电动机在倒拉反转反接制动状态下拖动重物的原理图。可见，两图的差别就在于在制动过程中，主电路中串联了一个大电阻值的可调电阻器 R_{B}，可得到一条斜率较大的人为机械特性曲线。

制动过程如下：串联电阻瞬间，因转速不能突变，所以工作点由固有机械特性曲线上的 A 点沿水平方向跳跃到人为机械特性曲线的 B 点，此时电磁转矩 T_{B} 小于负载转矩 T_{L}，于是电动机开始减速，工作点沿人为机械特性曲线由 B 点向 C 点转化，到达 C 点时，$n=0$，电磁转矩为堵转转矩 T_{K}，因为 T_{K} 仍小于负载转矩 T_{L}，所以在重物的重力作用下电动机将反向旋转，即可放下重物。因为励磁不变，所以 E_a 随 n 的反向而改变方向，由图 3–11（b）可看出 I_a 的方向不变，故 T_{em} 的方向也不变。这样，电动机反向后，电磁转矩为制动转矩，电动机处于制动状态。倒拉反转反接制动机械特性曲线见图 3–12，如图中的 CD 段所示，随着电动机反向转速的增加，E_a 增大，电枢电流 I_a 和制动的电磁转矩 T_{em} 也相应增大，当到达 D 点时，电磁转矩与负载转矩平衡，电动机便以稳定的转速匀速下放重物。电动机串入的电阻 R_B 越大，最后稳定的转速越高，下放重物的速度也越快。

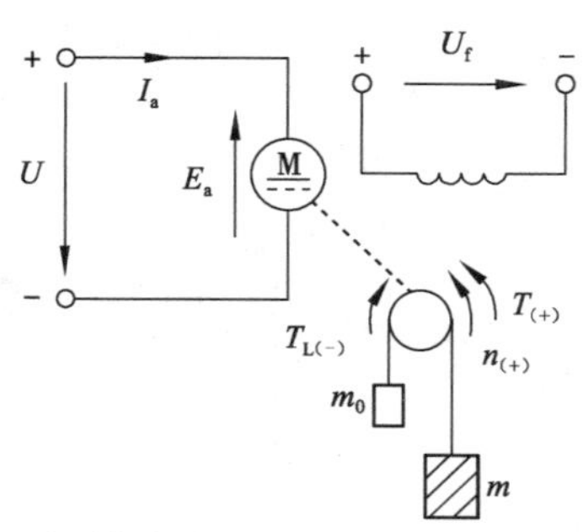

（a）电动机在电动状态下拖动重物的原理图

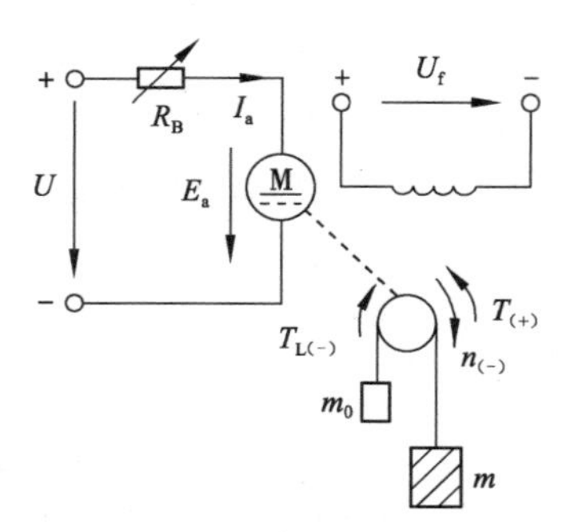

（b）电动机在倒拉反转反接制动状态下拖动重物的原理图

图 3–11　倒拉反转反接制动

电枢回路串联较大的电阻后，电动机能出现反转反接制动运行，主要是位能负载的倒拉作用，又因为此时的 E_a 与 U 也是顺向串联，共同产生电枢电流，因此，把该制动称为倒拉反转反接制动。

② 机械特性。倒拉反转反接制动的机械特性方程式就是电动状态时电枢串联电阻的人为机械特性方程式，即

$$n=\frac{U_N}{C_e\Phi_N}-\frac{R_a+R_B}{C_eC_T\Phi_N^2}T_{em}=n_0-\frac{R_a+R_B}{C_eC_T\Phi_N^2}T_{em} \tag{3-16}$$

不过此时电枢串联的电阻值较大，使得 $\frac{R_a+R_B}{C_eC_T\Phi_N^2}T_{em}>n_0$，所以 n 为负值，特性曲线位于第四象限的 CD 段，如图 3–12 所示。

由上可知，倒拉反转反接制动下放重物的速度随串联的 R_B 的大小而异，制动电阻越大，特性越软，下放速度越快。

综上所述，电动机进入倒拉反转反接制动状态必须有位能负载反拖电动机，同时电枢回路必须串联较大电阻。此时位能负载转矩为拖动转矩，而电动机的电磁转矩是制动转矩，以便安全下放重物。

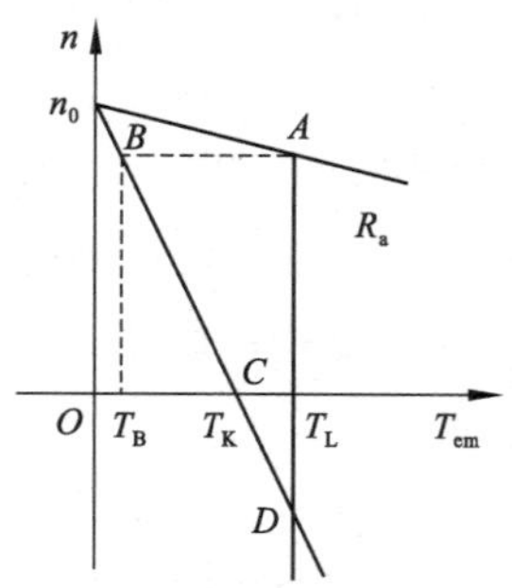

图 3–12　倒拉反转反接制动机械特性曲线

子任务 3 回馈制动控制

电动状态运行的电动机，在拖动的机车下坡等场合时会出现电动机转速高于理想空载转速（即 $n > n_0$）的情况，此时，电枢电动势 E_a 大于电枢电压 U，电枢电流 $I_a = \dfrac{U - E_a}{R} < 0$，电枢电流的方向与电动状态相反，从能量传递方向看，电动机处于发电状态，将机车下坡时失去的位能转变成电能回馈给电网，因此，该制动称为回馈制动。回馈制动一般用于位能负载高速拖动电动机场合和降低电枢电压调速场合。

回馈制动时的特性方程式与电动状态时相同，只是运行在特性曲线上的不同区段而已。回馈制动机械特性曲线如图 3–13 所示。当电动机拖动机车下坡出现回馈制动（正向回馈制动）时，其机械特性位于第二象限，如图 3–13 所示中的 n_0A 段。当电动机拖动机车下放重物出现回馈制动（反向回馈制动）时，其机械特性位于第四象限，如图 3–13 所示中的 $-n_0B$ 段。图 3–13 所示中的 A 点是电动机处于正向回馈制动稳定运行点，表示机车以恒定的速度下坡；B 点是电动机处于反向回馈制动稳定运行点，表示重物匀速下放。

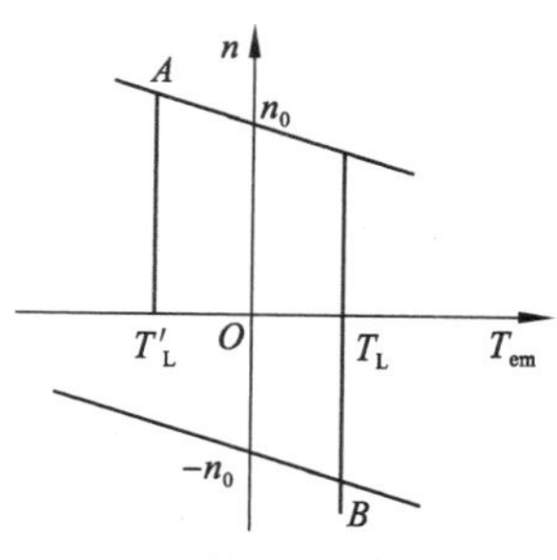

图 3–13 回馈制动机械特性曲线

除以上两种回馈制动稳定运行外，还有一种发生在电动状态过程中的回馈制动过程。如降低电枢电压的调速过程和弱磁状态下增磁调速过程中都会出现回馈制动过程，下面对这两种情况进行说明。

降压调速时的回馈制动如图 3–14 所示，图中 A 点是电动状态运行的工作点，对应电压为 U_1，转速为 n_A。当进行降压（U_1 降为 U_2）调速时，因转速不突变，工作点由 A 点平移到 B 点，此后工作点在降压人为机械特性的 Bn_{02} 段上的变化过程即为回馈制动过程，它起到加快电动机减速的作用，当转速降到 n_{02} 时，制动过程结束。从 n_{02} 降到 C 点的转速 n_C 为电动状态减速过程。

增磁调速时的回馈制动如图 3–15 所示，图中磁通由 Φ_1 增到 Φ_2 时，工作点的变化情况与图 3–13 相同，其工作点在 Bn_{02} 段上的变化也为回馈制动过程。

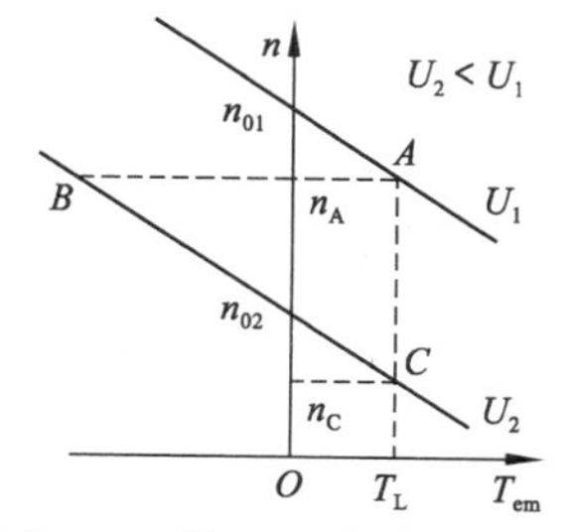

图 3–14 降压调速时的回馈制动

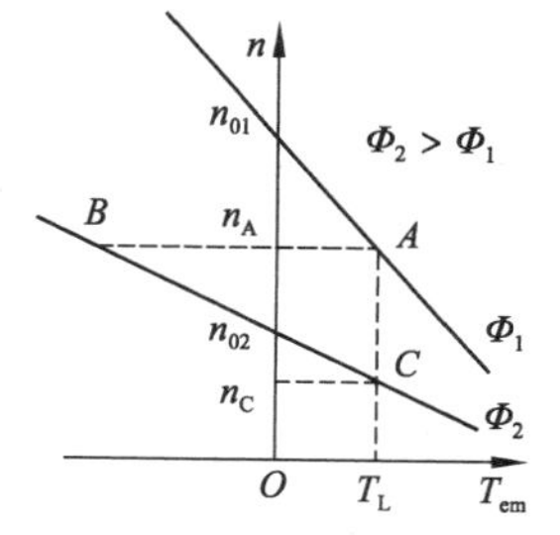

图 3–15 增磁调速时的回馈制动

回馈制动时，由于有功率回馈到电网，因此与能耗制动和反接制动相比，回馈制动是比较经济的。

直流电动机还
可以反转控制。

任务 4 他励直流电动机的反转控制

要使他励直流电动机反转，也就是使电磁转矩方向改变，而电磁转矩的方向是由磁通方向和电枢电流方向决定的。所以，只要将磁通 Φ 和电枢电流任一参数改变方向，就会使电动机反转。在电气控制中，直流电动机反转的方法有以下两种：

① 改变励磁电流方向。保持电枢两端电压极性不变，将电动机励磁绕组反接，使励磁电流反向，从而使磁通 Φ 方向改变。

② 改变电枢电压极性。保持励磁绕组电压极性不变，将电动机电枢绕组反接，电枢电流即可改变方向。

由于他励直流电动机的励磁绕组匝数多、电感大，励磁电流从正向额定值变到负向额定值的时间长，反向过长缓慢，而且在励磁绕组反接断开瞬间，绕组中将产生很大的自感电动势，可能造成绝缘击穿。所以在实际应用中大多采用改变电枢电压极性的方法来实现电动机的反转。但在电动机容量很大、对反转过程快速性要求不高的场合，由于励磁电路的电流和功率小，为减轻控制电器容量，也可采用改变励磁绕组极性的方法实现电动机的反转。

电动机应该能和汽车一
样，在运行中改变速度。

任务 5 他励直流电动机的运行调速

为了提高生产效率或满足生产工艺的要求，许多生产机械在工作过程中都需要调速。例如，在车床切削工件时，精加工用高转速，粗加工用低转速；轧钢机在轧制不同品种和不同厚度的钢材时，也必须有不同的加工速度。

电动机的调速可采用机械调速、电气调速或二者配合的调速。通过改变传动机构速度比进行调速的方法称为机械调速；通过改变电动机参数进行调速的方法称为电气调速。

改变电动机的参数就是人为改变电动机的机械特性，从而使负载工作点发生变化，转速随之改变。可见，在调速前后，电动机必然运行在不同的机械特性上。如果机械特性不变，因负载变化而引起的电动机转速的改变，则不能称为调速。直流电动机能在宽广的范围内平滑地调速。当电枢回路内接入调节电阻器 R_f 时，他励直流电动机的转速公式为

$$n=\frac{U-I_a(R_a+R_f)}{C_e\Phi} \tag{3-17}$$

可见，当电枢电流 I_a 不变时（即在一定的负载下），只要改变电枢电压 U、电枢回路调节电阻 R_f 及励磁磁通 Φ 这三者之中的任意一个量，就可以改变转速 n。因此，他励直流电动机具有 3 种调速方法：调磁调速、调压调速和调节电枢串联电阻调速。

为了评价各种调速方法的优缺点，对调速方法提出了一定的技术经济指标，称为调速指标。下面先对调速指标做简单介绍，然后讨论他励直流电动机的 3 种调速方法及其与负载类型的配合问题。

子任务 1　调速评价指标认识

评价直流电动机调速性能好坏的指标有以下 4 个方面：

（1）调速范围

调速范围是指电动机在额定负载下可能运行的最高转速 n_{max} 与最低转速 n_{min} 之比，通常用 D 表示，即

$$D=\frac{n_{max}}{n_{min}} \tag{3-18}$$

不同的生产机械对电动机的调速范围有不同的要求。要扩大调速范围，必须尽可能地提高电动机的最高转速和降低电动机的最低转速。电动机的最高转速受到电动机的机械强度、换向条件、电压等级等方面的限制，而最低转速则受到低速运行的相对稳定性的限制。

（2）静差率（相对稳定性）

转速的相对稳定性是指负载变化时，转速变化的程度。转速变化越小，其相对稳定性越高。转速的相对稳定性用静差率 δ 表示。当电动机在某一机械特性上运行时，由理想空载增加到额定负载，电动机的转速降落 $\Delta n_N=n_0-n_N$ 与理想空载转速 n_0 之比称为静差率，用百分数表示为

$$\delta=\frac{n_0-n_N}{n_0}\times100\%=\frac{\Delta n_N}{n_0}\times100\% \tag{3-19}$$

显然，电动机的机械特性越硬，其静差率越小，转速的相对稳定性就越高，但静差率的大小不仅仅由机械特性的硬度决定，还与理想空载转速的大小有关，即硬度相同的两条机械特性，理想空载转速越低，其静差率越大。

调速范围与静差率两个指标相互制约，其之间的关系式为

$$D=\frac{n_{max}\delta}{\Delta n(1-\delta)} \tag{3-20}$$

式中，Δn 为最低转速机械特性上的转速降落；δ 为最低转速时的静差率，即系统的最大静差率。由式（3-20）可知，若对静差率要求过高，即 δ 要求越小，则调速范围 D 就越小；反之，若要求调速范围 D 越大，则静差率 δ 也越大，转速的相对稳定性越差。

不同的生产机械，对静差率的要求不同，普通车床要求 $\delta \leqslant 30\%$，而高精度的造纸机则要求 $\delta \leqslant 0.1\%$。在保证一定静差率的前提下，要扩大调速范围，就必须减小转速降落 Δn_N，即必须提高机械特性的硬度。

（3）调速的平滑性

在一定的调速范围内，调速的级数越多，就认为调速越平滑，相邻两级转速之比成为平滑系数，用 φ 表示，为

$$\varphi = \frac{n_i}{n_{i-1}} \tag{3-21}$$

φ 越接近于 1，则平滑性越好，当 $\varphi = 1$ 时，称为无级调速，即转速可以连续调节。调速不连续时，级数有限，称为有级调速。

（4）调速的经济性

调速的经济性主要指调速设备的投资、运行效率及维修费用等。

子任务 2　调速方法运用

（1）调节励磁电流

额定运行的电动机，其磁路已基本饱和，即使励磁电流增加很大，磁通也增加很少，从电动机的性能考虑也不允许磁路过饱和。因此，改变励磁电流只能将额定值往下调，即为弱磁调速。

对于恒转矩负载，调速前后电动机的电磁转矩不变，因为磁通减小，所以调速后的稳态电枢电流大于调速前的电枢电流。

调节励磁电流调速的优点：由于在电流较小的励磁回路中进行调节，因而控制方便，能量损耗小，设备简单，而且调速平滑性好。虽然弱磁升速后电枢电流增大，电动机的输入功率增大，但由于转速升高，输出功率也增大，电动机的效率基本不变，因此，该调速方式经济性较好。其缺点是：机械特性的斜率变大，特性变软；转速的升高受到电动机换向能力和机械强度的限制，因此升速范围不可能很大，一般 $D \leqslant 2$。

（2）调节电枢电压

电动机的工作电压不允许超过额定电压，因此，电枢电压只能在额定电压以下进行调节。

调节电枢电压调速的优点有以下几点：

① 电源电压能够平滑调节，可实现无级调速。

② 调速前后机械特性的斜率不变，硬度较高，负载变化时，速度稳定性好。

③ 无论轻载还是重载，调速范围相同，一般为 $D = 2.5 \sim 12$。

④ 电能损耗较小。

调节电枢电压调速的缺点是需要一套电压可连续调节的直流电源。调节电枢电压调速多用在对调速性能要求较高的生产机械上，如机床、轧钢机、造纸机等。

（3）调节电枢回路电阻

他励直流电动机电枢串联电阻器时的机械特性曲线如图 3–18 所示。

电枢串联电阻器调速的优点是设备简单，操作方便。缺点有以下几点：

① 由于回路电阻只能分段调节，所以调速的平滑性差。

② 低速时特性曲线斜率大，静差率大，所以转速的相对稳定性差。

③ 轻载时调速范围小，额定负载的调速范围一般为 $D \leqslant 2$。

④ 如果负载转矩保持不变，则调速前后因磁通不变而使电动机的 T_{em} 和 I_a 不变，输入功率（$P_1 \propto U_N I_a$）也不变，但输出功率（$P_2 \propto T_L n$）却随转速的下降而减小，减小的部分被串联的电阻消耗掉了，所以损耗较大，效率较低。而且转速越低，所串联的电阻越大，损耗越大，效率越低。

因此，电枢串联电阻调速多用于对调速性能要求不高的生产机械中，如起重机、电车等。

不同调速方法的主要特点、特性曲线和适用范围如表 3–1 所示。

表 3–1 不同调速方法的主要特点、特性曲线和适用范围

调速方法	调节励磁电流	调节电枢电压	调节电枢回路电阻
特性曲线	见图 3–16	见图 3–17	见图 3–18
主要特点	（1）U= 常值，转速 n 随励磁电流 I_f 和磁通 Φ 的减小而升高； （2）转速愈高，换向愈难，电枢反应和换向元件中电流的去磁效应对电动机运行稳定性的影响愈大。最高转速受机械因素、换向和运行稳定性的限制； （3）电枢电流保持额定值不变时，转矩 M 与 Φ 成正比，转速 n 与 Φ 成反比，输入、输出功率及效率基本不变	（1）Φ= 常值，转速 n 随电枢端电压 U 的减少而降低； （2）低速时，机械特性的斜率不变，稳定性好； （3）电枢电流保持额定值不变时，M 保持不变，n 与 U 成正比，输入、输出功率随 U 和 n 的降低而减小，效率基本不变	（1）U= 常值，转速 n 随电枢回路电阻 R 的增加而降低； （2）转速愈低，机械特性愈软。采用此法调速时，调速变阻器可作启动变阻器用； （3）电枢电路保持额定值不变时，M 保持不变，可作恒转矩调速，但低速时，输出功率随 n 的降低而减小，而输入功率不变，效率将随 n 的降低而降低，经济性很差
适用范围	适用于额定转速以上的恒功率调速	适用于额定转速以下的恒转矩调速	只适用于额定转速以下，不需经常调速，且机械特性要求较软的调速

他励直流电动机不同调速方法对应的机械特性曲线如图 3–16 ～图 3–18 所示。

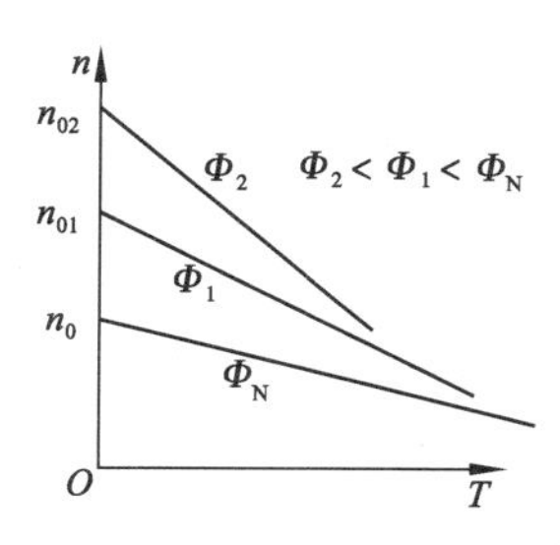

图 3–16 他励直流电动机励磁电流改变时的机械特性曲线

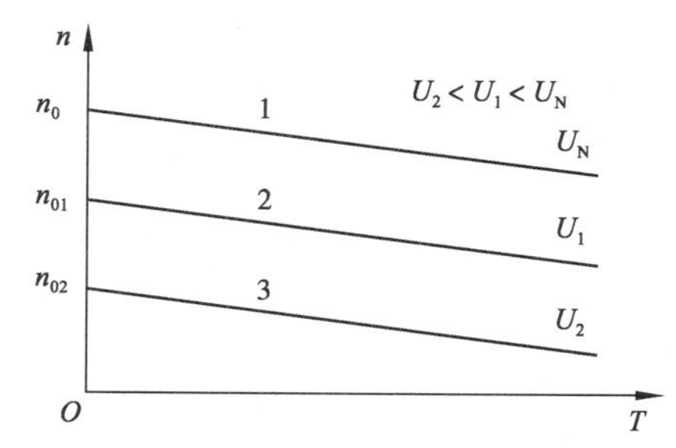

图 3–17 他励直流电动机电枢电压改变时的机械特性曲线

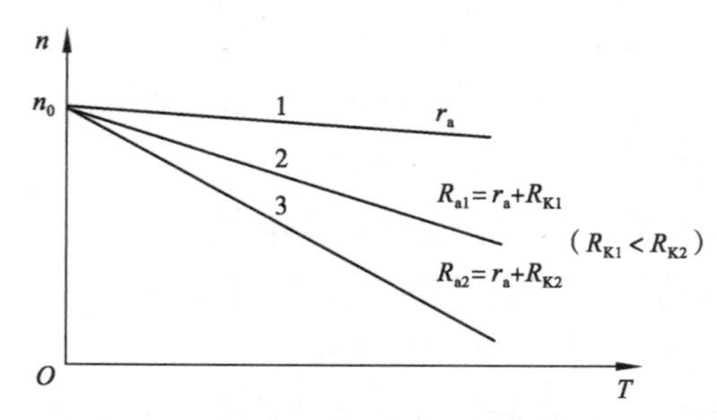

图 3–18　他励直流电动机电枢电阻改变时的机械特性曲线

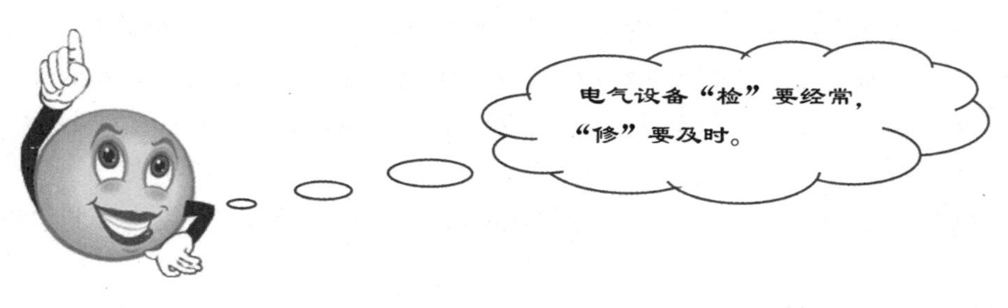

训练：并励直流电动机的机械特性测定

1. 目的

① 提高对直流电动机机械特性的理论分析能力。

② 掌握并励直流电动机不同运行方式下的机械特性。

③ 提高学生动手操作能力及分析处理数据的能力。

④ 能分析他励直流电动机机械特性和并励直流电动机机械特性的异同。

2. 测定要点

（1）机械特性

保持 $U=U_N$ 和 $I_f=I_{fN}$ 不变，测取 n、T_2，得到 $n=f(T_2)$。

（2）调速特性

① 改变电枢电压调速。保持 $U=U_N$、$I_f=I_{fN}$= 常数，T_2 = 常数，测取 $n=f(U_a)$。

② 改变励磁电流调速。保持 $U=U_N$，T_2 = 常数，测取 $n=f(I_f)$。

③ 人为机械特性。保持 $U=U_N$ 和电枢回路串联电阻 R_1 为常数的条件下，测取 $n=f(T_2)$。

3. 理论线路及测定步骤

（1）实验设备

测定项目设备如表 3–2 所示。

表 3–2　测定并励直流电动机机械特性设备表

序　号	型　号	名　称	数　量
1	DD03	导轨、测速发电机及转速表	1 台
2	DJ23	校正直流测功机	1 台
3	DJ15	并励直流电动机	1 台
4	D31	直流电压表、毫安表、电流表	2 件
5	D42	三相可调电阻器	1 件
6	D44	可调电阻器、电容器（以下简称电容）	1 件
7	D51	波形测试及开关板	1 件

（2）屏上挂件排列顺序

其排列顺序依次为 D31、D42、D51、D31、D44。

（3）测定并励直流电动机的机械特性

① 按图 3–19 所示接线。校正直流测功机 NG 按他励直流发电机连接，在此作为并励直流电动机 M 的负载，用于测量电动机的转矩和输出功率。R_{f1} 选用 D44 的 1 800 Ω。R_{f2} 选用 D42 的 900 Ω 串联 900 Ω 共 1 800 Ω。R_1 选用 D44 的 180 Ω。R_2 选用 D42 的 900 Ω 串联 900 Ω，再加 900 Ω 并联 900 Ω，共 2 250 Ω。

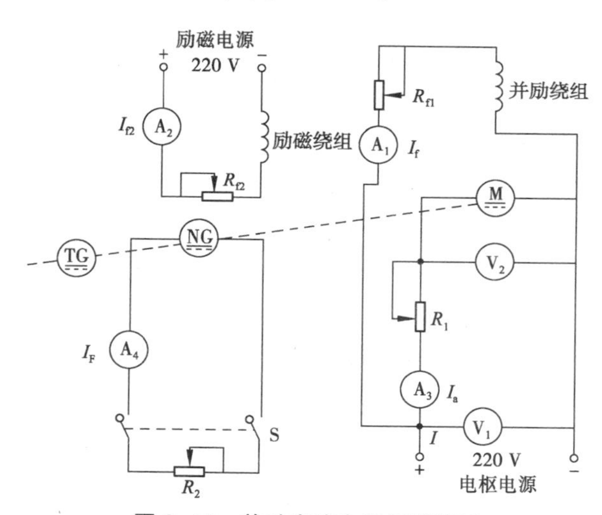

图 3–19　并励直流电动机接线图

② 将并励直流电动机 M 的磁场调节电阻器 R_{f1} 的电阻调至最小值，电枢串联的启动可调电阻器 R_1 的电阻调至最大值，接通控制屏下边右方的电枢电源开关使其启动，其旋转方向应符合转速表正向旋转的要求。

③ M 启动正常后，将其电枢串联的电阻位的电阻 R_1 调至零，调节电枢电源的电压为 220 V，调节校正直流测功机的励磁电流 I_{f2} 为校正值（100 mA），再调节其负载电阻 R_2 和电动机的磁场调节电阻 R_{f1}，使电动机达到额定值：$U = U_N$，$I = I_N$，$n = n_N$。此时 M 的励磁电流 I_f 即为额定励磁电流 I_{fN}。

④ 保持 $U = U_N$，$I_f = I_{fN}$，I_{f2} 在校正值不变的条件下，逐次减小电动机负载。测取电

动机电枢输入电流I_a、转速n和校正电动机的负载电流I_F（由校正曲线查出电动机输出对应转矩T_2）。

（4）测定调速特性

① 改变电枢电压的调速：

a．并励直流电动机M运行后，将R_1调至零欧，I_{f2}调至校正值，再调节R_2、电枢电压及R_{f1}，使M的$U = U_N$，$I = 0.5I_N$，$I_f = I_{fN}$，记下此时测功机NG的I_F值。

b．保持此时NG的I_F值（即T_2值）和$I_f = I_{fN}$不变，逐次增加R_1的电阻，降低电枢两端的电压U_a，使R_1从零调至最大值，每次测量电动机的端电压U_a、转速n和电枢电流I_a。

② 改变励磁电流的调速：

a．并励直流电动机M运行后，将M的电枢串联电阻R_1和磁场调节电阻R_{f1}调至零，将励磁电流I_{f2}调至校正值，再调节M的电枢电源调压旋钮和NG的负载，使电动机M的$U = U_N$，$I = 0.5I_N$, 记下此时的I_F值。

b．保持此时NG的I_F值和M的$U = U_N$不变，逐次增加磁场电阻的阻值，直至$n = 1.3n_N$，每次测量电动机的n、I_f和I_a。

思考与习题

1. 试说明直流电动机机械特性表达的意义。

2. 直流电动机在启动时有哪些基本要求？

3. 列举直流电动机制动方式并说明各自的机械特性。

4. 简述直流电动机调速方法的不同应用。

5. Z2-52型并励直流电动机的技术数据分别为$P_N = 7.5$ kW，$U_N = 220$ V，$I_N = 41.1$ A，$n_N = 1\,500$ r/min，$R_a = 0.6\ \Omega$。试完成：①求额定转矩；②绘制机械特性曲线；③若电动机的负载转矩为35 N • m，求此时电动机的转速。

6. 一台他励直流电动机，$P_N = 4.2$ kW，$U_N = 230$ V，$I_N = 18.25$ A，$n_N = 1\,450$ r/min。①求该电动机的机械特性；②若电枢电流为额定电流的一半，求电动机的转速；③当转速为1 500 r/min时，求电动机的电枢电流。

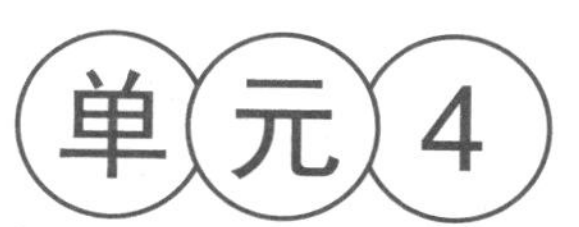

单元 4 直流电动机控制

【学习目标】

◎能正确选用直流电动机的类型及型号。

◎能根据实际要求画出直流电动机控制电路图，并根据控制电路图正确合理地连接实物。

◎熟悉并掌握电气原理图中各元件的图形符号。

◎认识元件符号在控制电路中不同位置的作用。

◎自己独立分析直流电动机控制电路。

直流电动机是如何进行
电气控制的呢？

任务 1 直流电动机控制认知

直流电机
正反转

直流电动机在实际应用中有多种控制方法，因此对直流电动机的电气控制原则、控制方式等需要作进一步的认识。

子任务 1 直流电动机控制原则认识

所谓直流电动机的控制，就是对直流电动机进行启动、反转、调速、制动的电气控制。这些运行状态的改变最为明显的是直流电动机转速的变化和旋转方向的改变，但同时运行状态的改变是由直流电动机的一些电磁参数变化而改变的，如直流电动机转子或定子电流、电动势等。因此，直流电动机控制原则有速度原则、时间原则、电流原则、电动势原则和行程原则等。直流电动机控制原则、应用场合及特性如表 4–1 所示。

表 4–1　直流电动机控制原则、应用场合及特点

控制原则	应用场合	特点
速度原则	直流电动机反接制动	电路简单，采用速度继电器控制
时间原则	直流电动机的启动、能耗制动	电路简单，采用速度继电器控制
电流原则	串励直流电动机启动、制动	电路连锁较多，采用电流继电器控制
电动势原则	直流电动机启动、反接制动	较准确反映电动机转速，采用电压继电器控制
行程原则	反映机械运动部件的运动位置	电路简单，采用行程开关控制

子任务 2　电气控制系统图认识

电气控制系统是由电气控制元件按照一定的要求连接组成，为了清晰地表达生产机械电气控制系统的工作原理，便于电气控制系统的安装、调整、使用和维修，将电气控制系统中的各电气元件用一定的图形符号和文字符号表达出来，再将其连接情况用一定的图形反映出来的图，即称为电气控制系统图。

在对直流电动机运行过程控制时，需要根据电气控制原理图，通过开关、线圈等元件的动作先后来进行分析。

常用的电气控制系统图有电气原理图、电器元件布置图和电气安装接线图。电气原理图是用来表示电路各个电器元件导电部分的连接关系和工作原理的图；电器元件布置图是用来表明电气设备上所有电动机和各个电器元件的实际位置；电气安装接线图是为了进行电器元件的接线和排除电器故障而绘制。

直流电动机具有良好的启动、制动和调速性能，获得了广泛的应用。本部分就直流电动机的启动、换向和制动控制电路进行讨论。

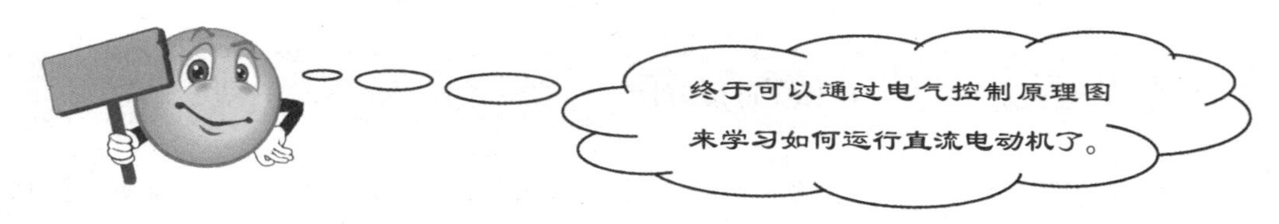

终于可以通过电气控制原理图
来学习如何运行直流电动机了。

任务 2　直流电动机启动

直流电动机启动控制时，有不同的控制参数，该部分围绕电流启动控制和时间继电器启动控制等方面展开论述。

子任务 1　通过电流控制直流电动机启动

图 4–1 所示为由电流控制的直流电动机启动控制电路图。

具体的启动动作：闭合开关 QS，按下启动按钮 ST，接触器 KM_1 线圈得电吸合，其常开触点闭合，电动机电枢回路串联电阻 R 作降压启动，KM_1 的一个常开触点闭合，实现自锁，KT 线圈也得电。与此同时，KM_3 接触器动作，其常闭触点断开。当电动机转速

升高，使电枢电流下降，KM_3 释放，其常闭触点闭合，KM_2 得电动作，KM_2 的常开触点闭合，把降压电阻器 R 短接，电动机便开始在额定工作电压下正常运行。采用延时继电器 KT，目的是为了防止在启动之初，降压电阻器 R 被接触器 KM_2 短接。

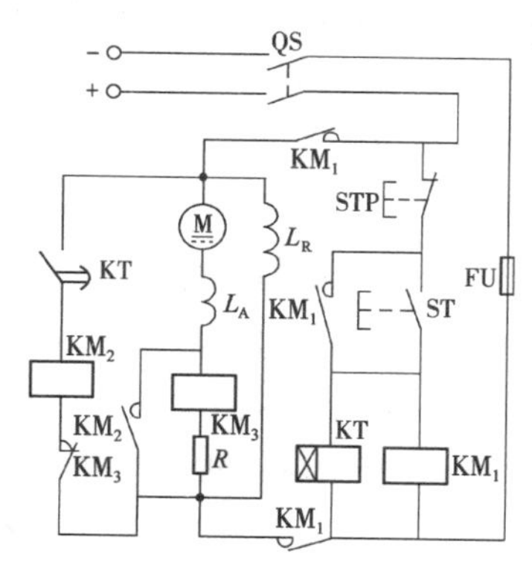

图 4–1　由电流控制的直流电动机启动控制电路图

子任务 2　通过时间继电器控制直流电动机启动

图 4–2 所示为由时间继电器控制的直流电动机启动控制电路。这实际上是电阻降压启动的直流电动机启动电路，只不过是用时间继电器来控制短接电阻的先后而已。具体的控制方式如下：

闭合电源开关 QS，按下启动按钮 ST，直流接触器 KM_1 得电吸合，其常开触点闭合，使电枢回路串联电阻 R_1、R_2 启动。而时间继电器 KT_1 也同时得电启动，其常开触点 KT_1 经延时闭合，使 KM_3 得电吸合，从而将 R_1 短接，电动机 M 加速。此时，另一只时间继电器 KT_2 得电动作，其常开触点延时闭合，使 KM_2 得电动作，把电阻 R_2 短接。这样，电动机便进入了正常运行状态。

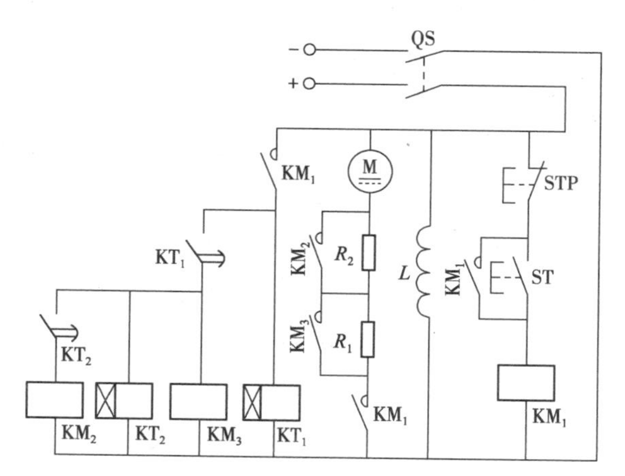

图 4–2　由时间继电器控制的并励直流电动机启动控制电路

子任务 3 直流电动机电枢串联电阻器单向旋转启动控制

图 4–3 所示为直流电动机电枢串联二级电阻单向旋转启动电路。图中 KM_1 为线路接触器，KM_2、KM_3 为短接启动电阻器的接触器，KA_1 为过电流继电器，KA_2 为欠电流继电器，KT_1、KT_2 为时间继电器，R_1、R_2 为启动电阻器，R_3 为放电电阻器。

启动原理如下：闭合电动机电枢电源开关 Q_1、励磁与控制电路电源开关 Q_2。KT_1 线圈得电，其常闭触点断开，切断 KM_2、KM_3 线圈电路，确保启动时将电阻器 R_1、R_2 全部串联电枢回路。按下启动按钮 SB_2，KM_1 线圈得电并自锁，主触点闭合，接通电枢回路，电枢串联二级启动电阻器启动；同时 KM_1 常闭辅助触点断开，KT_1 线圈断电，为延时使 KM_2、KM_3 线圈得电、短接电枢回路的 R_1、R_2 做准备。在电动机串联 R_1、R_2 启动的同时，并使接在 R_1 两端的 KT_2 线圈得电，其常闭触点断开，使 KM_3 线圈电路处于失电状态，确保 R_2 串联在电枢回路。

经过一段时间延时后，KT_1 常闭失电延时闭合触点闭合，KM_2 线圈得电吸合，主触点短接 R_1，电动机转速升高，电枢电流减小。为保持一定的加速转矩，启动中应逐级切除电枢启动电阻器。在 R_1 被 KM_2 主触点短接的同时，KT_2 线圈失电释放，再经过一定时间的延时，KT_2 常闭失电，延时闭合触点闭合，KM_3 线圈得电吸合，KM_3 主触点闭合短接第 2 段电枢启动电阻器 R_2。电动机在额定电枢电压下运转，启动过程结束。

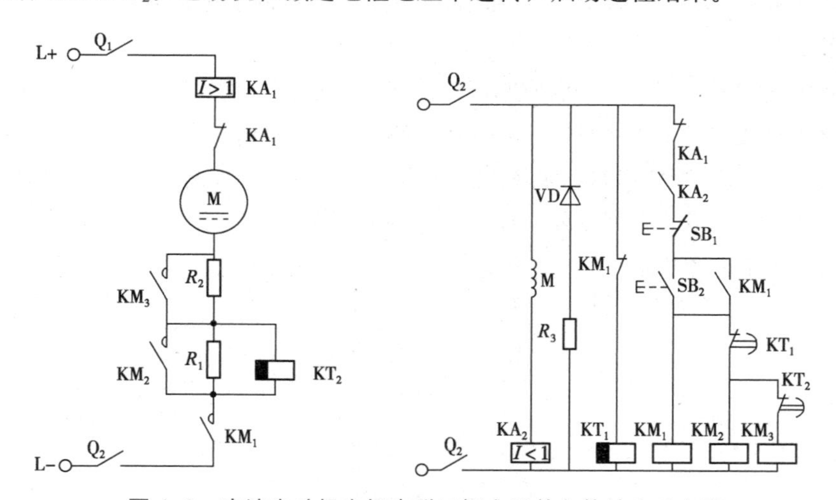

图 4–3 直流电动机电枢串联三级电阻单向旋转启动电路

电路保护环节：该电路由过电流继电器 KA_1 实现电动机过载和短路保护；欠电流继电器 KA_2 实现电动机欠磁场保护；电阻器 R_3 与二级管 VD 构成电动机励磁绕组断开电源时产生感应电动势的放电回路，以免产生过电压。

直流电动机是如何实现
自动控制换向的呢？

任务 3 直流电动机自动控制换向

在工作过程中，有时需要对直流电动机进行换向控制，对于需要频繁换向运行的直流电动机，通常采取改换电枢电流方向的方式来改变电动机的旋转方向，直流电动机自动控制换向电路如图 4–4 所示。

当按下正转启动按钮 SB_F 时，正转直流接触器 KM_F 得电吸合，其辅助触点 KM_F 动作，一方面常开触点 KMF 闭合实现自锁，此时即使松开 SB_F，线圈 KM_F 仍保持吸合状态；另一方面，常闭触点 KM_F 释放，切断了反转线圈 KM_R 电路，保证即使有人误按反转启动按钮 SB_R，也不致令 KM_R 动作，从而避免误操作引起事故。KM_F 吸合后，其主触点 KM_F 动作，使电源电流从左至右通过电枢，电动机正向转动。同理，当按动反转启动按钮 SB_R 时，KM_R 动作，电源电流从右至左通过电枢，而通过励磁线圈 L_1 的电流方向不变，所以电动机反向转动。为避免过电压损坏电动机，在电枢中串联有限流电阻器 R_1；在励磁电路中串联有放电电阻 R_2，其阻值一般为 L_1 线圈阻值的数倍。

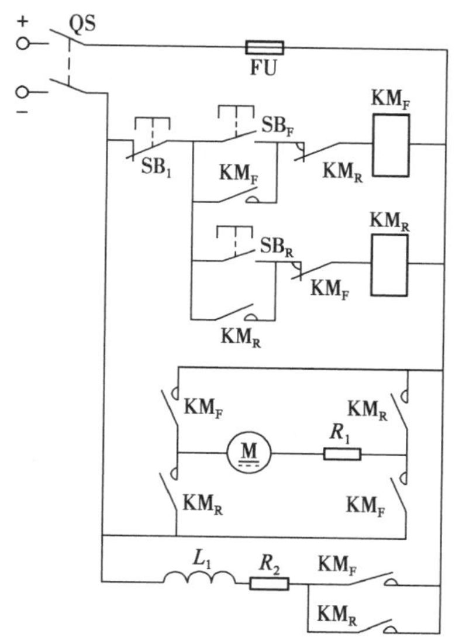

图 4-4　直流电动机自动控制换向电路

我想学习直流电动机在
制动时候的控制电路。

任务 4 直流电动机制动控制

直流电动机制动控制时，有不同的控制方式，该部分围绕直流电动机单向旋转能耗制动和直流电动机可逆旋转反接制动两方面展开论述。

子任务 1　直流电动机单向旋转能耗制动

图 4–5 所示为直流电动机单向旋转串联电阻启动、能耗制动电路。图中 KM_1 为线路接触器，KM_2、KM_3 为短接电枢接触器，KM_4 为制动接触器，KA_1 为过电流继电器，KA_2 为欠电流继电器，KT_1、KT_2 为时间继电器，KV 为电压继电器。

电路工作原理：电动机启动时的电路工作情况与图 4–3 所示相同，在此不再重复。停车时，按下停止按钮 SB_1，KM_1 线圈失电释放，其主触点断开电动机电枢直流电源，电动机以惯性旋转。由于此时电动机转速较高，电枢两端仍存在一定的感应电动势，并联在电枢两端的电压继电器 KV 经自锁触点仍保持得电吸合状态。KV 常开触点仍闭合，使 KM_4 线圈得电吸合，其常开主触点将电阻 R_4 并联在电枢两端，电动机实现能耗制动，电动机转速迅速下降，电枢感应电动势随之下降，当降至一定数值时 KV 释放，KM_4 线圈失电，电动机能耗制动结束，停车至转速为零。

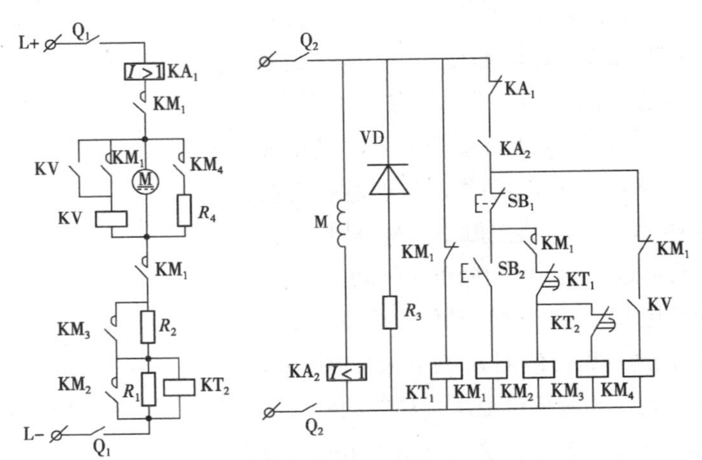

图 4–5　直流电动机单向旋转串联电阻启动、能耗制动电路

子任务 2　直流电动机可逆旋转反接制动

图 4–6 所示为直流电动机可逆旋转反接制动控制电路。图中 KM_1、KM_2 为电动机正、反转接触器，KM_3、KM_4 为启动短接电阻接触器，KM_5 为反接制动接触器，KA_1 为过电流继电器，KA_2 为欠电流继电器，KV_1、KV_2 为反接制动电压继电器，R_1、R_2 为启动电阻，R_3 为放电电阻，R_4 为反接制动电阻，KT1、KT2 为时间继电器，SQ1 为正转变反转行程开关，SQ2 为反转变正转行程开关。

该电路为按时间原则两级启动，能实现正反转并通过 SQ_1、SQ_2 行程开关实现自动换向，在换向过程中实现反接制动，以加快换向过程。下面以直流电动机正转运行变反转运行为例来说明电路工作情况。

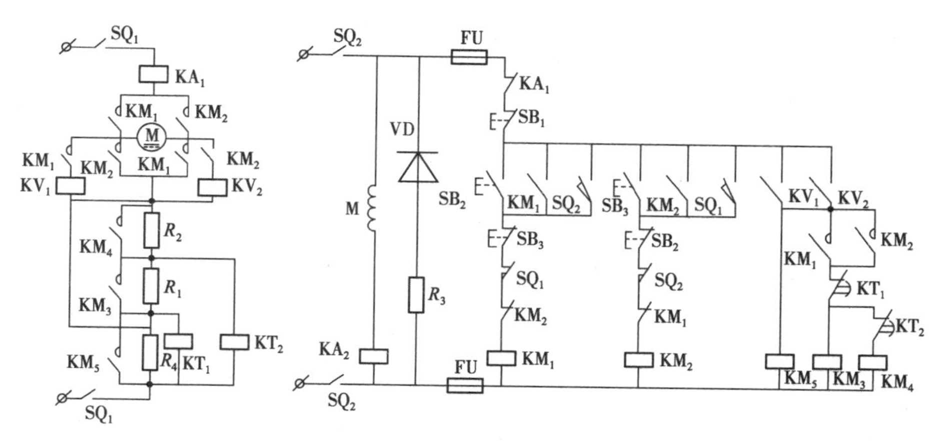

图 4–6　直流电动机可逆旋转反接制动电路

电动机在正向运转并拖动运行部件，当运动部件上的撞块压下行程开关 SQ_1 时，KM_1、KM_2、KM_3、KM_4、KM_5、KV_1 线圈失电释放，KM_2 线圈得电吸合。电动机电枢接通反向电源，同时 KV_2 线圈得电吸合，反接时的电枢电路如图 4–7 所示。

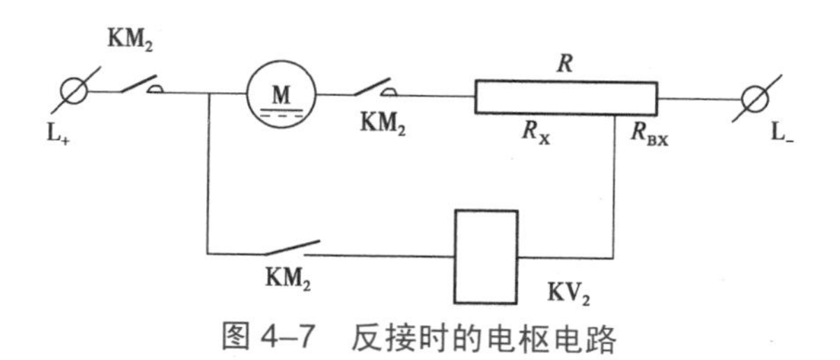

图 4–7　反接时的电枢电路

由于惯性，电动机转速以及电动势 E_M 的大小和方向来不及变化，且电动势 E_M 方向与电枢串联电阻电压降 IR_X 方向相反，此时电压继电器 KV_2 的线圈电压很小，不足以使 KV_2 吸合，KM_3、KM_4、KM_5 线圈处于失电状态，电动机电枢串联全部电阻进行反接制动。电动机转速迅速下降，随着电动机转速的下降，电动势 E_M 逐渐减小，电压继电器 KV_2 上的电压逐渐增加，当 $n \approx 0$ 时，$E_M \approx 0$，加至 KV_2 线圈电压加大并使其吸合动作，常开触点闭合，KM_5 线圈得电吸合。KM_5 主触点短接反接制动电阻 R_4，电动机电枢串联 R_1、R_2 电阻反向启动，直至反向正常运行。

当运动部件反向移动撞块压下形成开关 SQ_2 时，则由电压继电器 KV_1 来控制电动机实现反转时的反接制动和正向启动。

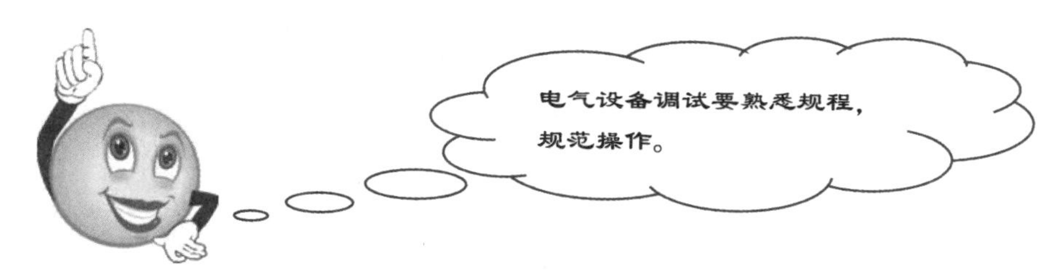

强化训练

训练：并励直流电动机启动调速控制

1. 目的

① 能够正确合理选用直流电动机的类型及型号。

② 能够根据实际条件画出电动机控制原理图。

③ 加强直流电动机工作原理的掌握。

④ 能够根据控制电路图连接实物。

⑤ 学会工具及相关检测仪表的使用。

2. 所需元件

所需元件见表 4–2。

表 4–2　所需元件

直流电动机	1 台
启动器	1 台
滑线式变阻器	1 只
电流表	1 只
电压表	1 只
转速表	1 只
电工工具	若干

3. 操作规范

① 接线可从一极出发，经过主要线路和各仪表、设备，最后回到另一极；而后再接并联支路。

② 通电前要仔细检查线路联接是否正确和牢靠，仪表的量程及极性和设备的手柄位置是否正确，确保无误方可通电。

③ 闭合电源开关启动电动机前，启动变阻器，一定放在最大值位置，励磁变阻器放在最小值位置。

④ 正确启动直流电动机，如发现不转，要立即切断电源检查线路；电动机转向应与机座上标志一致，不然要改变其转向。

⑤ 项目实施过程中，应时刻注意仪表读数，如遇异常声音，立即断开电源开关。

思考与习题

1. 选用直流电动机时需要考虑哪些内容？
2. 直流电动机控制原则有哪些？
3. 何为电动机正反转电路的互锁？何为电气互锁？
4. 绘制电气图中的图形符号。

单元 5 直流电动机维护

【学习目标】

◎学会常用工具的使用。

◎能正确合理地使用直流电动机。

◎能查找直流电动机工作故障并进行正确维护。

◎能合理正确地读取量具及仪器仪表读数。

电动机在检测过程中应
该使用什么工具呢？

任务 1 电动机检测工具的使用

直流电动机在使用时，需要用到量具、仪器仪表等使用工具，基本的仪器设备及工具有电动机组实验台、直流电动机启动变阻器、双向开关、变阻器、直流电流表和直流电压表、螺丝刀、转速表等。下面就工具的类型分别介绍。

子任务 1 电动机修理常用量具的使用

测量电动机零部件的尺寸、形状和位置的工具称为量具。常用的有钢直尺、卷尺、90° 角尺、内外卡钳等，这些属于普通量具；游标卡尺、外径千分尺、百分表等属于精密量具。

1. 钢直尺

钢直尺是直流电动机修理中测量零部件尺寸、形状和位置的普通量具，精度为 0.5 mm 的钢直尺用厚 1 mm、宽 25 mm 的不锈钢板制成。尺的直边是工作边，尺的另一端有悬挂用的小孔。尺的长度有 150 mm、200 mm、300 mm、1 000 mm 和 1 500 mm 等，钢直尺外形如图 5–1 所示。

使用钢直尺时，将尺的工作边紧靠工件台阶，放正后读数。如果工件上没有台阶

可靠，可用平铁块的平面作为台阶。对于工作端边有磨损，“0”线读数不准时，可改用“10 mm”分度线作为工作端边，测量后减去 10 mm。

图 5–1　钢直尺外形

2. 游标卡尺

游标卡尺属于较精密、多用途的量具，一般有 0.1 mm、0.05 mm、0.02 mm 这 3 种规格，图 5–2 所示为游标卡尺的外形，其结构构成如图 5–3 所示。尺身每一个分度线之间的距离为 1mm，从“0”线开始，每 10 格为 10 mm，在此尺身上直接读出整数值，游标上每一分度线之间的距离为 0.9 mm，从“0”线开始每向右一格，增加 0.1mm。

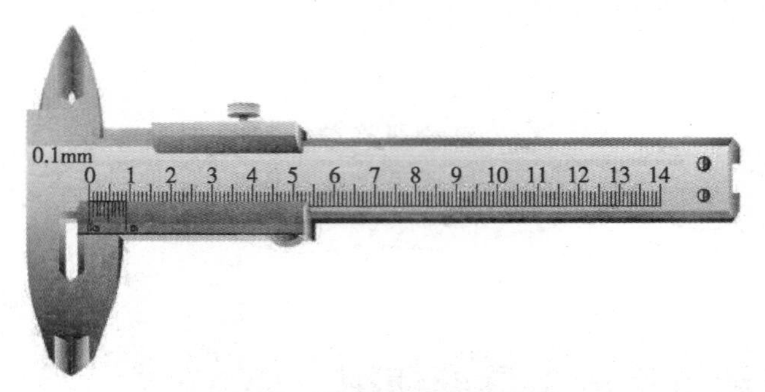

图 5–2　游标卡尺外形

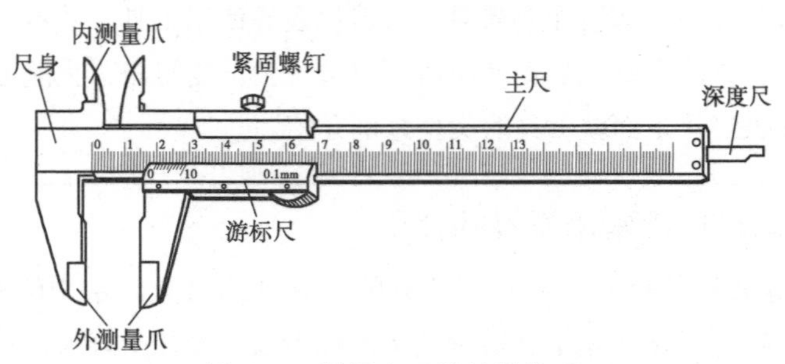

图 5–3　游标卡尺的结构构成

（1）操作方法

测量前，要做“0”标志检查，即将尺身、游标的量爪合拢接触，使其与“0”线对齐，然后按被测量的工件移动游标尺，卡好工件后，便可在尺身、游标上得到读数。游标卡尺的使用示意图如图 5–4 所示。

（2）注意事项

不可使用游标卡尺测量粗糙的工件表面，以防磨损量爪；读数时要防止视觉误差，要正视不要斜视；用后把游标卡尺放在专用的盒内。

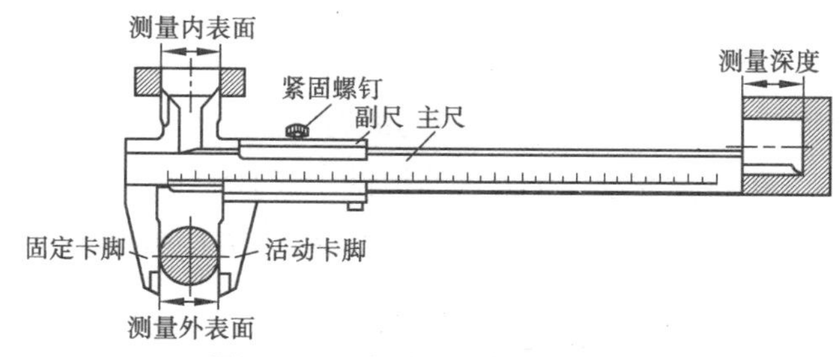

图 5–4　游标卡尺的使用示意图

3. 外径千分尺

（1）外径千分尺

外径千分尺一般用于测量导线的线径。其分度值为 0.01 mm，外径千分尺的刻度如图 5–5 所示。图 5–6 所示为外径千分尺的外形，测量导线的线径千万不要用火烧掉导线外面的绝缘皮，用软织物擦去外层灰垢，切不可用砂布或刀片刮去绝缘层，以免损伤线径致使测量数据不准确。

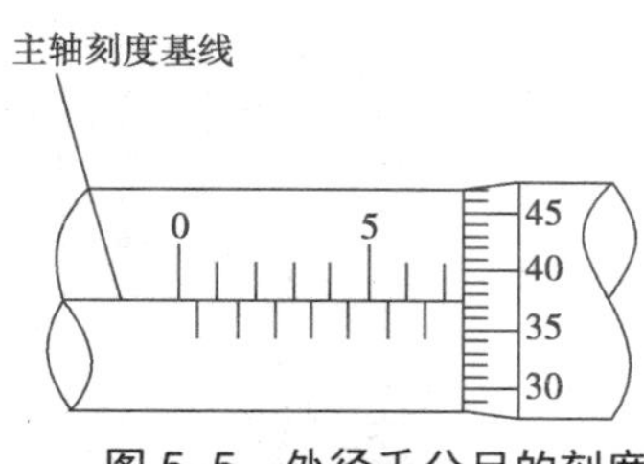

图 5–5　外径千分尺的刻度

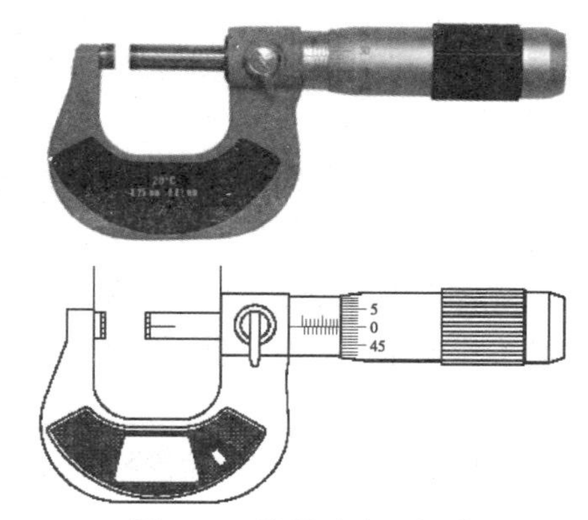

图 5–6　外径千分尺的外形

（2）外径千分尺的使用

外径千分尺的结构组成如图 5–7 所示。

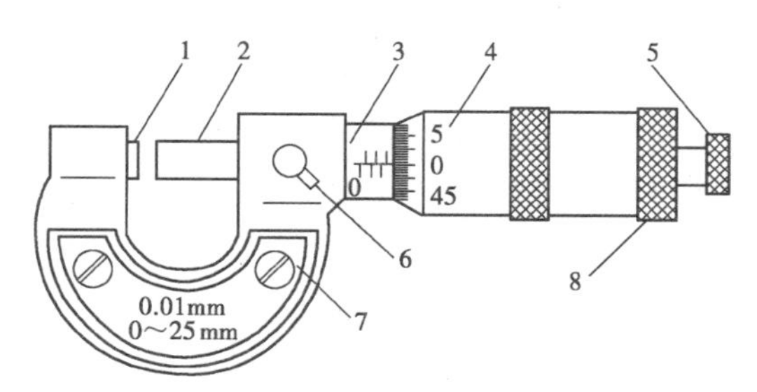

图 5–7　外径千分尺的结构组成

1—测砧；2—测微螺杆；3—固定套筒；4—微分筒；

5—测力装置；6—缩紧装置；7—护板；8—后盖

外径千分尺的使用主要有以下 5 个方面：

① 测量前，先把千分尺的两个测量面擦干净，然后转动微分筒，使两个测量面轻轻接触，并且没有间隙；先检查两个测量面的平行度是否良好，再检查零位是否对准。

② 把被测量物的表面擦干净，以免有脏物影响测量精度。

③ 测量时用左手准确握住外径千分尺的护板，右手旋转微分筒。当两个测量面将要接近被测量件表面时，不要直接旋转微分筒，而只转动测力装置，以得到固定的测量力。当听到发出“咔咔”声时，即可读出测量值。

④ 在读取数值时，注意别读错 0.5 mm，即在固定套筒上多读或少读半格（0.5 mm）。

⑤ 为减少测量一次所得结果的误差，可多测量几次，取平均值。

子任务 2　电动机常用检测仪器仪表的使用

常用的仪器仪表有数字万用表、指针万用表、兆欧表及钳形表等。在电动机使用与维护中，兆欧表应用较普遍，因此，该部分主要就兆欧表的使用进行介绍。

直流电动机的材料在使用中常因受潮、发热、污染等原因，其绝缘电阻值降低，漏电流变大，甚至绝缘损坏，造成短路、漏电等故障。因此，检查直流电动机材料性能好坏是保证其安全运行的必要手段。兆欧表就是专门用来检测电动机等电气设备的便携式仪表。

1. 兆欧表的选择

兆欧表的实物图如图 5–8 所示。其标度值刻度为“MΩ”，它能比较正确地反映直流电动机绝缘电阻在高压作用下的电阻值。

根据规定，测量绝缘电阻时，要求测量电压不得低于该设备的正常工作电压。当然，也不能用额定电压太高的兆欧表来测量低压设备的绝缘电阻，以免损坏绝缘。此外，兆欧表的测量范围也应与被测绝缘电阻的范围相吻合。

注：*有的兆欧表的起始刻度值不是 0，而是 1 MΩ 或是 2 MΩ，这种兆欧表不适合测量潮湿环境下的低压电器的绝缘电阻。*

图 5–8　兆欧表实物图

2. 兆欧表的使用

对于兆欧表的使用，主要有以下 6 个注意事项：

① 在测试前，先要切断电源，以确保人身和设备安全，被测设备表面要处理干净。

② 兆欧表的接线柱有 3 个：“线”(L)，“地”(E)，“屏”(G)。在进行一般测量时，只要把被测电阻接在“线”和“地”之间即可。

③ 兆欧表在使用前要进行一次开路和短路试验，检查兆欧表是否良好，即把兆欧表的 L 端、E 端短接，缓慢摇动手柄，指针应迅速指在标尺的“0”位；断开 L 端、E 端连线，摇动手柄达到额定转速（120 r/min）时，指针应指在标尺的“∞”位，否则，兆欧表会有误差。

④ 兆欧表与被测设备的连线应采用单股绝缘线，不可采用双股绝缘线。

⑤ 测量具有大电容设备的绝缘电阻时，读数后不能立即停止摇动兆欧表，否则已被充电的电容器将对兆欧表放电。正确的方法是在读数后，一面减小摇速，一面拆掉兆欧表 L 端的接头。

⑥ 在兆欧表停止转动和被测设备充分放电后，才能用手触及被测设备的导电部分。

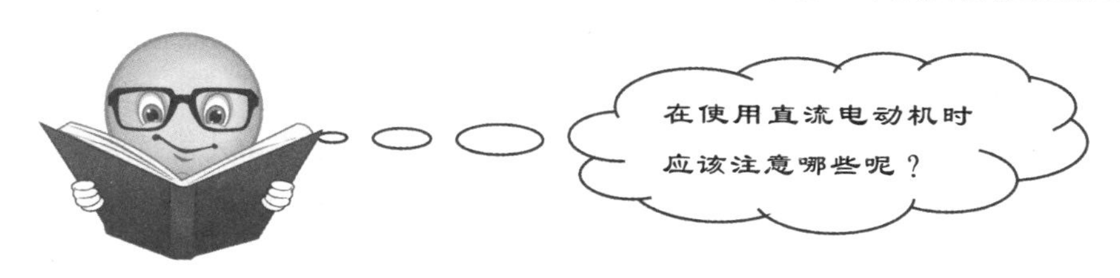

任务 2 直流电动机使用过程中注意事项认识

直流电动机在使用过程中，需要进行不断地维护及安全使用，该部分围绕直流电动机的启动控制、制动控制和日常应用维护 3 方面内容展开讨论。

子任务 1 启动控制的注意事项认识

直流电机高低速转换

如果直流电动机在额定电压下直接启动，由于启动瞬间转速 $n=0$，电枢电动势 $E_a=0$，故启动电流为$I_{st}=\dfrac{U_N}{R_a}$，因为电枢电阻R_a很小，所以直接启动电流可达到额定电流的 10 ~ 20 倍。过大的启动电流会影响电网上其他用户正常用电，从而使电动机换向严重恶化，甚至会烧坏电动机；同时过大的冲击转矩会损坏电枢绕组和传动机构。

一般直流电动机是不允许直接启动的，另外，直流电动机在启动时都应保证电动机的磁通达到最大值。对直流电动机的启动，一般有如下要求：

① 要有足够大的启动转矩。

② 启动电流要限制在一定的范围内。

③ 启动设备要简单可靠。

子任务 2 制动控制的注意事项认识

1. 能耗制动

能耗制动操作简单，但随着转速的下降，电动势减小，制动电流和制动转矩也随着减小，制动效果变差。若为了使电动机能更快地停止转动，可以在转速降到一定程度时，切除一部分制动电阻，使制动转矩增大，从而加强制动作用。

2. 反接制动

直流电动机反接制动时由于电源电压 U 反向，与反电势 E 的方向一致，导致电枢电流过大，因此反接制动时，必须在制动回路里串联适当大小的附加电阻以限制电枢电流的大小。

3. 电动机的基本使用环境条件

① 海拔不超过 1 000 m。

② 运行地点的环境空气温度随季节而变化，但不超过 40℃。

③ 运行地点的最低环境温度为 -15℃，此时电动机已安装完毕。

④ 运行地点的最湿月月平均最高相对湿度为 90%，同时该月月平均最低温度不高于 25℃，在该环境下，电动机经常停机后还可安全投入运行。

⑤ 运行地点的环境中，不存在腐蚀性化学物质或易爆气体、盐雾、淋水等特殊情况。

⑥ 正常情况下，电动机安装在刚性安装面上，且安装区域或辅助外壳对电动机通风没有严重妨碍。

子任务 3 直流电动机日常应用维护认识

1. 应用与维护

（1）电动机的日常维护

① 使用前的检查。对新安装或较长时间未用的电动机，在通电使用前应做如下检查：

a. 用兆欧表测量电动机绕组对地及相间的绝缘电阻。一般在采用热态标准值（约 $U_N \times 10^{-3}$ MΩ）的 4 ～ 10 倍作为推荐值时，应进行烘干处理，直至达到要求。

b. 检查接地是否良好。

c. 用手或器械使电动机转动，看其是否灵活，有无异常响声。

d. 检查连接线是否符合电动机接线图的规定，电动机出线标志是否正确。对于必须按规定方向运转的设备，应事先在电动机与设备脱开的情况下，通电检查电动机转向。

e. 检查启动设备是否处于启动位置，熔断器是否完好，电源电压是否正常。

② 操作时注意事项：

a. 操作人员应做好出现不安全事故的思想准备和设备准备。

b. 检查所带设备中有关部位是否处于可启动状态。

c. 电动机通电启动过程中，操作人员应注意观察电动机的启动是否正常。

③ 电动机运行中的监控：

a. 检查电动机的振动和噪声是否出现异常。

b. 监视电流表的指示值是否有突然增大现象。

c. 如能在电动机上放置温度计，应定期观察记录电动机温度的变化，如果突然上升很多，则应检查负载是否有较大变化、通风是否受阻、电源电压是否下降过多等。

（2）电动机的定期检修

电动机的定期检修是消除故障隐患、防止故障发生或扩大的重要措施。定期检修分为定期小修和定期大修。

① 定期小修的期限和项目。定期小修一般不拆开电动机，只对电动机进行清理和检查，小修周期为 6 ～ 12 个月。定期小修的主要项目有：

a．清扫电动机外壳，擦除运行中积累的油垢。

b．测量电动机定子绕组的绝缘电阻，主要是测后要重新接好线，拧紧接头螺母。

c．检查电动机端盖、地脚螺栓是否紧固，若有松动应拧紧或更换螺栓。

d．检查接地线是否可靠。

e．检查、清扫电动机的通风道及冷却装置。

f．拆下轴承盖，检查润滑油是否干涸、变质，并及时加油或更换洁净的润滑油。

g．检查电动机与负载间的传动装置是否良好。

h．检查电动机的启动和保护装置是否完好。

② 定期大修的期限和项目。电动机的定期大修应结合负载机械的大修进行，大修周期一般为 2 ～ 3 年。定期大修时，需把电动机拆开，进行定子、转子及轴承等部分的检查和修理。下面就定子的检修过程进行介绍。

a．定子拆卸。对于定子拆卸主要操作过程如下：

用内径千分尺测量主磁极中心处的径向直径，并做好记录；记下各电缆线的连接关系及各引出电缆的标号及位置；用相应电压等级兆欧表检查定子绕组的绝缘情况；测量各主磁极绕组的极性并做好记录；拆下连接电缆，松开主磁极紧固螺栓，逐个取出绕组；记下各主磁极和机座间的垫片种类、厚度和数量；从主磁极上取下线圈支撑、绝缘片及线圈，记录相对位置。

b．定子装配。清理完毕后需对拆装后的定子进行装配，主要操作过程为：

清理完所有零部件后，将机座轴向上立放，下面垫好方木；装配主磁极、换向磁极时，每只磁极按拆卸时对应的零部件数量装在铁芯上；按原对应位置，将装配好的主磁极用尼龙绳或外套橡皮管的细钢丝绳吊起放入机座内部，用螺栓将主磁极初步紧固在机座上，然后再在机座与主磁极之间插入原有的主磁极垫片。调整主磁极内径的同时，应考虑到主磁极内径与机座止口的同轴度要求，并控制每个主磁极中心位置与机座内壁的距离，使之相等，调整好后紧固固定螺栓；将换向磁极装在机座内时，操作方法同上；按拆卸时画的接线图，安装连接线和电缆引出线并包好绝缘。

c．定子装配后的检测。对于装配后的定子需要进行检测，具体的检测过程如下：

将主磁极、换向磁极绕组分别通入 5% ～ 10% 的额定电流，用指南针检查各极的极性是否符合拆卸前的记录，直流电动机按顺时针方向旋转时的极性排列为 NN’SS’NN’SS’；检查各定子绕组的绝缘电阻，按规定耐压值的 75% 进行对地耐压试验。

2. 故障诊断与维修

（1）启动故障的诊断与维修

① 电动机不能正确启动，判断故障的原因有以下几点：

a．电动机电源未接通。

b．电动机的引出线端短路或与机座碰触接地。

c．电刷与换向器接触不良。

d．励磁绕组存在断路或短路故障。

e．电枢绕组电路存在断路或短路故障。

f．部分主磁极的极性接反，使主磁通部分抵消。

g．电动机过载。

② 针对以上原因可采取的处理方法有以下几点：

a．用万用表检查电动机的电源线路、开关、熔断器等各处的连接与接触情况，使之接通并接触良好。

b．检查电动机引出线端的短路或接地故障点，酌情修理。

c．检查电刷与换向器的接触情况，使之接触良好。

d．查找励磁绕组的断路或短路故障点，酌情修理。

e．查找电枢绕组、换向绕组、补偿绕组和串励绕组的断路或短路故障点，酌情修理。

f．检查励磁绕组主磁极绕组的极性，找出错接处并改正。

g．减轻电动机负载。

（2）运行故障的诊断与维修

① 电动机运行时，转速太低或不均匀。可能的原因有以下几点：

a．电源电压过低。

b．电枢绕组存在短路故障。

c．换向磁极的极性接错。

d．换向片间存在短路故障。

e．电刷的位置不正确。

针对以上原因，可采取的处理措施有以下几点：

a．调整电源电压到额定值。

b．检查电枢绕组的短路故障点，酌情修理。

c．可用低压直流电（6 V 左右）通入励磁绕组，并用指南针检查换向磁极的极性，找出错误接线的换向磁极并予以纠正。

d．注意清理换向片间残留的焊锡、铜屑、毛刺等，查找换向片间的短路故障点并予以修复。

e．调整电刷位置，首先用万用表检查电动机的电刷接触是否良好，将直流电动机的励磁绕组接电池，电枢绕组接万用表的直流电流 μA 挡，不断地关、合开关，调整电刷的位置，观察万用表的指针，直到指针不动即为正确位置。

② 电动机转速过高。直流电动机在运行时出现转速过高故障，应及时切断电源以防损坏电枢，诊断产生该类故障的可能原因有以下几点：

a．定子磁场的主磁极气隙过大。

b．励磁回路电阻过大或断路。

c．电枢绕组存在短路、断路故障。

d．并励或串励绕组存在匝间短路。

e．并励绕组极性被接反。

f．串励电动机负载过轻。

g．复励电动机的串励绕组极性接错。

针对以上原因，可采取以下措施：

a．按规定值用铁垫片重新调整气隙。

b．用万用表的电阻挡仔细检查励磁回路中的所有接线端头，看是否有氧化层而造成接触不良，有则应用细砂布研磨擦净，再重新接牢即可。并测量励磁回路的电阻，使其恢复到正常值。

c．用仪器、仪表查找电枢绕组的短路、断路故障点。

d．查找并励或串励绕组的匝间短路故障点。

e．检查纠正并励绕组极性。

f．检查串励电动机负载过轻时，可适当增加其负载或更换较小容量的电动机。

g．仔细检查复励电动机的全部接线，确认错误后，改正串励绕组的极性。

③ 电动机运行时电枢过热。诊断可能的原因有以下几点：

a．电枢绕组存在短路或接地故障。

b．电动机的换向器粗或片间短路。

c．电刷弹簧压力过大而使换向器异常发热。

d．电动机的电枢与定子磁极相擦。

e．定子主磁极的气隙不均匀。

f．电动机的冷却条件恶化。

g．并励、复励电动机的电源电压过低。

h．电动机过载或不按规定频繁启动。

针对以上原因，可采取以下措施：

a．查找电枢绕组的短路或接地故障点。

b．如果是因焊锡、铜屑和毛刺引起的换向片间短路，只需将这些杂物清除即可；若换向器片间短路发生在电枢绕组出线端的下面等不易修理的位置时，则只有拆除电枢绕组，才能对换向器进行修理。

c．仔细调整电刷弹簧压力，以排除发热故障。

d．认真检查电动机的端盖、轴承盖和磁极铁芯等，看是否有螺栓松动或紧固未到位等现象，找出故障点并予以修复。

e．检查定子主磁极的气隙，并调匀。

f．在仔细检查消除电动机内部的尘垢后，检察并处理滤尘网、风道及冷却风扇等处的缺陷。

g．检查电源电压，找出原因并将其恢复到额定电压。

h．减轻电动机负载，减少或避免不按规定频繁启动的次数。

④ 电动机运行时励磁绕组过热。诊断可能的原因有以下几点：

a．电动机的端电压过高。

b．电动机的励磁电流超过规定值。

c．励磁绕组的线径、匝数错误。

d．电动机的并励绕组内存在匝间短路故障。

e．励磁绕组对地绝缘电阻太低。

f．电动机的冷却条件恶化。

针对以上原因采取的措施有以下几点：

a．用万用表检测电动机的端电压，找出故障原因，设法将电压恢复到额定值。

b．用电流表检测电动机的励磁电流值，找出故障原因，并恢复到正常励磁电流值。

c．仔细核查励磁绕组的线径、匝数，若有错误，更换符合设计要求的励磁绕组。

d．仔细查找电动机并励绕组的匝间短路故障点。

e．拆开电动机，清扫内部油污、杂物，烘干励磁绕组，使其绝缘电阻值恢复为规定值。

f．拆开电动机，清除内部尘垢和排除冷却系统的故障。

⑤ 电动机运行时电刷火花过大。诊断可能的原因有以下几点：

a．电动机电刷在刷盒中过紧或过松。

b．电动机电刷弹簧的压力不适当，电刷过短或过长。

c．电动机所用电刷型号不符或使用两种以上不同型号的电刷。

d．电刷在换向器圆周上分布不匀或位置不正确。

e．机身振动，在换向器表面出现规律性黑痕。

f．电动机过载或所带负载剧烈波动。

g．电动机运行转速过高。

h．换向器换向片间存在短路故障。

i．电动机的刷杆或刷杆座接地。

j．电动机的全部换向绕组或补偿绕组的极性接错（电刷下出现黄色耀眼的长串火花）。

k．电动机的部分换向绕组或补偿绕组的极性接错（电刷下产生黄色舌状火花）。

l．电动机的换向极气隙过大（电刷滑出边产生火花）或过小（电刷滑入边产生火花）。

m．换向绕组、补偿绕组内存在匝间短路故障。

n．电动机的电枢存在断路故障（换向器周围出现绿色环状火花，并且片间云母也会有放电烧伤痕迹）。

o．电枢曾经过载而产生严重发热，使电枢绕组与换向器之间的连接产生局部脱焊。

p．电枢的换向片松动、凸出，此时可看出换向器上凸片发亮、凹片发黑，严重时还将听到撞击电刷的声音。

q．换向器表面粗糙不平，使电刷接触不良而产生火花。

r．换向器换向片间云母凸出或换向片间槽内积聚有碳粉、灰尘和油污等杂物。

针对以上原因，可采取以下措施处理：

a．可以磨制尺寸合适的电刷或修理刷盒，应使电刷在刷盒中既能自由滑动又不至于过松或存在迟滞现象。

b．按电动机产品说明的要求调整电刷弹簧的压力，电刷过短或过长应更换合适的电刷。

c．将整台电动机的电刷，统一更换为符合规定型号的电刷。

d．重新校正和分布电刷在换向器圆周上的位置。

e．须拆开电动机重新校正电枢的平衡，并在电动机重装后紧固好底座以消除振动。

f．减轻、稳定电动机所带的负载。

g．采取措施调整电动机的运行转速到正常的额定转速。

h．查找换向器换向片间的短路故障，予以修复。

i．用兆欧表检测电动机的刷杆或刷杆座的接地故障点，予以绝缘处理。

j．仔细检查电动机的全部换向绕组或补偿绕组的极性。

k．逐级检测并纠正电动机的部分换向绕组或补偿绕组中极性错误的接线。

l．按电动机技术要求的规定值重新调整其换向极气隙。

m．查找换向绕组、补偿绕组匝间短路故障。

n．查找电动机电枢绕组的断路故障并予以修复，如为小容量直流电动机，可以短接该处换向片以做应急处理。

o．用毫伏表检测换向器片间的电压降，找出电枢绕组出线端与换向器之间的脱焊处并重新焊接牢固。

p．可在冷、热两种情况下紧固换向器的螺母或拉紧螺栓，重新车削换向器工作面、钩削片间云母并研磨光洁等。

q．用细砂布或白布分别研磨换向器的工作面，必要时也可重新车削、磨光换向器。

r．可用手锯条制成的专用工具清理换向片间凸出的云母以及积存的碳粉、油污等。

⑥ 电动机运行时电枢冒烟。诊断可能的原因：

a．电动机端电压过低。

b．电动机长期过载运行。

c．换向器的片间云母击穿或有金属屑落入其中。

d．电枢绕组存在短路故障。

e．电动机的定转子铁芯相擦。

f．电动机直接启动或频繁正、反转运转。

针对以上原因可采取的措施：

a．调整电动机的端电压至正常值。

b．恢复为正常负载运行。

c．可用手锯条制成的专用工具，对换向器的片间沟槽仔细进行清扫和检修。

d．查找电枢绕组的短路故障。

e．检查电动机的气隙是否均匀，轴承是否磨损，找出故障后重新调整定转子铁芯间气隙或更换新轴承。

f．选择适当的电动机启动器，避免频繁的正、反转运行。

⑦ 电动机运行时噪声和振动过大。诊断可能存在的原因：

a．电动机的轴线与负载机组不重合。

b．电刷压力过大或电刷与换向器工作面不吻合而引起噪声。

c．紧固螺栓松动或零部件振动而引起不正常的杂音和机身振动。

d．电动机轴承内有杂物或严重磨损而有异常杂音。

e．电动机的电枢不平衡。

f．电动机的转轴弯曲。

针对以上原因，可采取以下措施：

a．将电动机及负载机组的安装紧固螺栓松开，重新调整好电动机与负载机组的轴线。

b．调整电动机的电刷压力或研磨电刷与换向器的接触面。

c．详细检查电动机及机组各零部件的紧固情况，并注意清除各磁极之间可能混入或吸入的异物。

d．仔细清洗轴承，更换全部润滑脂或更换同规格的轴承。

e．拆开电动机，重新校正电枢平衡。

f．拆开电动机，将转轴调直校正。

（3）绕组故障的诊断与维修

① 绝缘电阻低。诊断可能的原因有以下几点：

a．电动机绕组和导电部分有灰尘、金属屑、油污等。

b．绝缘受潮。

c．绝缘严重老化。

针对以上原因可采取以下措施：

a．用压缩空气吹净，无效时可用弱碱性洗涤剂进行清理，然后进行干燥处理。

b．进行烘干处理。

c．浸漆处理或更换绝缘。

② 绕组接地。诊断可能的原因有以下几点：

a．金属异物使线圈与机壳接通。

b．绕组槽部或端部绝缘损坏。

针对以上原因采取以下措施：

a．查找接地点，清除异物。

b．用低压直流电源检测换向片间压缩或换向片与轴间电压降，找出故障并更换故障线圈。

③ 短路故障。诊断可能存在的原因有以下几点：

a．接线错误。

b．换向片间有焊锡等金属物短接。

c．线圈匝间绝缘损坏。

针对以上原因可采取以下措施：

a．按接线图纠正电枢线圈与换向器的连接。

b．仔细检查故障点，清除污物。

c．更换新绝缘。

④ 断路故障。诊断可能存在的原因有以下几点：

a．接线错误。

b．线圈与换向片间焊接不良。

针对以上原因可采取以下措施：

a．按接线图纠正电枢线圈与换向器的连接。

b．仔细检查故障点，重新补焊连接部分。

⑤ 接触电阻大。诊断可能存在的原因有以下几点：

a．线圈与换向片焊接不良。

b．换向片与升高片焊接不良。

针对以上原因可采取以下措施：

a．仔细检查故障点，重新补焊连接部分。

b．加固、补焊换向片与升高片的连接。

电工要正确穿戴劳防用品，
使用安全用具。

强化训练

训练：直流电动机模型安装

1. 目的

① 学会安装直流电动机模型。

② 进一步了解并认知直流电动机的组成及其结构。

③ 会画直流电动机模型的电路图，并按电路图连接电路。

④ 学会对电动机安装工具及相关检测仪表的使用。

2. 安装及操作过程

① 直流电动机电路图的绘制。

② 直流电动机模型的安装（包括定子、转子、磁极等）。

③ 对调磁铁两极，观看电动机转动情况的变化。

3. 工具与仪表

电动机模型（散件），滑线式变阻器，电源（干电池若干），开关，自制电动玩具。

思考与习题

1. 简述游标卡尺和外径千分尺在使用过程中的不同。

2. 直流电动机启动时，励磁回路串接的磁场变阻器应调至什么位置？为什么？当励磁回路断开造成失磁时，会产生什么严重后果？

3. 直流电动机启动时电刷火花过大，试分析原因及解决办法。

4. 说明直流电动机在日常使用过程中的注意事项。

单元6

三相异步电动机基础

【学习目标】

◎能对小型三相异步电动机进行拆装。

◎能识别三相异步电动机的型号，并对小型三相异步电动机的绕组及其接线方式进行识别。

◎掌握三相异步电动机的基本结构和工作原理。

◎掌握三相异步电动机的铭牌数据与主要系列。

交流电动机在现代各行各业以及日常生活中都有着广泛的应用。交流电动机有三相和单相之分、同步和异步之分。三相交流异步电动机因其结构简单、工作可靠、维护方便、价格便宜等优点，应用广泛，特别是近年来，随着变频技术的兴起，工程中生产机械拖动更加青睐于三相异步电动机。

图片

匠心成就梦想之向先进人物学习

我要通过对三相异步电动机和直流电动机的工作原理的比较来进行学习。

任务1 三相异步电动机的结构与工作原理认识

认识三相异步电动机的结构与工作原理可以从以下几个子任务着手。

视频

交流电机内部结构

子任务1 三相异步电动机的结构认识

三相交流异步电动机主要由静止的部分定子和旋转的部分转子组成，定子和转子之间由气隙分开，根据异步电动机的工作原理，这两部分主要由铁芯（磁路部分）和绕组（电路部分）构成，它们是电动机的核心部件。图6–1为三相异步电动机结构示意图。

1. 定子

定子由定子铁芯、定子绕组、机座、端盖和轴承等组成。机座的主要作用是用来支撑电动机各部件，因此应有足够的机械强度和刚度，通常用铸铁制成。为了减少涡流和磁滞损耗，定子铁芯用0.5 mm厚涂有绝缘漆的硅钢片叠成，铁芯内圆周上有许多均匀分布的

槽，槽内嵌放定子绕组。三相异步电动机定子结构如图 6–2 所示。

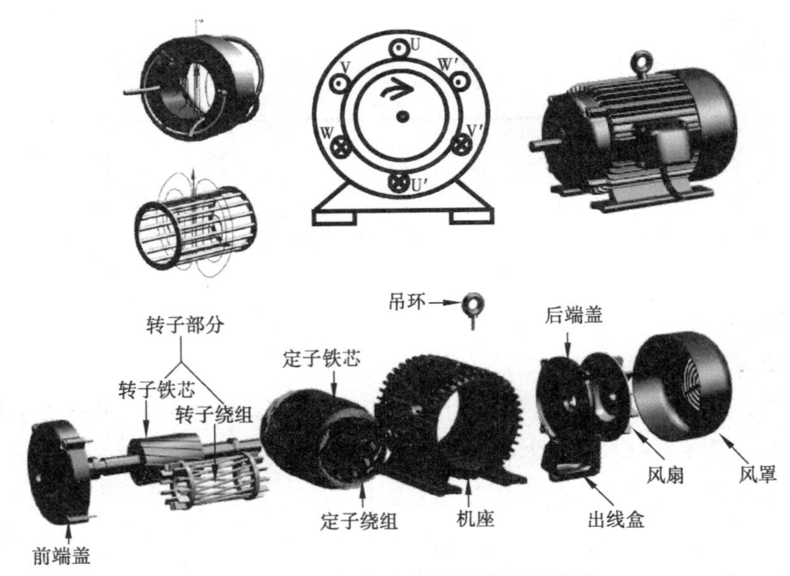

图 6–1　三相异步电动机结构示意图

定子绕组分布在定子铁芯的槽内，小型电动机的定子绕组通常用漆包线绕制，三相绕组在定子内圆周空间彼此相隔 120° 电角度，每相的导体数、并联支路数相等，导体规格相同，每相导体或线圈在空间的分布规律相同。

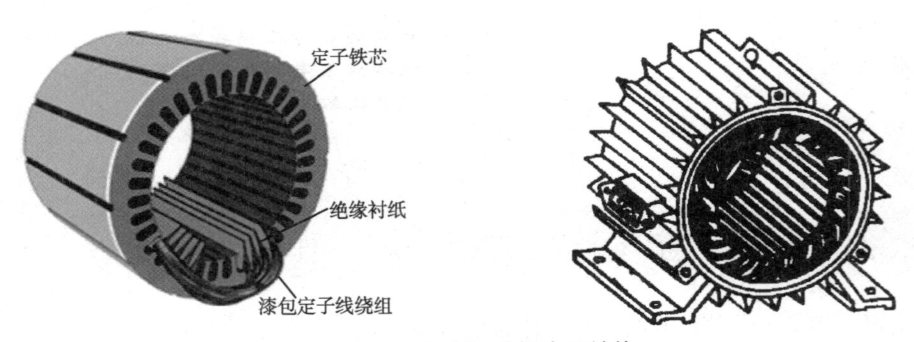

图 6–2　三相异步电动机定子结构

视频

交流电机运行原理

2. 转子

转子由转子铁芯、转子绕组、转轴和风扇等组成。转子铁芯也用 0.5 mm 厚硅钢片冲成转子冲片并叠成圆柱形，压装在转轴上。其外围表面冲有凹槽，用以安放转子绕组。

异步电动机按转子绕组形式不同，可分为绕线式和笼形（鼠笼式）两种。绕线式转子的绕组和定子绕组一样，也是三相绕组，绕组的 3 个末端接在一起（星形），3 个首端分别接在转轴上 3 个彼此绝缘的铜制滑环上，再通过滑环上的电刷与外电路的变阻器相接，以便调节转速或改变电动机的启动性能。绕线式转子如图 6–3 所示。绕线式异步电动机由于其结构复杂，价位较高，所以通常用于启动性能或调速要求高的场合。

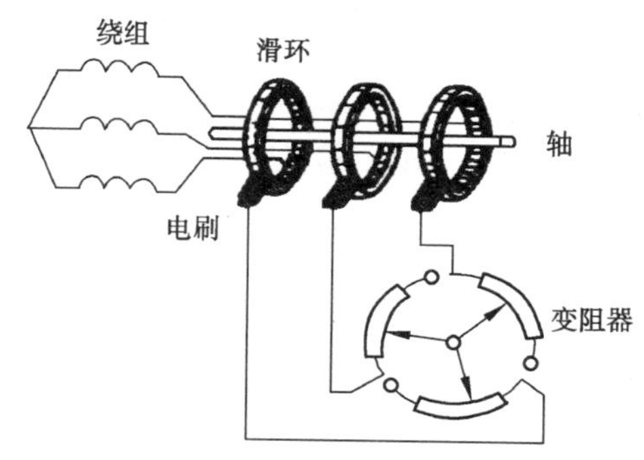

图 6–3 绕线式转子

笼形转子绕组是在转子铁芯槽内插入铜条，两端再用两个铜环焊接而成。若把铁芯拿出来，整个转子绕组外形很像一个鼠笼，故又称鼠笼式转子绕组。对于中小功率的电动机，目前常用铸铝工艺把笼形转子绕组及冷却用的风扇叶片铸在一起，笼形转子绕组如图 6–4 所示。

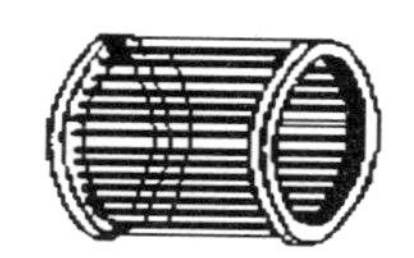
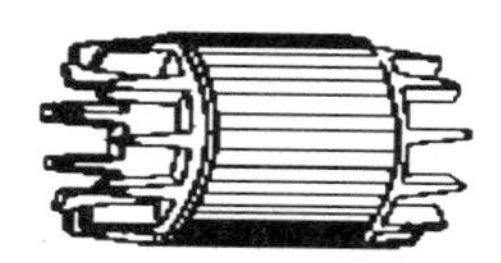

图 6–4 笼形转子绕组

虽然绕线式异步电动机与鼠笼式异步电动机的结构不同，但它们的工作原理是相同的。笼形异步电动机由于构造简单、价格低廉、工作可靠、使用方便，成为了生产上应用最广泛的一种电动机。

子任务 2 三相异步电动机的工作原理认识

1. 基本原理

为了说明三相异步电动机的工作原理，做如下演示实验，三相异步电动机工作原理如图 6–5 所示。

（1）演示实验

在装有手柄的蹄形磁铁的两极间放置一个闭合导体，当转动手柄带动蹄形磁铁旋转时，将发现导体也跟着旋转；若改变磁铁的转向，则导体的转向也跟着改变。

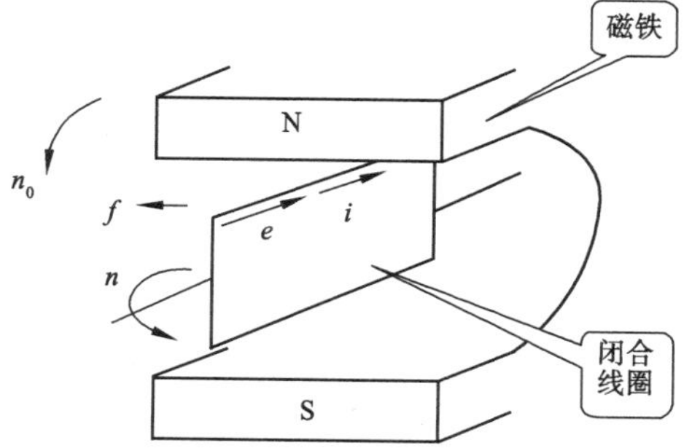

图 6–5 三相异步电动机工作原理

（2）现象解释

当磁铁旋转时，磁铁与闭合的导体发生相对运动，笼形导体切割磁感线而在其内部产生感应电动势和感应电流。感应电流又使导体受到一个电磁力的作用，于是导体就沿磁铁的旋转方向转动起来，这就是异步电动机的基本原理。

转子转动的方向和磁极旋转的方向相同。

（3）结论

欲使异步电动机旋转，必须有旋转的磁场和闭合的转子绕组。

2. 旋转磁场

（1）产生

三相异步电动机定子接线如图 6–6 所示，该图为最简单的三相定子绕组 AX、BY、CZ 在空间按互差 120° 的规律对称排列，并接成星形与三相电源 U、V、W 相连，三相定子绕组通过三相对称电流，随着电流在定子绕组中通过，三相定子绕组中就会产生旋转磁场。旋转磁场的形成如图 6–7 所示。

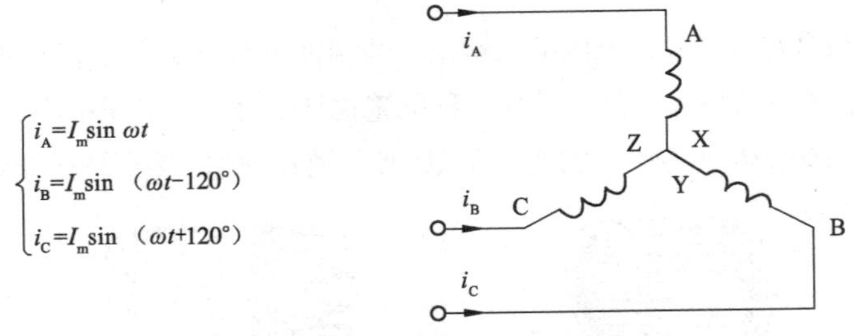

图 6–6　三相异步电动机定子接线

当 $\omega t=0°$ 时，$i_A=0$，AX 绕组中无电流；i_B 为负，BY 绕组中的电流从 Y 流入、从 B 流出；i_C 为正，CZ 绕组中的电流从 C 流入、从 Z 流出；由右手螺旋定则可得合成磁场的方向，如图 6–7（a）所示。

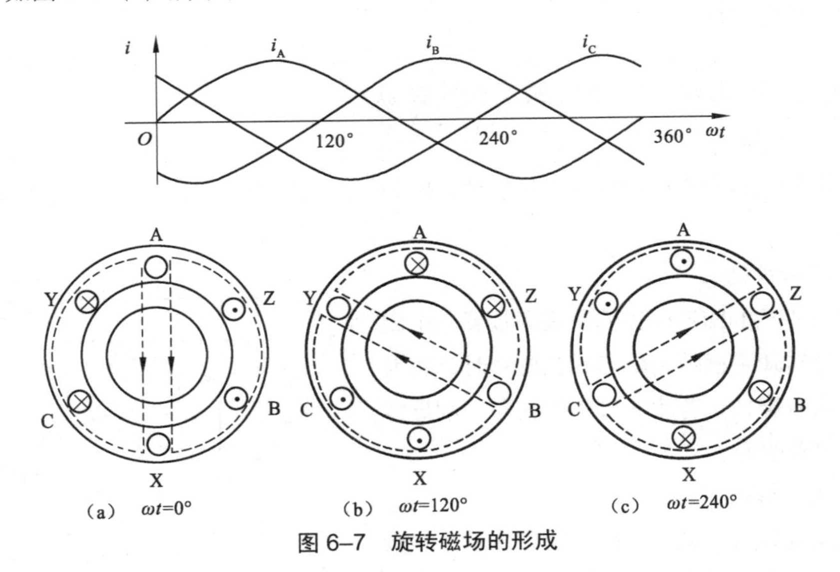

图 6–7　旋转磁场的形成

当 $\omega t=120°$ 时，$i_B=0$，BY 绕组中无电流；i_A 为正，AX 绕组中的电流从 A 流入、从 X 流出；i_C 为负，CZ 绕组中的电流从 Z 流入、从 C 流出；由右手螺旋定则可得合成磁场的方向，如图 6–7（b）所示。

当 $\omega t=240°$ 时，$i_C=0$，CZ 绕组中无电流；i_A 为负，AX 绕组中的电流从 X 流入、从

A 流出；i_B 为正，BY 绕组中的电流从 B 流入、从 Y 流出；由右手螺旋定则可得合成磁场的方向如图 6–7（c）所示。

可见，当定子绕组中的电流变化一个周期时，合成磁场也按电流的相序方向在空间旋转一周。随着定子绕组中的三相电流不断地做周期性变化，产生的合成磁场也会不断地旋转，因此称为旋转磁场。

（2）旋转磁场的方向

旋转磁场的方向是由三相绕组中电流相序决定的，若想改变旋转磁场的方向，只要改变通入定子绕组的电流相序，即将 3 根电源线中的任意两根对调即可。这时，转子的旋转方向也会跟着改变。

3. 三相异步电动机的极数与转速

（1）极数（磁极对数）p

三相异步电动机的极数就是旋转磁场的极数。旋转磁场的极数和三相绕组的安排有关。

当每相绕组只有一个线圈，绕组的始端之间相差 120° 空间角时，产生的旋转磁场具有一对极，即 $p=1$，一对极绕组如图 6–8 所示。

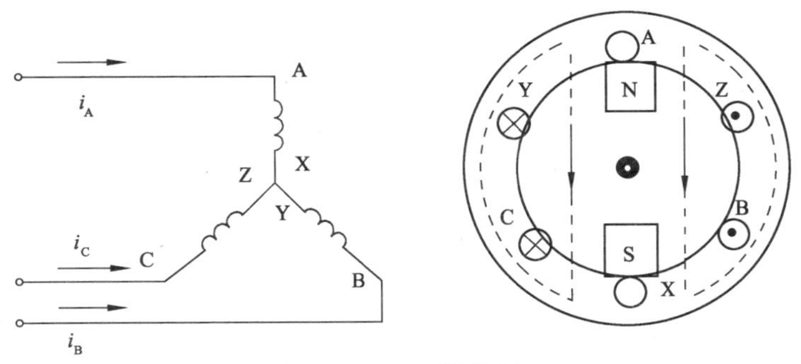

图 6–8 一对极绕组

当每相绕组为两个线圈串联，绕组的始端之间相差 60° 空间角时，产生的旋转磁场具有两对极，即 $p=2$，两对极绕组如图 6–9 所示。

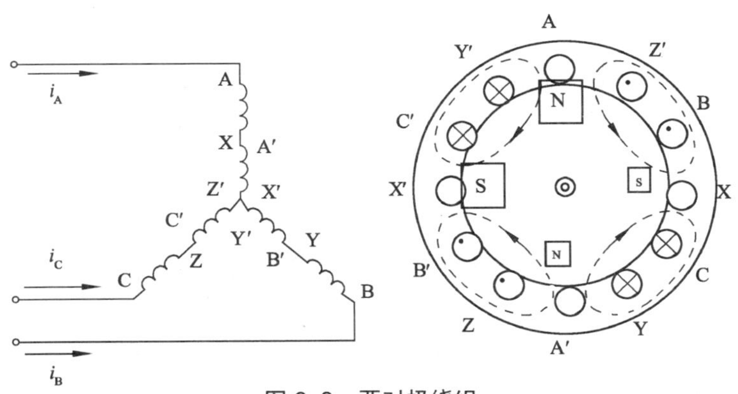

图 6–9 两对极绕组

同理，如果要产生 3 对极，即 p=3 的旋转磁场，则每相绕组必须有均匀安排在空间的串联的 3 个线圈，绕组的始端之间相差 40°（=120°/p）空间角。极数 p 与绕组的始端之间的空间角 θ 的关系为

$$\theta = \frac{120°}{P}$$

（2）转速 n_0

三相异步电动机旋转磁场的转速 n_0 与电动机磁极对数 p 有关，它们的关系是

$$n_0 = \frac{60f_1}{p} \tag{6-1}$$

由式（6-1）可知，旋转磁场的转速 n_0 取决于电流频率 f_1 和磁场的极数 p。对异步电动机而言，f_1 和 p 通常是一定的，所以磁场转速 n_0 是个常数。

在我国，工频 f_1 = 50 Hz，因此对应于不同极数 p，旋转磁场转速 n_0 有不同值，三相异步电动机极对数与同步转速对照表如表 6-1 所示。

表 6-1　三相异步电动机极对数与同步转速对照表

p	1	2	3	4	5	6
n_0	3 000	1 500	1 000	750	600	500

（3）转差率 s

电动机转子转动方向与磁场旋转的方向相同，但转子的转速 n 不可能达到与旋转磁场的转速 n_0 相等，否则转子与旋转磁场之间就没有相对运动，因而磁感线就不切割转子导体，转子电动势、转子电流以及转矩也就都不存在，即旋转磁场与转子之间存在转速差，因此把这种电动机称为异步电动机。

旋转磁场的转速 n_0 常称为同步转速。

转差率 s——用来表示转子转速 n 与磁场转速 n_0 相差的程度的物理量，即

$$s = \frac{n_0 - n}{n_0} = \frac{\Delta n}{n_0} \tag{6-2}$$

转差率是异步电动机的一个重要的物理量。

当旋转磁场以同步转速 n_0 开始旋转时，转子因机械惯性尚未转动，转子的瞬间转速 n=0，这时转差率 s=1。转子转动起来之后，n>0，（n_0−n）减小，电动机的转差率 s<1。如果转轴上的阻转矩加大，则转子转速 n 降低，即异步程度加大，才能产生足够大的感应电动势和电流，产生足够大的电磁转矩，这时的转差率 s 增大；反之，s 减小。异步电动机运行时，转子转速与同步转速一般很接近，转差率很小。在额定工作状态下约为 0.015 ～ 0.06。

根据式（6-2），可以得到电动机的转子转速常用公式表示为

$$n = (1 - s)n_0 \tag{6-3}$$

【例】有一台三相异步电动机，其额定转速 n = 975 r/min，电源频率 f = 50 Hz，求电动机的极数和额定负载时的转差率 s。

解：由于电动机的额定转速接近而略小于同步转速，而同步转速对应于不同的极数有一系列固定的数值。显然，与 975 r/min 最相近的同步转速 n_0=1 000 r/min，与此相应的极数 p=3。因此，额定负载时的转差率为

$$s=\frac{n_0-n}{n_0}\times 100\%=\frac{1\,000-975}{1\,000}\times 100\%=2.5\%$$

任务 2 三相异步电动机铭牌数据及防护等级、防爆标记识别

三相异步电动机的铭牌数据标明了普通电动机的性能参数，而防护等级与防爆性能对电动机提出了特殊要求。

子任务 1 三相异步电动机的铭牌数据识别

在每台异步电动机的机座上都有一块铭牌，铭牌上标注有电动机的额定值，它是选用、安装和维修电动机时的依据。也就是这个额定值，规定了这台电动机的正常运行状态和条件。要正确使用电动机，必须要看懂铭牌。三相异步电动机铭牌如图 6–10 所示，现以 Y132M-4 型电动机为例来说明铭牌上各个数据的意义。

三相异步电动机					
型号	Y132M-4	功率	7.5 kW	频率	50 Hz
电压	380 V	电流	15.4 A	接法	△
转速	1440 r/min	绝缘等级	B	工作方式	连续
年 月 编号				××电机厂	

图 6–10 三相异步电动机铭牌

① 型号。为了适应不同用途和不同工作环境的需要，电动机制成不同的系列，每种系列用不同种型号表示。下面是型号说明：

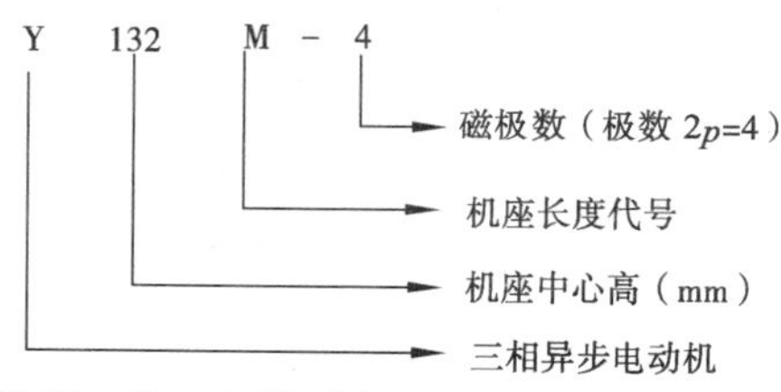

（S—短机座；M—中机座；L—长机座）

异步电动机产品名称及汉字意义，如表 6–2 所示。

表 6–2　异步电动机产品名称及汉字意义

产品名称	新代号	汉字意义	老代号
异步电动机	Y	异	J、JO
绕线式异步电动机	YR	异绕	JR、JRO
防爆型异步电动机	YB	异爆	JB、JBO
高启动转矩异步电动机	YQ	异起	JQ、JQO

② 额定功率 P_N：指电动机在额定运行时，轴上输出的机械功率 (kW)。

③ 额定电压 U_N：指额定运行时，加在定子绕组上的线电压 (V)。

④ 额定电流 I_N：指电动机在额定电压和额定频率下，输出额定功率时，定子绕组中的线电流 (A)。

⑤ 连接：指电动机在额定电压下，三相定子绕组应采用的连接方法。三相异步电动机绕组端子接线方法见图 6–11，一般有星形 (Y) 和三角形 (△) 两种连接方法。

⑥ 额定频率 f_N：表示电动机所接的交流电源的频率，我国电力网的频率规定为 50 Hz。

⑦ 额定转速 n_N：指电动机在额定电压、额定频率和额定输出功率的情况下，电动机的转速 (r/min)。

⑧ 绝缘等级：指电动机绕组所用的绝缘材料的绝缘等级，它决定了电动机绕组的允许温升。三相异步电动机绝缘等级与对应温度对照表如表 6–3 所示。绝缘等级是由电动机所用的绝缘材料决定的。按耐热程度不同，将电动机的绝缘等级分为 A、E、B、F、H、C 等几个等级，它们允许的最高温度如表 6–3 所示。

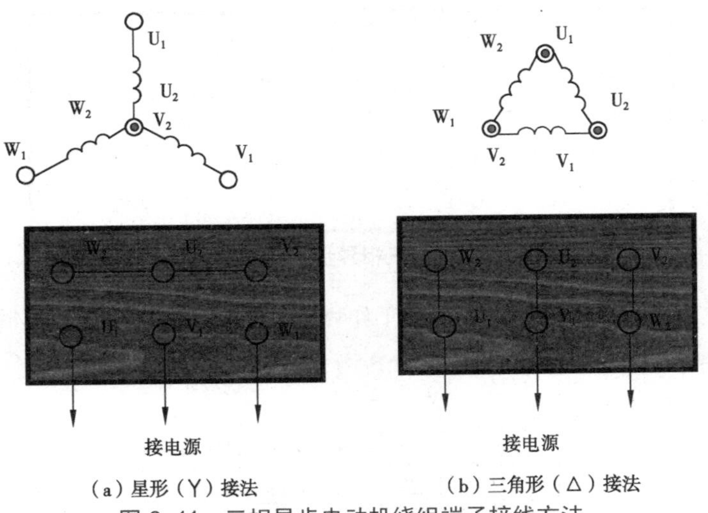

(a) 星形 (Y) 接法　(b) 三角形 (△) 接法

图 6–11　三相异步电动机绕组端子接线方法

表 6–3 三相异步电动机绝缘等级与对应温度对照表

绝缘耐热等级	A	E	B	F	H	C
绝缘材料的允许温度 /℃	105	120	130	155	180	>180
电动机的允许温升 /℃	60	75	80	100	125	>125

⑨ 工作方式：指电动机的运行状态。根据发热条件可分为 3 种：S1 表示连续工作方式，允许电动机在额定负载下连续长期运行；S2 表示短时工作方式，在额定负载下只能在规定时间短时运行；S3 表示断续工作方式，可在额定负载下按规定周期性重复短时运行。

⑩ 温升：指在规定的环境温度下，电动机各部分允许超出的最高温度。通常规定的环境温度是 40℃，如果电动机铭牌上的温升为 70℃，则允许电动机的最高温度可以是 40℃ +70℃ =110℃。显然，电动机的温升取决于电动机的绝缘材料的等级。电动机在工作时，所有的损耗都会使电动机发热，温度上升。在正常的额定负载范围内，电动机的温度是不会超出允许温升的，绝缘材料可保证电动机在一定期限内可靠工作。如果超载，尤其是故障运行，则电动机的温升超过允许值，电动机的寿命将受到很大的影响。

⑪ 效率与功率因数：所谓效率就是输出功率与输入功率的比值。因为电动机是电感性负载，定子相电流比相电压滞后一个 φ 角，cos φ 就是功率因数。

子任务 2 三相异步电动机的防护等级、防爆标记识别

三相异步电动机在特殊工况下应用时，都要求有相应的防护等级或防爆标记，此防护等级与防爆标记应在铭牌上特别标示。

1. 防护等级

电动机在尘土或水汽较大的环境下工作时，为了使电动机不受影响，需对电动机做一些特殊的要求，使其具备一定的防尘与防水能力，这种能力的高低常用防护等级 IPab 表示。其中，IP 后第一个字母“a”表示防尘，用数字 0 ～ 6 表示；第二个字母“b”表示防水，用数字 0 ～ 8 表示；如 IP44，以下是对两字母的详细定义。

第一位表征数字简述详细定义：

0——无防护电动机。无专门防护。

1——防护大于 50 mm 固体的电动机。防止大于 50 mm 的固体异物侵入壳内，防止人体（如手掌）因意外而接触到壳内带电或运动部分。（不能防止故意接触）

2——防护大于 12 mm 固体的电动机。防止大于 12 mm 的固体异物侵入壳内，防止人的手指或长度不超过 80 mm 的物体触及或接近壳内带电或转动部分。

3——防护大于 2.5 mm 固体的电动机。防止大于 2.5 mm 的固体异物侵入壳内，防止直径或厚度大于 2.5 mm 的工具、电线或类似的细节小异物侵入而接触到壳内带电或转动部分。

4——防护大于 1.0 mm 固体的电动机。防止大于 1.0 mm 的固体异物侵入壳内，防止直径或厚度大于 1.0 mm 的工具、电线、片条或类似的细节小异物侵入而接触到壳内带电

或转动部分。

5——防尘电动机。完全防止异物侵入，虽不能完全防止灰尘进入，但侵入的灰尘量并不会影响电动机的正常工作。

6——防尘电动机。完全防止外物侵入，并防止灰尘进入。

注：

（1）当只需用一个表征数字表示某一防护等级时，被省略的数字应以字母“X”代替，例如 IPX5。

（2）当防护的内容有所增加，可用补充字母表示，补充字母放在数字之后或紧跟“IP”之后。

（3）本标准不规定电动机防止机械损害或由凝露引起的潮湿，以及腐蚀性气体下的防护等级，也不规定电动机在爆炸性气体环境中运行的防护等级。

（4）第一位表征数字为 1 ~ 4 的电动机所能防止的固体异物，是包括形状规则或不规则的物体，其 3 个相互垂直的尺寸均超过“含义”栏中相应规定的数值。

（5）第 5 级防尘是一般的防尘，当尘的颗粒大小、纤维状或粒状已做规定时，试验条件应由制造厂和用户协商确定。

第二位表征数字简述详细定义：

0——无防护电动机。没有防护。

1——防滴电动机。垂直滴下的水滴（如凝结水）电动机不会造成有害影响。

2——15°防滴电动机。当电动机正常位置向任何方向倾斜至 15°以内任一角度时，垂直滴水，都应无影响。

3——防淋水电动机。与垂直线成 60°范围内淋水应无影响。

4——防溅水电动机。承受任何方向溅水应无影响。

5——防喷水电动机。承受任何方向喷水应无影响。

6——防海浪电动机。承受猛烈的海浪冲击或强烈喷水时，电动机的进水量不应达到有害的程度。

7——防浸水电动机。当电动机浸入规定压力的水中时，经过规定时间后，电动机的进水量不应达到有害的程度。

8——潜水电动机。在制造厂规定的条件下能长期潜水。一般为水密型，对某些类型电动机也可允许水进入，但不应达到有害的程度。

2. 防爆标记

电动机及相关电器元件若用在爆炸性危险场所中，应有一定的防爆要求。一般而言，防爆设备应在主体部分的明显地方设置标记，该标记必须考虑到在可能存在化学腐蚀情况下，仍能清晰和耐久。防爆标记的内容应符合有关标准的规定。防爆电动机，一般在外壳的接线盒上有明显的红色 Ex 标记，此外还应带有表明产品防爆类型、适用于危险场所的防爆类别、防爆级别及温度组别的完整的防爆标记，如 Exd Ⅱ CT6。

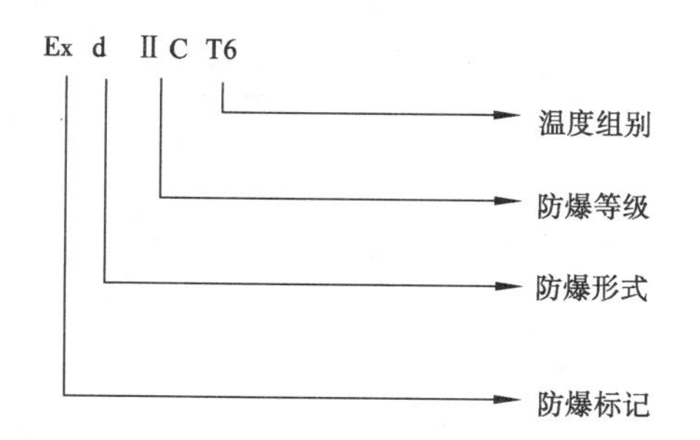

（1）防爆形式

到目前为止，国内使用着 4 种类型的防爆电动机：

隔爆型（用 d 表示）：机体外壳与外部存在一定间隙，该外壳不但能承受爆炸压力及爆炸火焰的高温而不破损变形，而且能靠“间隙灭焰”的作用，防止内部爆炸生成物通过外壳间隙向壳外传播，避免引起壳外周围爆炸性混合物爆炸。

增安型（用 e 表示）：在正常运行条件下不会产生电弧、火花，或在可能点燃爆炸性混合物的高温的电动机上采取措施，提高电动机运行可靠性，以避免在正常运行以及认可的故障条件下，出现电弧、火花或危险高温。

正压型（用 p 表示）：将壳内充入保护气体，其压力保持高于周围爆炸性气体混合物的压力，以避免外部气体混合物进入壳内达到防爆目的。

无火花型（用 n 表示）：电动机在正常运行条件下不产生火花、电弧和危险温度，因而也就不会将周围爆炸性气体混合物引爆。

（2）防爆等级

Ⅰ类：煤矿、井下电气设备。（甲烷类气体）

Ⅱ类：除煤矿、井下之外的所有其他爆炸性气体环境用电气设备。（工厂环境）

注：Ⅱ类又可分为ⅡA、ⅡB、ⅡC 类，标志ⅡB 的设备可适用于ⅡA 设备的使用条件；ⅡC 可适用于ⅡA、ⅡB 的使用条件。（都是按最大试验安全间隙与最小点燃电流比表征的，等级越高此两数越小）

Ⅲ类：粉尘、纤维环境下的设备。（不包括火药、炸药）

注：目前国际上还没有确定表示的符号，我国暂用Ⅲ类表示。（粉尘环境）

（3）温度组别

爆炸性气体混合物按其最高表面温度（即按爆炸物质的自燃温度）划分为 T1-T6 共 6 个组别，如表 6–4 所示。而爆炸性粉尘物按其点燃温度分为 T11-T13 共 3 个组别，如表 6–5 所示。

表 6–4 爆炸性气体混合物按其自燃温度分为 6 个组别

T1/℃	T2/℃	T3/℃	T4/℃	T5/℃	T6/℃
t>450	300<t ≤ 450	200<t ≤ 300	135<t ≤ 200	100<t ≤ 135	85<t ≤ 100

表 6–5 爆炸性粉尘物按其点燃温度分为 3 个组别

T11/℃	T12/℃	T13/℃
t>270	200<t ≤ 270	150<t ≤ 200

由上述知，防爆标记 Exd Ⅱ CT6 为防爆型电气设备，Ⅱ C 等级 T1 ～ T6 组别。

另外，粉尘防爆标记的形式也可与上述不一致，如 ExDIPDTT12，其中：DIP 代表“粉尘”防爆；DT 代表“尘密”型外壳，如“防尘外壳”用“DP”表示；T12 代表温度组别。

任务 3 三相异步电动机的绕组认识

三相异步电动机也是一种机电能量变换的电磁装置。与直流电动机一样，要实现机电能量变换，异步电动机必须具有一定大小分布的磁场和与磁场相互作用的电流。异步电动机的工作磁场（主磁场）是一种旋转磁场，它是依靠定子绕组中通以交变电流来建立的。

子任务 1 交流绕组的基本知识和基本量认识

为了便于分析三相绕组的排列和连接，先介绍一些有关交流绕组的基本知识和基本量。

1. 绕组及简化绕组

绕组是组成电动机绕组的基本单元，通常由一根或多根绝缘电磁线（圆线或扁线），按一定的匝数、形状在绕线模子（简称线模）上绕制并绑扎而成，并嵌绕到槽里。绕组的直线部分称为有效边，是嵌入铁芯槽内作为电磁能量转换的部分。两端部伸出铁芯槽外有楞角的部分不能直接转换能量，仅起连接两有效边的桥梁作用，称为过桥线。为了区别直流电动机与交流电动机的绕组，在直流电动机中把绕组称为元件，在交流电动机中称为绕组。常用的绕组（元件）样式及其简化图形符号如图 6–12 所示。

图 6–12（a）、（b）所示是绕组的实际形式，可能有很多圈（匝），为了看图方便，在绕组展开图中往往采用的是图 6–12（c）、（d）的简化形式。

波绕组一般多用于转子绕组，由于三相异步电动机多以鼠笼式为主，所以定子的叠式绕组更为常见，如图 6–12（b）、（d）所示，一种是菱形，多用于线径较细的情况，以增加绕组的骨架性，如图 6–12（b）左图所示；另一种是椭圆形，多用于线径较粗的情况，以免局部皲裂破损，如图 6–12（b）右图所示。

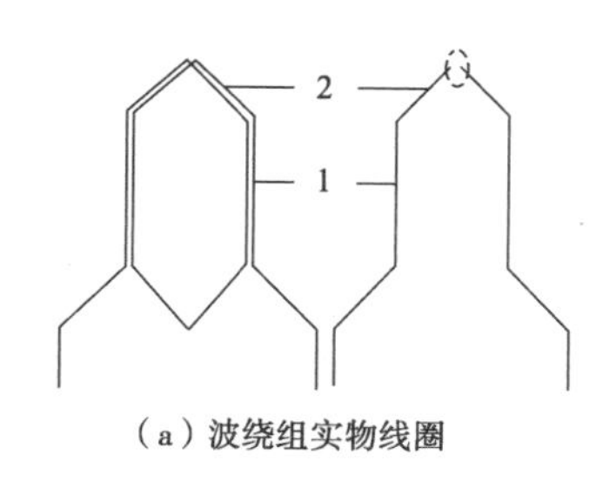

（a）波绕组实物线圈

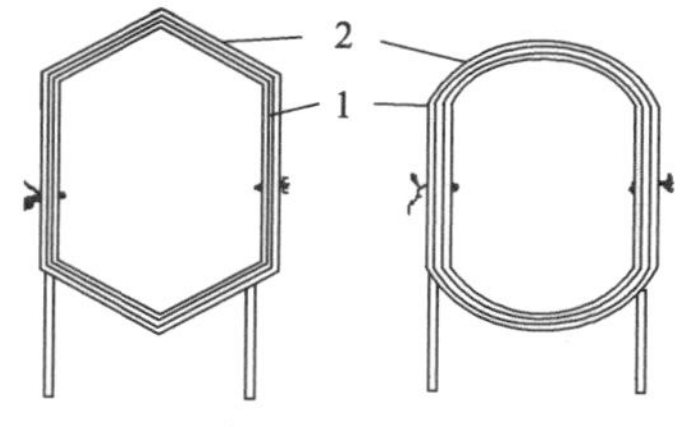

（b）叠式绕组实物线圈

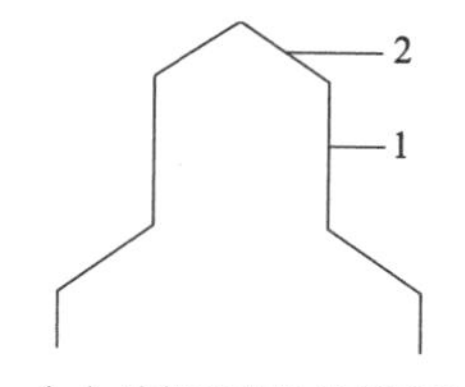

（c）波绕组实物线圈简化

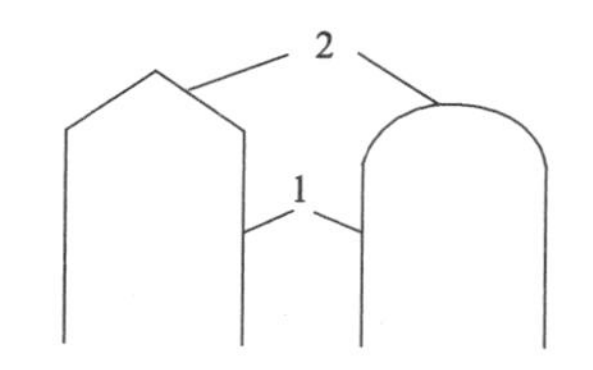

（d）叠式绕组实物线圈简化

图 6–12　常用的绕组（元件）样式及其简化图形符号

1—绕组有效边；2—绕组端部

2. 极距 τ

相邻两个磁极轴线之间的距离，称为极距，用字母 τ 表示。极距的大小可以用长度表示，或用在铁芯上线槽数表示，也可以用电角度表示。由于各磁极是均匀分布的，所以极距在数值上也等于每极所占有的线槽数，但极距与磁极所占有槽的空间位置不同。以 24 槽 4 极电动机为例，每极所占槽数是 24/4 = 6（槽），各极中心轴线到与它相邻的磁极中心轴线的距离，即极距，显然也是 6 槽，极距如图 6–13 所示。

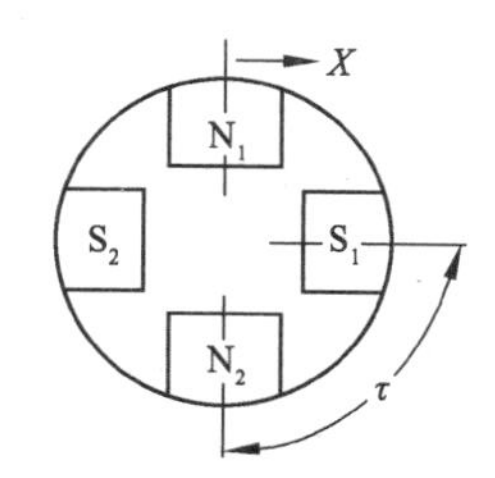

（a）三相异步电动机极距空间图

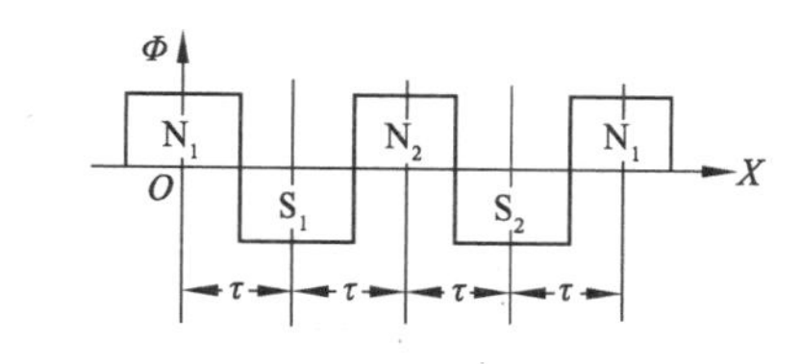

（b）三相异步电动机平面展开图

图 6–13　极距

一般地说，总槽数为 Z_1、有 $2p$ 个磁极对数的电动机，其极距为

$$\tau = Z_1/2p \tag{6-4}$$

3. 电角度 α' 与槽距角 α

一个圆周的机械角度是 360°，在研究电动机问题时，把这种定义的角度称为空间机械角度，用 θ 表示。而在电动机理论中，导体经过一对极数，其感应电动势交变一次，因此一对极数所对应的空间角度称为 360° 空间电角度，用 α' 表示；所以有

$$\alpha' = p \times \theta \tag{6-5}$$

相邻两槽距轴线之间的电角度称为槽距角，用 α 表示，因为槽沿定子内圆周均匀分布，

因此有

$$\alpha=p\times360/Z \tag{6-6}$$

式中，Z 为定子槽数。

4. 节距 y

一个绕组的两条有效边之间，即两条有效边中心线间，相隔的槽数称为节距，用 y 表示，一般用槽数表示，$y<\tau$ 的绕组称为短距绕组；$y=\tau$ 的绕组称为整距绕组；$y>\tau$ 的绕组称为长距绕组。常用的是短距绕组与整距绕组。

5. 每极每相槽数 q

在交流电动机中，每个极距所占槽数一般要均等地分给所有的相绕组，每相绕组在每个磁距下所分到的槽数，称为“每极每相槽数”，用 q 表示，有

$$q=Z/2pm=\tau/m \tag{6-7}$$

式中，Z 为定子槽数；$2p$ 为磁极数；m 为相数；τ 为极距。

一般中、小型电动机的 q 取 2 ～ 6。

6. 极相组（线圈组）

在三相交流电动机中，把属于同一相并形成同一磁极的绕组（线圈）定义为一组，称为极相组，又称线圈组。

子任务 2　三相异步电动机的单层绕组及双层绕组认识

三相异步电动机定子绕组按槽内层数分，有单层、双层和单双层混合绕组；按绕组端接部分的形状分，单层绕组又有同心式、交叉式和链式之分；双层绕组又有叠式绕组和波绕组之分；按每极每相槽数是整数还是分数，有整数槽和分数槽绕组之分等。其中，小型三相异步电动机绕组以单层链式较为常见；而双层叠式绕组以其简单、易于制作的优点被广泛应用于中型三相异步电动机中。

1. 单层链式绕组

单层绕组每个槽内只嵌有一个线圈边，因而电动机的线圈总数等于铁芯槽数的一半；而单层链式绕组除了上述基本特点外，其所有线圈的形状、大小完全相同。其线圈端部较短，用铜量较省，常用于每极每相槽数 $q=2$ 的 4、6、8 极电动机，即 24 槽 4 极、36 槽 6 极和 48 槽 8 极的三相异步电动机。单层链式绕组的线圈的节距应该是奇数，否则无法构成。图 6-14 所示是三相 24 槽 4 极交流电动机定子单层链式绕组展开图。

2. 双层叠式绕组

双层绕组的每个槽内放置两个线圈边，分上下两层嵌放，中间用层间绝缘隔开，线圈的一个有效边嵌在某槽的上层，其另一个有效边则嵌在相距节距 y_1 的另一槽的下层，显然，双层绕组的线圈数比单层绕组的多一倍，即整台电动机的线圈总数等于定子槽数。叠式绕组是指相串联的后一个线圈端接部分紧叠在前一个线圈元件端接部分的上面，整个绕组成摺叠式前进。图 6-15 所示是三相 24 槽 4 极交流电动机双层叠式绕组展开图。

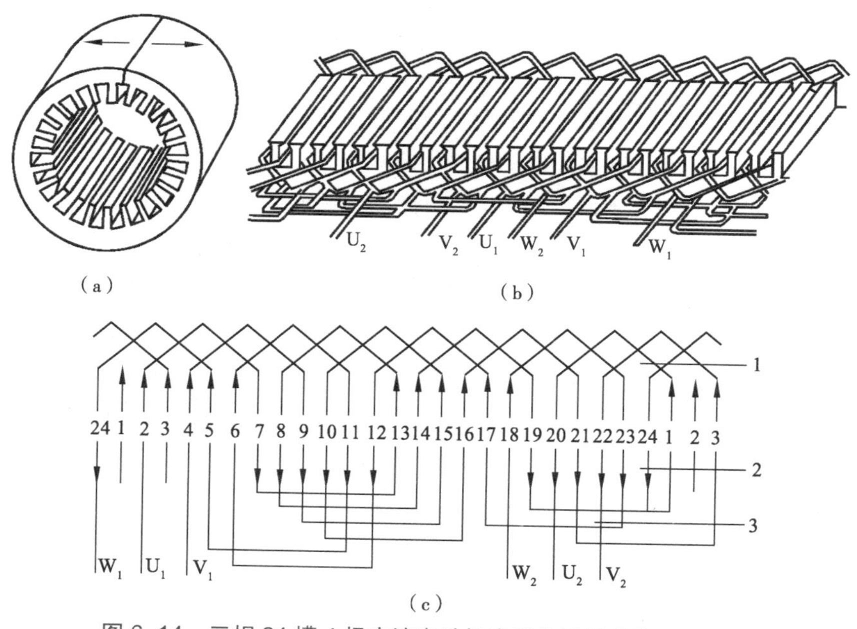

图 6–14 三相 24 槽 4 极交流电动机定子单层链式绕组展开图

1—绕组的排列形式；2—槽中绕组边（导体）的位置；3—各绕组端部的连接

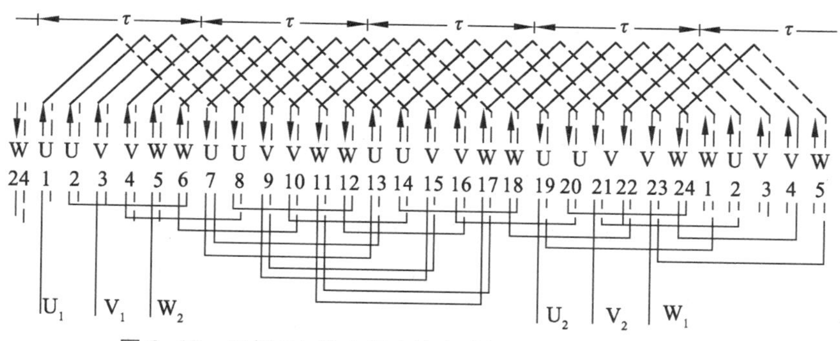

图 6–15 三相 24 槽 4 极交流电动机双层叠式绕组展开图

3. 绕组展开图的绘制

绕组展开图是分析定子嵌线情况非常方便的工具，在电动机设计与维修中起着重要作用。

（1）绕组排列原则

① 一个极距内所有导体的电流方向必须一致。

② 相邻两个极距内所有导体的电流方向必须相反。

③ 若为双层绕组，以上层绕组为准，或以下层绕组为准。

（2）交流电动机绕组展开图绘制的操作步骤

在三相交流电动机绕组嵌线排列原则的指引下，可以很方便地了解和掌握绕组嵌线排列技术，并且分解出绕组展开图的绘制步骤，方便实际操作。

① 计算参数。根据电动机的相数 m、已有的槽数 Z_1 与极数 p，计算极距 τ 以及每极每相槽数 q，即

极距（槽）：$\tau = Z_1/2p$ ；每极每相槽数（槽 / 极 · 相）：$q = Z_1/2pm$。关于绕组的极距以及绕组所采用的形式，可以根据原电动机或手册获得。

② 编绘电动机的槽号。根据电动机的槽数，按照展开图的形式画出每个槽，即将所有线槽等距地画出，每一小竖线（竖线中间空出）代表一个线槽（也代表该槽内的导体），并且按顺序为每个槽（竖线中间空出部分）编上相应的号码，在画槽的时候，一般要多画几个，编号时要考虑到电动机槽的圆周整体性，所以要在展开槽的两端，同时绘出首尾号码。注意在竖线中间上部留出每极每相槽数的位置。

③ 画定极距。在已编绘好槽号的基础上，从第一槽的前面半槽起，到最后一槽后面半槽止，在槽的上面画一长线，并根据电动机极距的具体数值，将它分为 $2p$ 份，每份下面的槽数就是一个极距。注意在画定极距的时候，要预留出一定空间，为绕组展开图上部绕组的绘制留出相应的位置。确定各极距相应的位置，为确定每极每相槽的位置打下基础。

④ 确定每极每相槽的位置。在一个极距下，按照相数 m，首先分成 m 等份（也称作整体分布绕组），然后根据每极每相槽数的具体数值，在已画定极距相应位置的基础上，确定每个槽属于哪相绕组的位置。三相单层绕组分别用“U”“V”“W”表示各槽相绕组边的位置；若为双层绕组，则只标上层边所在槽的位置，为确定各相具体绕组所嵌线的位置提供方便，不至于搞混。

⑤ 标定电流方向。按照交流电动机绕组排列原则的第①、②两条，即一个极距内所有导体的电流方向必须一致，相邻两个极距内所有导体的电流方向必须相反的原则，在已画定各极距相应位置的基础上，标定出每个极距内各槽导体的电流方向。

⑥ 绕组展开图成图。根据电动机的工作原理，一台交流电动机可以有很多种嵌排方式，但一般都要按照原电动机的绕组形式，即是单层绕组还是双层绕组，以及叠式还是波式、链式还是交叉式等具体情况，先确定绕组的节距 y，再绕制绕组。一组绕组之间的连接取决于同属绕组中电流的方向，绕组之间的连接也取决于绕组中的电流方向，但同时也取决于同属一相绕组的并联支路数。在设计绕组排列时没有考虑电流的因素。有些电动机，尤其是大功率低速电动机，绕组中电流很大，这就要求选用很粗的绕组导线。但粗导线绕组嵌线很困难。为解决这一问题，可以将每相绕组分成两条支路并联起来，再接引出线。同一相绕组中各并联支路必须对称，即各并联支路中串联的绕组数必须相等。

总的来说，在前面各步已绘好的基础上可完成绕组展开图。在具体操作中，首先按照绕组的节距，把绕组展开图上部，同属于一相绕组的绕组边，有规则地连接起来构成绕组。然后在绕组展开图的下部，确保绕组边中的电流方向，连接各相绕组端部线头。

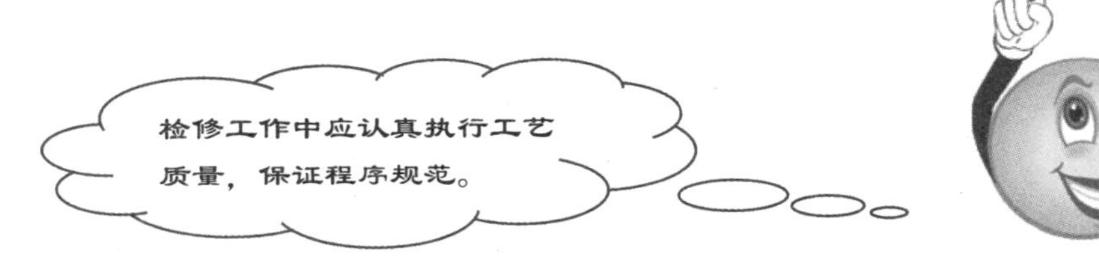

检修工作中应认真执行工艺
质量，保证程序规范。

训练：小型（笼形）三相异步电动机拆装

小型（笼形）三相异步电动机结构示意图如图 6–16 所示。

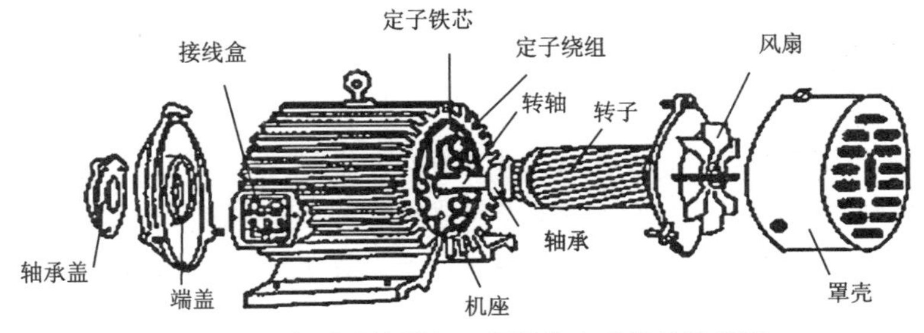

图 6–16 小型（笼形）三相异步电动机结构意图

1. 目的

① 了解拆装工艺的同时，加强对电动机结构的感性认识。

② 巩固铭牌数据知识。

③ 加强对绕组及相关数据的认识；对比绕组展开图与定子绕组的异同，分析展开图对实物绕组的作用。

④ 学会电动机拆装工具及相关检测仪表的使用。

2. 拆装步骤指导

① 记录铭牌数据。

② 拆卸：拆卸风扇或风罩→拆卸轴承盖和端盖→抽出转子。

③ 观察绕组形式，计算出绕组各数据，画出绕组展开图。

④ 装配：与拆卸流程相反。

3. 装配后的检查

（1）机械检查

机械检查就是检查机械部分的装配质量

① 检查所有紧固螺钉是否拧紧。

② 用手转动转轴，转子转动是否灵活，有无扫膛和松动；轴承是否有杂声等。

（2）电气性能检查

① 直流电阻三相平衡。

② 测量绕组的绝缘电阻。检测三相绕组每相对地的绝缘电阻和相间绝缘电阻，其阻值不得小于 0.5 MΩ。

③ 按铭牌要求接好电源线，在机壳上接好保护接地线，接通电源，用钳形电流表检测三相空载电流，看是否符合允许值。

检查电动机温升是否正常，运转中有无异响。

4. 工具与仪表

视频

电机拆卸与结构

用到的工具与仪表包括活扳手、十字头螺丝刀、拆卸器、万用表、兆欧表、钳形电流表等。

思考与习题

1. 笼形三相异步电动机的主要结构分为哪几部分？
2. 三相异步电动机与直流电动机在原理上有何区别？
3. 列举所见的三相异步电动机铭牌数据，并说明每个数据代表的意义。
4. 对比电动机防护等级与防爆等级的异同。
5. 电动机防爆标记 Exd Ⅱ BT2 代表的含义是什么？
6. 一台 2 极交流电动机的额定转速为 1 440 r/min，其转差率为多少？若此电动机转差率保持不变，极数变为 4 极，则其额定转速为多少？
7. 在现实生活中，三相异步电动机的出线端子都是如何连接的？
8. 画出三相 24 槽 4 极交流电动机定子单层链式绕组展开图。

单元 7

三相异步电动机运行特征

【学习目标】

◎能通过实验法绘制三相异步电动机特性曲线并测出其基本参数。

◎能利用基本参数绘制三相异步电动机机械特性曲线图。

◎能运用三相异步电动机特性曲线与机械特性曲线分析其性能。

◎了解异步电动机的电磁关系，理解三相异步电动机工作特性及参数测定方法并掌握其机械特性。

三相异步电动机的定子和转子之间只有磁的耦合，没有电的直接联系，它是靠电磁感应原理，将能量从定子传递到转子的。这一点和变压器完全相似。三相异步电动机的定子绕组相当于变压器的一次绕组，转子绕组则相当于变压器的二次绕组。研究三相异步电动机的电磁关系，即运行特性，是对其进行设计、检测、分析及控制等的理论基础。

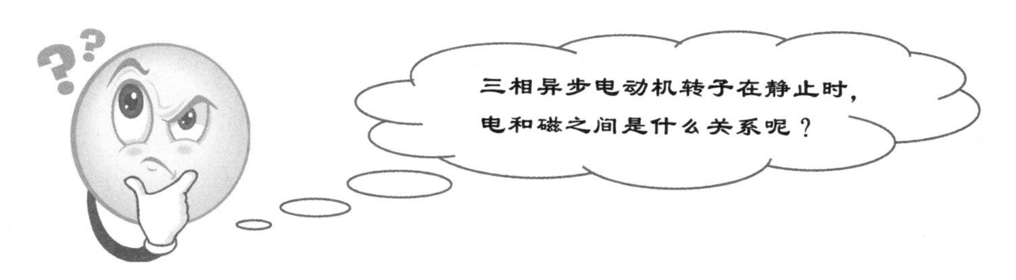

三相异步电动机转子在静止时，
电和磁之间是什么关系呢？

任务 1 三相异步电动机转子静止时的电磁关系认识

三相异步电动机在正常运行时总是旋转的。转子绕组开路或堵转时，转子是不动的，这种运行并没有实际意义，但是其中有些关系在转子不动时就存在，而且通过不动的转子，一些物理过程更容易理解，因此从不动的转子开始分析。

子任务 1 转子不动（转子绕组开路）时的情况分析

1. 转子绕组开路时的电磁关系

当定子接入三相对称电源时，定子绕组中会流过三相对称电流，从而在定子、转子气隙中产生圆形旋转磁动势 F_{10}，它以同步转速 n_1 旋转。

由 F_{10} 产生的磁通以 n_1 的速度旋转，同时切割定子绕组和转子绕组，在各自绕组中，产生感应电动势 E_1 和 E_2。由于转子绕组开路，所以尽管有 E_2，但没有转子电流 I_2，也就没有转子磁动势 $F_2=N_2I_2$，将此时的转子电动势用 E_{20} 表示，在这种情况下，作用在三相异步电动机气隙中的只有定子磁动势 F_{10}，显然 $F_{10} \propto N_1I_{10}$，转子绕组开路的三相异步电动机与一台二次侧开路的三相变压器非常相似。与分析变压器空载运行时一样，I_{10} 近似称为励磁电流，F_{10} 近似称为励磁磁动势。

2. 主、漏磁通的分布

当转子绕组开路时，定子电流 I_{10} 所建立的励磁磁动势 F_{10} 产生空载磁通 Φ_1，与定子、转子绕组同时交链，称为主磁通；另一部分磁通 $\Phi_{\sigma1}$，仅与定子绕组交链，称为定子漏磁通，三相异步电动机的主磁道与定子漏磁通如图 7–1 所示。

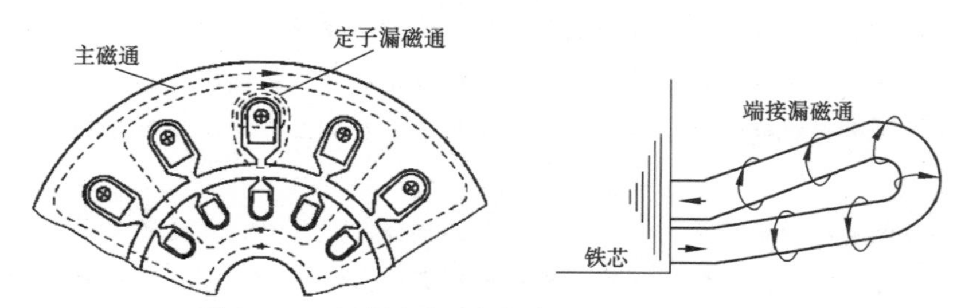

图 7–1　三相异步电动机的主磁通与定子漏磁通

3. 主、漏磁通感应电动势及电压平衡方程式

主磁通 Φ_1 在定子绕组中产生的感应电动势有效值为

$$E_1= 4.44f_1N_1K_{N1}\Phi_1 \tag{7-1}$$

在转子绕组中产生的感应电动势有效值为

$$E_2= 4.44f_1N_2K_{N2}\Phi_1 \tag{7-2}$$

式中，K_{N1} 和 K_{N2} 分别为定子、转子绕组的绕组系数。

定子漏磁通 $\Phi_{\sigma1}$ 在定子绕组中的感应漏磁电动势为$\dot{E}_{\sigma1}$，该电动势通常用漏电抗压降的形式表示，为

$$\dot{E}_{\sigma1} = -\mathrm{j}\dot{I}_{10}X_1 \tag{7-3}$$

式中，$X_1=2\pi fL$ 为定子绕组的漏磁感抗，它是对应于定子漏磁通的电路参数。

定子绕组本身有电阻存在，用 R_1 表示，当定子绕组有定子电流$\dot{I}_{10}$流过时，产生电阻压降，其大小为$R_1\dot{I}_{10}$。根据电路定理可以写出同变压器一样的电压平衡方程式

$$\dot{U}_1 = -\dot{E}_1 + R_1\dot{I}_{10} + \mathrm{j}X_1\dot{I}_{10} = -\dot{E}_1 + Z_1\dot{I}_{10} \tag{7-4}$$

因为 $\Phi_{\sigma1}$ 很小，所以其对应的漏磁电抗 X_1 也很小，加之 R_1 也较小，数量上占的比率也很小（仅为额定电压的 2% ～ 5%），因此，$\dot{I}_{10}Z_1$ 可以忽略，则有

$$\dot{U}_1 = -\dot{E}_1 \tag{7-5}$$

或

$$U_1=E_1 \tag{7-6}$$

定子电动势与转子电动势之比称为电动势变比，异步电动机的电动势变比又称电压比，即

$$K_e=\frac{E_1}{E_2}=\frac{4.44f_1N_1K_{N1}\phi_1}{4.44f_1N_2K_{N2}\phi_1}=\frac{N_1K_{N1}}{N_2K_{N2}} \tag{7-7}$$

电压比 K_e 的数值可以用试验方法求得。因为转子绕组开路，其开路电压就等于转子电动势，即 $U_{20}=E_2$，只要测得定子、转子的一相电压之比，则有

$$K_e=\frac{E_1}{E_2}=\frac{U_1}{U_2} \tag{7-8}$$

转子绕组开路时，定子电流 I_{10} 主要用于励磁，电动机从电源吸收的主要是无功功率，又因为主磁通 Φ_1 在定子、转子气隙中旋转，必然会在定子、转子绕组铁芯中产生铁损耗，即磁滞和涡流损耗。因为 $n=0$，电动机没有机械功率输出，因此，电动机从电源吸收的有功功率 P_0 主要用于补偿电动机定子绕组的铜损耗 $P_{Cu,1}$ 和定子、转子的铁损耗 P_{Fe}，即

$$P_0=P_{Cu,1}+P_{Fe} \tag{7-9}$$

4. 转子绕组开路时的等效电路和相量图

用分析变压器空载时的方法，可得到转子绕组开路时异步电动机的等效电路与相量图，如图 7–2 所示。如励磁电流$\dot{I}_{10}$在流过励磁阻抗 Z_m 上产生的电压降用$-\dot{E}_1$表示，则有

$$-\dot{E}_1=(R_m+jX_m)\dot{I}_{10}=Z_m\dot{I}_{10} \tag{7-10}$$

式中，X_m 为励磁电抗，它反映的是主磁通的作用；R_m 为励磁电阻，它反映的是等效的铁损耗。

此时，定子电路的电压平衡方程式为

$$\dot{U}=-\dot{E}_1+(R_1+jX_1)\dot{I}_{10}=(R_m+jX_m)\dot{I}_{10}+(R_1+jX_1)\dot{I}_{10}=Z_m\dot{I}_{10}+Z_1\dot{I}_{10} \tag{7-11}$$

转子回路电压为

$$\dot{U}_{20}=\dot{E}_2 \tag{7-12}$$

由此得到转子绕组开路时异步电动机的等效电路，如图 7–2（a）所示。其相量图如图 7–2（b）所示。

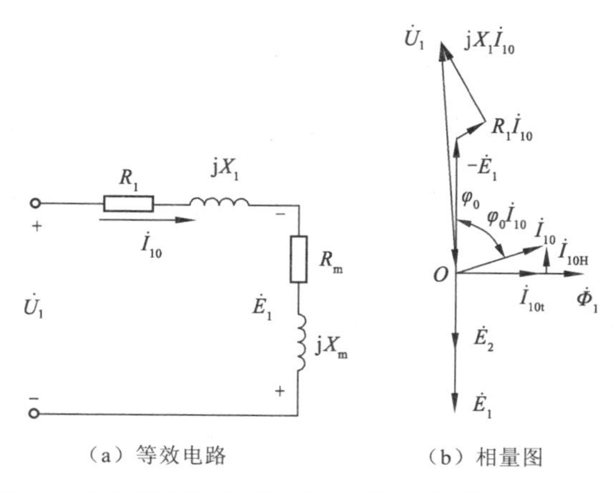

（a）等效电路　　（b）相量图

图 7–2　转子绕组开路时异步电动机的等效电路与相量图

子任务 2　转子不动（转子绕组短路并堵转）时的情况分析

如果将转子绕组短接，施加制动力使转子静止不动，此时的三相异步电动机与变压器二次侧短路情况相类似。

1. 定子、转子磁动势的合成

与转子绕组开路时相比，这时在转子感应电动势作用下绕组中出现了转子感应电流$\dot{I}_2$，由于绕线转子三相绕组也为对称绕组，主磁通旋转切割所产生的三相电动势也是三相对称电动势，由它所产生的三相转子感应电流也应对称。

此时，定子磁动势$\dot{F}_1$和转子磁动势$\dot{F}_2$共同作用在电动机定子、转子气隙中并旋转，速度相同，转向一致，共同作用于三相异步电动机磁路中。

2. 磁动势平衡方程式

由变压器分析可知，转子磁动势$\dot{F}_2$的出现必然会对主磁通 Φ_1 产生影响，它企图削弱主磁通 Φ_1 的大小，而电网电压 U_1 正常情况下保持不变，则电动势 E_1 也基本不变，导致 Φ_1 也基本不变。因而产生主磁通 Φ_1 的励磁磁动势 F_{10} 近似不变。由此可见，在转子通过电流产生 F_2 的同时，定子绕组必须从电网吸取一个电流分量$\dot{I}_{1F}$，使其产生的磁动势抵消转子电流产生的磁动势 F_2，从而保持磁动势为励磁磁动势 F_{10} 也近似不变，最后能保持主磁通 Φ_1 不变。

3. 电压平衡方程式

如同变压器一样，可导出异步电动机定子电压平衡方程式为

$$\dot{U}_1=-\dot{E}_1+Z_1\dot{I}_1 \tag{7-13}$$

因转子绕组堵住不转，且短接闭合，$n=0$，转子电动势及电流频率均为f_1，且有

$$\dot{E}_{20}=(R_2+\mathrm{j}X_{20})\dot{I}_2=Z_2\dot{I}_2 \tag{7-14}$$

4. 转子绕组的折算

把转子绕组向定子绕组折算时，遵循的折算原则是折算前后转子磁动势$\dot{F}_2$的大小和相位不变。折算的方法是把原来的转子绕组看成和定子绕组有相同的相数 m_1、相同的匝数 N_1、相同的绕组系数 K_{N1}。折算之后，为了得到与折算前同样的转子磁动势$\dot{F}_2$，转子电流及其他参数必须跟着相应地变化，折算值的计算与变压器的相同。

5. 折算后异步电动机基本方程、等效电路和相量图

折算后可得到异步电动机转子绕组闭合短路且堵转时定子、转子电路基本方程为

$$\begin{cases}\dot{U}_1=-\dot{E}_1+(R_1+\mathrm{j}X_1)\dot{I}_1\\ \dot{E}_1=-(R_\mathrm{m}+\mathrm{j}X_\mathrm{m})\dot{I}_{10}\\ \dot{I}_1+\dot{I}_2'=\dot{I}_{10}\\ \dot{E}_{20}'=\dot{E}_1\\ \dot{E}_{20}'=(R_2'+\mathrm{j}X_{20}')\dot{I}_2'\end{cases} \tag{7-15}$$

异步电动机转子绕组堵转时的等效电路与相量图如图 7–3 所示。

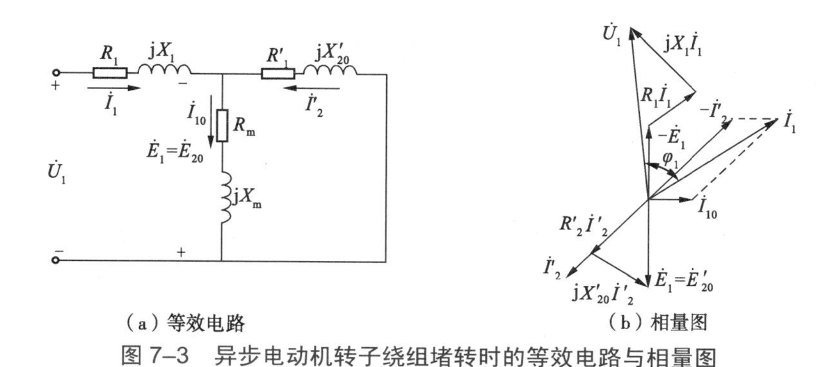

（a）等效电路　　（b）相量图

图 7–3　异步电动机转子绕组堵转时的等效电路与相量图

三相异步电动机转子在旋转时，
电和磁之间是什么关系呢？

任务 2　三相异步电动机转子旋转时的电磁关系认识

如果将堵住转子的机构松开，转子就会在旋转磁场的作用下，带动一定的机械负载沿着旋转磁场的方向以低于同步转速 n_1 的转速 n 稳定地运行。下面分析此时电动机内部的电磁过程。

1. 转子旋转时异步电动机的物理情况

当定子绕组接入三相对称电源时，流入定子绕组的三相对称电流会建立一个以同步转速 n=60f/p 旋转的定子磁动势 $\dot{F}_1$，此磁动势建立的磁场在定子绕组中产生感应电动势 $\dot{E}_1$，同时也在闭合的转子绕组中产生感应电动势 $\dot{E}_2$ 和感应电流 $\dot{I}_2$，转子电流 $\dot{I}_2$ 也会产生相应的转子磁动势 $\dot{F}_2$，此时定子磁动势 $\dot{F}_1$ 和转子磁动势 $\dot{F}_2$ 共同作用于气隙中产生合成旋转磁动势 $\dot{F}_m$，由它在气隙中建立一个以 n_1 速度旋转的合成旋转磁场 Φ。因此，以上对转子静止时所分析的一些基本电磁关系仍然存在，而且对于定子电路而言，由于电动势的频率及电压平衡关系都不受转子旋转的影响，所以定子回路的电压平衡方程式与转子静止相同。但是对于转子而言，由于转子已经旋转起来，因而气隙旋转磁场对转子的相对运动速度与转子静止时是不相同的，从而引起转子各物理量的变化，主要是表现在转子感应电动势 $\dot{E}_2$ 和感应电流 $\dot{I}_2$ 的大小及频率的变化以及转子绕组漏电抗的变化，现在来着重讨论这些变化。

（1）转子电动势的频率与转差率

当转子旋转时，旋转磁场不再以同步转速，而是以转速差（n_1−n）切割转子绕组，故转子绕组中感应电动势的频率（称为转子频率）为

$$f_2 = \frac{p(n_1 - n)}{60} = \frac{pn_1}{60} \times \frac{n_1 - n}{n_1} = sf_1 \tag{7-16}$$

式中，$f_1 = \frac{pn_1}{60}$为电源频率；$s = \frac{n_1 - n}{n_1}$为转差率。

转差率 s 是描述异步电动机运行性能的重要参数，根据转差率的大小和符号便可判断异步电动机处于何种工作状态。各种状态分别介绍如下：

$0 < s < 1$ 时，$0 < n < n_1$，电动工作状态；

$s < 0$ 时，$n > n_1$，发电运行状态；

$0 < s < +\infty$时，$0 > n > -\infty$，电磁制动状态；

$s = 1$ 时，$n=0$，转子堵转状态；

$s = 0$ 时，$n=n_1$，同步运行状态。

由式（7-16）可见，当电源频率 f_1 一定时，转子频率 f_2 与转差率 s 成正比，所以又称转差频率。当转子不动时，$n = 0$，即 $s = 1$，转子频率 $f_2 = f_1$；转子旋转时，转子频率等于转子静止时的频率 f_1 乘以转差率 s。异步电动机在正常运行时，转差率 s 很小，一般在额定负载下，$s = 0.015 \sim 0.05$，所以正常运行时转子频率很低，在 3 Hz 左右。

（2）转子电动势

转子旋转时的电动势 E_{2s} 为

$$E_{2s} = 4.44 f_2 N_2 kN\Phi_1 = 4.44 sf_1 N_2 kN\Phi_1 = sE_{20} \tag{7-17}$$

当 $n=0$，即 $s=1$，$E_{2s}=E_{20}$，额定负载时，由于 s 很小，因此转子旋转时的转子电动势 E_{20} 比转子静止时低很多。

（3）转子绕组的漏电抗

因为电抗与频率成正比，故旋转时的转子漏电抗 X_{2s} 为

$$X_{2s} = 2\pi f_2 L_2 = 2\pi sf_1 L_2 = sX_{20} \tag{7-18}$$

式中，L_2 为转子绕组的等效漏电感。

式（7-18）表明，转子旋转时的转子漏电抗等于转子静止时的转子漏电抗乘以转差率 s。

2. 转子旋转时异步电动机的基本方程式

（1）磁动势平衡方程式

由前面对转子静止时异步电动机的磁动势方程分析可知，转子静止时，定子磁动势$\dot{F}_1$和转子磁动势$\dot{F}_2$是同转向、同转速旋转的，因而彼此之间在空间上相对静止，故可把定子磁动势$\dot{F}_1$和转子磁动势$\dot{F}_2$合成为一个励磁磁动势$\dot{F}_{10}$。$\dot{F}_{10}$转向与转速仍与$\dot{F}_1$或$\dot{F}_2$相同，从而得出了转子静止时的磁动势平衡方程。转子旋转时，定子、转子磁动势之间的相互关系仍然和转子静止时的一样，有着同样的磁动势平衡方程式，即

$$\begin{cases} \dot{F}_1 + \dot{F}_2 = \dot{F}_{10} \\ \dot{I}_1 + \dot{I}_2 = \dot{I}_{10} \end{cases} \tag{7-19}$$

（2）电动势平衡方程式

在定子方面，因电动势的频率和电压平衡关系都不受转子旋转与否的影响，所以转子

旋转时，定子回路的电动势平衡方程式与转子静止时的相同，即

$$\begin{cases} U_1 = -E_1 + I_1 Z_1 = I_{10} Z_m + I_1 Z_1 \\ \dot{E}_{2s} = (R_2 + jX_{2s})\dot{I}_2 \end{cases} \tag{7-20}$$

（3）转子绕组频率折算及折算后的基本方程式

从电路的观点看，异步电动机的实际电路有一个定子电路和转子电路（指一相），两者之间只有磁的耦合而无电的联系。转子旋转后转子电动势与定子电动势不仅数值上不等，频率也不同。如果欲把转子电路接到定子上去，使它们有电的联系，以简化分析、计算工作，就要进行两次折算。首先进行频率折算，把 f_2 折算到 f_1，然后再把频率为 f_1 的转子各参量折算到定子上去，经过两步折算后，$\dot{E}_2'$才能与 $\dot{E}_1$完全相等，转子电路就能与定子电路直接连起来。

经过频率折算，以转差率 s 旋转的异步电动机可用转子电阻为 R'_2/s 的等效静止转子的异步电动机来代替。对于这时定子、转子的基本方程式，仿照转子静止时一样，可写为

$$\begin{cases} U_1 = -E_1 + I_1 Z_1 \\ \dot{E}_2' = \left(\dfrac{R_2'}{s} + jX_2'\right)\dot{I}_2' \\ \dot{I}_1 = \dot{I}_{10} + (-\dot{I}_2) \\ \dot{E}_1 = Z_m \dot{I}_{10} \end{cases} \tag{7-21}$$

（4）等效电路和相量图

由以上可知，异步电动机在负载运行时，相当于变压器在纯电阻负载下运行；异步电动机转子对定子的作用和变压器二次侧对一次侧的作用相同，而电动机输出的功率是机械功率（纯有功功率），即相当于纯电阻负载，所以应该用电阻来模拟负载。当外加电压 U_1 一定时，从空载到额定负载附近的正常运行范围内，主电动势 E_1 及相应的主磁通 Φ_1 的变化是不大的，因此用以建立 Φ_1 的励磁磁动势$\dot{F}_{10}$和励磁电流$\dot{I}_{10}$的变化也是不大的。三相异步电动机 T 形等效电路和 T 形等效电路相量图分别如图 7–4 和图 7–5 所示。

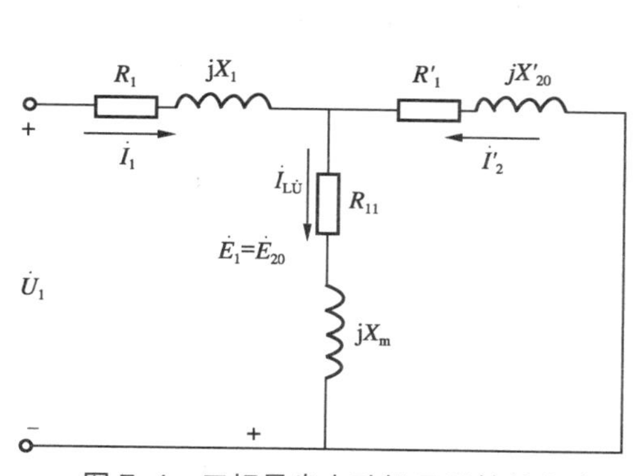

图 7–4　三相异步电动机 T 形等效电路

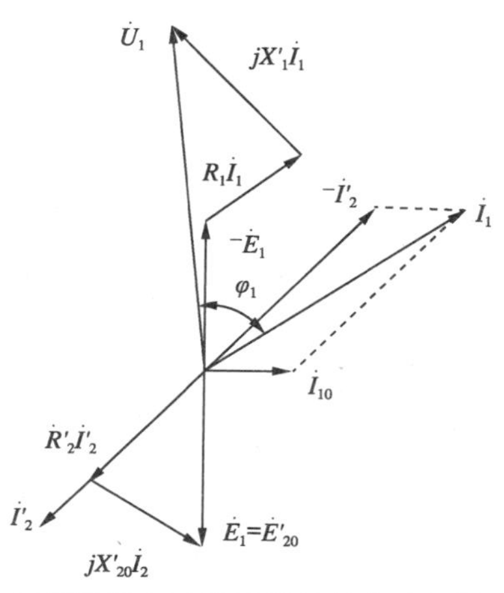

图 7–5　三相异步电动机 T 形等效电路相量图

注：以上分析均以绕线式异步电动机为例介绍异步电动机的原理，所得结论完全适用主动鼠笼式异步电动机。

任务 3 三相异步电动机的功率和转矩应用

三相异步电动机是一种机电能量转换设备，是通过电磁感应原理把电能传送到转子再转换为轴输出的机械能。本节从能量观点出发阐述电动机的能量转换过程，分析其功率和转矩的平衡关系。

1. 功率平衡关系

电动机从电源吸收电功率为 P_1，大小为

$$P_1 = 3U_{1P}I_{1P}\cos\varphi_1 = \sqrt{3}\,U_{1L}I_{1L}\cos\varphi_1 \tag{7-22}$$

式中，U_{1P}、I_{1P} 代表定子相电压和相电流；U_{1L}、I_{1L} 代表定子线电压和线电流；$\cos\varphi_1$ 为电动机的功率因数。

P_1 进入电动机定子后，一小部分功率消耗在定子绕组电阻上，称为定子铜损耗 P_{Cu1}，即

$$P_{Cu1} = 3R_1 I_1^2 \tag{7-23}$$

另一部分损耗是铁损耗，主要是定子铁芯的磁滞和涡流损耗，表现为等效电路中 R_m 所消耗的有功功率，称为定子铁损耗 P_{Fe}，即

$$P_{Fe} = 3R_m I_{10}^2 \tag{7-24}$$

余下的有功功率通过气隙旋转磁场的耦合传递给转子，这部分称为电磁功率 P_M，即

$$P_M = 3E_2' I_2' \cos\varphi_2 = 3I_2'^2 \frac{R_2'}{s} \tag{7-25}$$

式中，$\cos\varphi_2$为转子的功率因数。

P_M 进入转子后，在转子绕组中产生铜损耗 P_{Cu2}

$$P_{Cu2} = 3R_2' \quad I_2'^2 = sP_M \tag{7-26}$$

因转子频率为 $f_2=sf_1$，正常运行时仅 3 Hz 左右，所以转子铁损耗很小，可忽略。因此，从电磁功率中减去转子铜损耗 P_{Cu2} 后，就是转子上所产生的总机械功率 P_{MEC}，即

$$P_{MEC} = P_M - P_{Cu2} \tag{7-27}$$

则有

$$P_{MEC} = P_M - P_{Cu2} = 3I_2'^2\left(\frac{1-s}{s}\right)R_2' = (1-s)P_M \tag{7-28}$$

总机械功率 P_{MEC} 不能全部输出，尚需扣除机械损耗 P_{mec} 和成因比较复杂的附加损耗 P_s，剩余的就是电动机轴上输出的机械功率 P_2。机械损耗主要由轴承摩擦及风阻摩擦构成，附加损耗是高次谐波磁通及漏磁通在铁芯、机座及端盖感应电动势和电流引起的损耗，附加损耗不易计算，按经验，大型电动机取 $P_s=0.5\%P_N$，小型电动机取 $P_s=(1\% \sim 3\%)P_N$，于是

$$P_2 = P_{MEC} - (P_{mec}+P_s) \tag{7-29}$$

电动机功率关系

$$P_2 = P_1 - \sum P \tag{7-30}$$

电动机的总损耗

$$\sum P = P_{Cu1}+P_{Fe}+P_{Cu2}+P_{mec}+P_s \tag{7-31}$$

2. 转矩平衡关系

因为机械功率等于转矩乘以机械角速度，所以将公式 $P_{MEC}=P_2+P_{mec}+P_s$ 两边除以机械角速度力，即得到电动机的转矩平衡方程式为

$$\frac{P_{MEC}}{\Omega} = \frac{P_2}{\Omega} + \frac{P_{mec}+P_s}{\Omega} \tag{7-32}$$

即

$$T = T_2+T_0 \tag{7-33}$$

式中，$\Omega = \frac{2\pi n}{60}$为机械角速度；$T = \frac{P_{MEC}}{\Omega}$为电动机的电磁转矩；$T_2 = \frac{P_2}{\Omega}$为输出的机械转矩；$T_0 = \frac{P_{mec}+p_s}{\Omega}$为机械和附加损耗转矩，通常称为空载转矩。

由此可见，电动机产生的电磁转矩减去轴上的空载转矩后，才是电动机轴上的输出转矩。

由于总机械功率 $P_{MEC}=(1-s)P_M$，机械角速度 $\Omega=(1-s)\Omega_1$，Ω_1 为同步角速度，则

$$T = \frac{P_{MEC}}{\Omega} = \frac{P_M}{\Omega_1} \tag{7-34}$$

式（7-34）说明，电磁转矩从转子方面看，它等于总机械功率除以机械角速度，从定子方面看，它又等于电磁功率除以同步角速度。

从转子电流与主磁通方面看，电动机的电磁转矩可表示为

$$T = C_M \Phi_m I_2' \cos\varphi_2' \tag{7-35}$$

式中，C_M 为三相异步电动机的转矩系数，是一个常数，可通过产品手册查取；Φ_m为三相异步电动机的气隙每极磁通通量；I_2'为转子电流的折算值；$\cos\varphi_2'$为转子电路的功率因数。

我得好好学习三相
异步电动机工作特
性和参数测定。

任务 4 三相异步电动机的工作特性认识和参数测定

工作特性是控制电动机的基础，而参数测定则是评价电动机性能的重要依据。

子任务 1 三相异步电动机工作特性认识

三相异步电动机的工作特性是指电源电压、频率均为额定值的情况下，电动机的定子电流、转速（或转差率）、功率因数、电磁转矩、效率与输出功率的关系，即在 $U_1=U_N$、$f_1=f_N$ 时，I_1、n、$\cos\varphi$、T、η 与 $f(P_2)$ 的关系曲线。工作特性指标在国家标准中都有具体规定，设计和制造都必须满足这些特性指标。工作特性曲线可用等值电路计算，也可以通过实验和作图方法求得。图 7–6 所示是一台三相异步电动机的典型工作特性曲线。

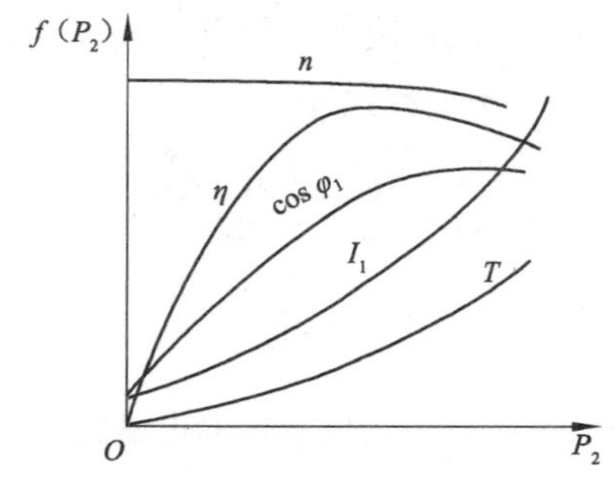

图 7–6 三相异步电动机的典型工作特性曲线

1. 定子电流特性 $I_1=f(P_2)$

输出功率变化时，定子电流变化情况如图 7–6 所示。空载时，$P_2=0$，转子转速接近同步转速，即 $n\approx n_1$，此时定子电流就是空载电流，因为转子电流 $I_2'\approx 0$，所以 $I_1=I_{10}+(-I_2')\approx I_{10}$，几乎全部为励磁电流。随着负载的增大，转子转速略有降低，转子电流增大，为了磁动势平衡，定子电流的负载分量也相应地增大，I_1 随着 P_2 的增大而增大。

2. 转速特性 $n=f(P_2)$

由$T_2=\dfrac{P_2}{\Omega}$知，当 P_2 增加时，T_2 也增加，T_2 增加会使转速 n 降低，但是三相异步电动机转速变化范围较小，所以转速特性是一条稍有下降的曲线。

3. 转矩特性 $T=f(P_2)$

三相异步电动机稳定运行时，电磁转矩应与负载制动转矩 T_L 相平衡，$T=T_L=T_2+T_0$，电动机从空载到额定负载运行，其转速变化不大，可以认为是常数。因此，T_2 与 P_2 成比例关系。而空载转矩 T_0 可以近似认为不变，这样，T 和 P_2 的关系曲线也近似为一直线（见图 7–6）。

4. 功率因数特性 $\cos\varphi_1=f(P_2)$

三相异步电动机空载运行时，定子电流基本上是产生主磁通的励磁电流，功率因数 $\cos\varphi_1$ 很低，为 0.1 ～ 0.2。随着负载的增大，电流中的有功分量逐渐增大，功率因数 $\cos\varphi_1$

也逐渐提高。在额定负载附近，功率因数达到最大值。如果负载继续增加，电动机转速下降较快，转子漏抗和转子电流中的无功分量迅速增加，反而使功率因数下降，这样就形成了图 7–6 所示的功率因数特性曲线。

5. **效率特性** $\eta = f(P_2)$

$$\eta = \frac{P_2}{P_1} = \frac{P_2}{P_2 + \sum P} = \frac{P_2}{P_2 + P_{Cu,1} + P_{Cu,2} + P_{Fe} + P_{mec} + P_s} \tag{7-36}$$

由于损耗有不变损耗（$P_{Fe}+P_{mec}$）和可变损耗（$P_{Cu,1}+P_{Cu,2}+P_s$）两大部分，所以电动机效率不仅随负载变化而变化，也随损耗的变化而变化，从空载开始增加负载时，可变损耗增加较慢，总损耗增加较少，效率提高较快。当不变损耗等于可变损耗时，电动机的效率达到最大值。以后负载继续增加，可变损耗增加很快，效率开始下降。异步电动机在空载和轻载时，效率和功率都很低；而接近满载，即（0.7 ~ 1）P_N 时，η 和 $\cos\varphi_1$ 都很高。在选择电动机容量时，不能使它长期处于轻载运行。

子任务 2 三相异步电动机的参数测定

与变压器一样，三相异步电动机也有两类参数：一类是表示空载状态的励磁参数，即 R_m、X_m；另一类是表示短路状态的短路参数，即 R_1、R_2'、X_1、X_2'。这两种参数，不仅大小悬殊，而且性质也不同。前者决定三相异步电动机主磁路的饱和程度，是一种非线性参数；后者基本上与三相异步电动机的饱和程度无关，是一种线性参数。与变压器等效电路中的参数一样，励磁参数、短路参数可分别通过简便的空载试验和短路试验测定。

1. **空载试验**

空载试验的目的是确定电动机的励磁参数以及铁损耗和机械损耗。试验时，电动机轴上不带任何负载，定子接到额定频率的对称三相电源上，将电动机运转一段时间（30 min）使其机械损耗达到稳定值，然后用调压器改变电源电压的大小，使定子端电压从（1.1 ~ 1.3）U_{1N} 开始，逐渐降低到转速开始波动、定子电流也开始波动时所对应的最低电压（约为 $0.2U_{1N}$）为止，测取 8 ~ 10 个点。每次记录电动机的端电压 U_{10}，空载电流 I_{10}，空载输入功率 P_0 和转速 n，即可得到三相异步电动机的空载特性 I_0、P_0 与 $f(U_1)$，三相异步电动机的空载特性曲线如图 7–7 所示。

空载时，转子铜损耗和附加损耗很小，可以忽略不计。此时，电动机的三相输入功率全部用以补偿定子铜损耗、铁损耗和转子的机械损耗，即

$$P_0 \approx 3R_1 I_{10}^2 + P_{Fe} + P_{mec} \tag{7-37}$$

所以用空载功率减去定子铜损耗，即可得到铁损耗和机械功率损耗两项之和，即

$$P_0 - 3R_1 I_{10}^2 = P_{Fe} + P_{mec} = P_0' \tag{7-38}$$

由于铁损耗 P_{Fe} 与磁通密度的二次方成正比，因此可认为它与 U_1^2 成正比，而机械损耗的大小仅与转速有关，与端电压高低无关，可认为 P_{mec} 是个常数。因此，把不同电压下的机械损耗和铁损耗两项之和与端电压的二次方值画成曲线 $P_{Fe}+P_{mec}=f(U_1^2)$，并把这一

曲线延长到 $U_1=0$ 处，并画一条水平虚线，则虚线以下部分就表示与电源电压大小无关的机械损耗，虚线以上部分就是铁损耗。机械损耗与铁损耗的求法如图 7–8 所示。

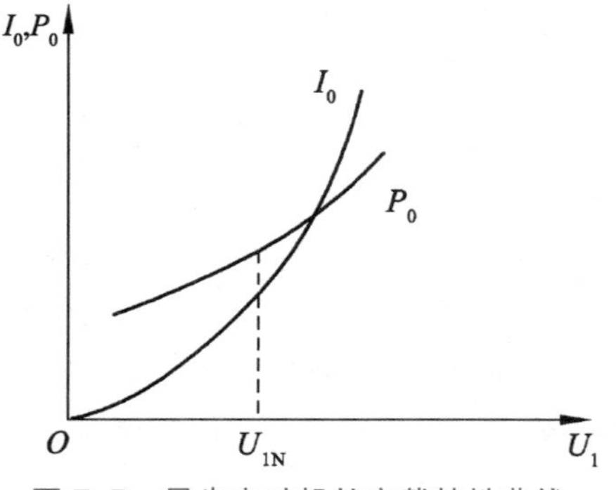

图 7–7 异步电动机的空载特性曲线

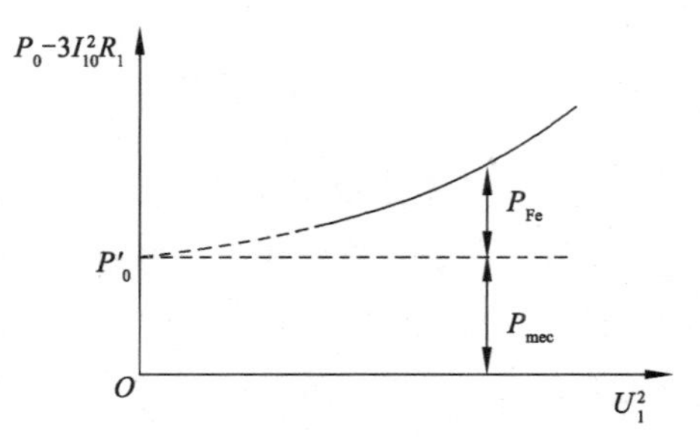

图 7–8 机械损耗与铁损耗的求法

励磁参数按下面的方法确定：定子加额定电压时，根据空载试验测得的数据 I_{10} 和 P_0，可以算出

$$
\begin{aligned}
Z_0 &= \frac{U_1}{I_{10}} \\
R_0 &= \frac{P_0-P_{mec}}{3I_{10}^2} \\
X_0 &= \sqrt{Z_0^2-R_0^2}
\end{aligned} \tag{7-39}
$$

式中，$P0$ 为测得的三相功率；I_{10}、U_1 分别为定子相电流和相电压。

电动机空载时，转差率 s=0，等效电路中附加电阻$\left(\frac{1-s}{s}\right)R'_2\rightarrow\infty$，根据等效电路，定子的空载总电抗 X_0 应为

$$X_0=X_m+X_1 \tag{7-40}$$

式中，X_1 可由短路试验测得，于是励磁电抗为

$$X_m=X_0-X_1 \tag{7-41}$$

励磁电阻则为

$$R_m=R_0-R_1 \quad 或 \quad R_m=\frac{P_{Fe}}{3I_{10}^2} \tag{7-42}$$

2. 短路试验

短路试验是在转子堵住不转时，对定子绕组施加不同数值的电压，故又称堵转试验。为防止试验时发生过电流，定子绕组必须加低电压，一般从 U_1=（0.3 ～ 0.4）U_{1N} 开始，用电流表监视，以电流不超过额定值为准，然后逐渐降低电压。记录定子相电压 U_K、定子相电流 I_K 和定子输入三相功率 P_K。然后作出短路特性曲线 $I_K=f(U_K)$ 和 $P_K=f(U_K)$，三相异步电动机的堵转特性曲线如图 7–9 所示。

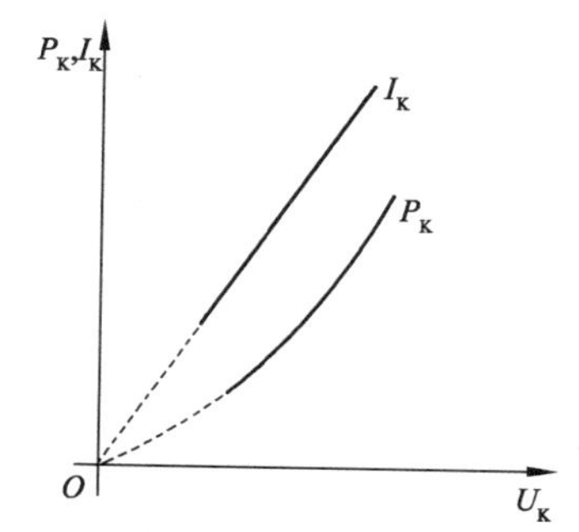

图 7-9　三相异步电动机的堵转特性曲线

异步电动机堵转时，s=1 代表总机械功率的附加电阻为零，由于电源电压 U_1 较低（E_1、Φ_1 很小），故励磁电流 I_{10} 很小，等效电路的励磁支路可以忽略，此时$I_1 = I_2' = I_K$。因而，电动机的铁损耗很小，可认为 $P_{Fe} = 0$，由于堵转，机械损耗 P_{mec}=0。所以，定子输入功率 P_K 都消耗在定子、转子的电阻上，即

$$P_K = 3R_K I_K^2 = 3(R_1 + R_2')I_K^2 = 3R_K I_K^2 \tag{7-43}$$

式中，R_1 可通过直流伏安法或电桥量测求出。

根据以上可知

$$\begin{cases} R_K = R_1 + R_2' = \dfrac{P_K}{3I_K^2} \\ R_2' = R_K - R_1 \\ Z_K = \dfrac{U_K}{I_K} \\ X_K = \sqrt{Z_K^2 - R_K^2} \end{cases} \tag{7-44}$$

在大中型三相异步电动机中，可近似地认为$X_1 = X_2' = \dfrac{X_K}{2}$。

任务 5　三相异步电动机的机械特性分析

三相异步电动机的机械特性是指电动机电磁转矩 T 与转速 n 之间的关系，即 $n = f(T)$。因为异步电动机的转速 n 与转差率 s 之间存在着一定的关系，所以三相异步电动机的机械特性通常也用 $s = f(T)$ 的形式表示。

子任务 1　三相异步电动机机械特性的表达式认识

1. 参数表达式

三相异步电动机机械特性的参数表达式就是直接表示三相异步电动机的电磁转矩 T 与转差率 s 和电动机的某些参数（U_1、f_1 及阻抗等）之间关系的数学表达式。在分析或计算三相异步电动机的机械特性时，一般采用参数表达式。

经推导（略）三相异步电动机的机械特性参数表达式可表示为

$$T=\frac{3pU_1^2R_2'/s}{2\pi f_1[(R_1+R_2'/s)^2+(X_1+X_2')^2]} \tag{7-45}$$

当 U_1、f_1 及电动机定子、转子参数（R_1、R_2'、X_1、X_2'）都为确定值时，改变转差率 s（或转速 n），就能按式（7-45）算出对应的电磁转矩 T，因而可以作出图 7-10 所示的三相异步电动机的机械特性曲线。

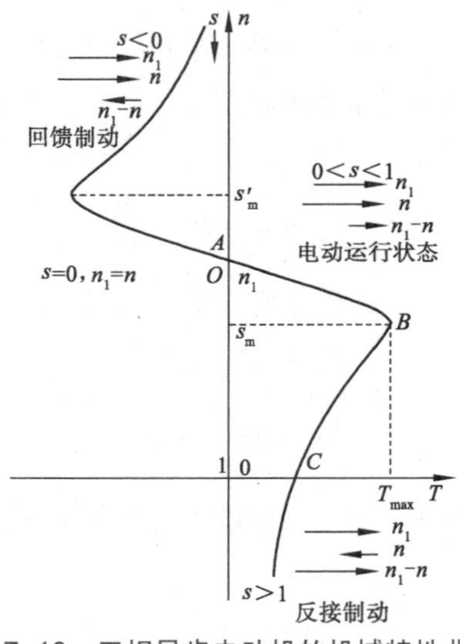

图 7-10　三相异步电动机的机械特性曲线

当同步转速 n_1 为正时，机械特性曲线跨越第一、二、四象限。在第一象限，旋转磁场的转向与转子转向一致，而 $0<n<n_1$，转差率 $0<s<1$。电磁转矩 T 及转子转速 n 均为正，电动机处于电动运行状态；在第二象限，旋转磁场的转向与转子转向一致，但 $n>n_1$，故 $s<0$，$T<0$，$n>0$，电动机处于发电运行状态，即回馈制动；在第四象限，旋转磁场的转向与转子转向相反，$n_1>0$，$n<0$，转差率 $s>1$，此时 $T>0$，电动机处于电磁制动运行状态，即反接制动。

视频
交流电机能耗制动负载特性

三相异步电动机的第一象限的机械特性曲线有 3 个运行点值得关注，即图中的 A、B、C 3 点。

（1）同步转速点 A

A 点是三相异步电动机的理想空载点，即转子转速达到了同步转速。此时，$T=0$，

$n=n_1=60f_1/p$，$s=0$。转子电流 $I_2=0$，显然，如果没用外界转矩的作用，三相异步电动机是不可能运行于这一点的。

（2）最大转矩点 B

机械特性曲线中线性段（AB）与非线性段（BC）的分界点，此时，电磁转矩为最大值 $T_{\max}$，相应的转差率为 s_{m}。通常情况下，电动机在线性段上工作是稳定的，而在非线性段上工作是不稳定的，因此 s_{m} 称为临界转差率。

$T_{\max}$ 点由于是 T–s 曲线的最大点，所以可用对式（7–45）求导，并令其导数为 0 的办法求得临界转差率 s_{m}，并把 s_{m} 代入转矩方程中得最大转矩，其结果分别为

$$\begin{cases} s_{\mathrm{m}}=\pm\dfrac{R_2'}{\sqrt{R_1^2+(X_1+X_2')^2}} \\ T_{\max}=\pm\dfrac{3pU_1^2}{4\pi f_1[\pm R_1+\sqrt{R_1^2+(X_1+X_2')^2}]} \end{cases} \tag{7-46}$$

“+”号适用于电动运行状态（第一象限）；“–”号适用于发电运行状态或回馈制动运行状态（第二象限）。一般 $R_1<<(X_1+X_2')$，忽略 R_1，则式（7–46）变为

$$\begin{cases} s_{\mathrm{m}}=\pm\dfrac{R_2'}{X_1+X_2'} \\ T_{\max}=\pm\dfrac{\mathrm{m}_1 p\,U_1^2}{4\pi f_1(x_1+x_2{}')} \end{cases} \tag{7-47}$$

从式（7–46）、式（7–47）可得出以下结论：

① 最大转矩 $T_{\max}$ 与定子电压 U_1 的二次方成正比，而 s_{m} 与 U_1 无关。

② $T_{\max}$ 与转子电阻R_2'无关，s_{m} 与R_2'成正比。

③ $T_{\max}$ 和 s_{m} 都近似与（X_1+X_2'）成反比。

④ 若忽略 R_1，最大转矩 $T_{\max}$ 随频率增加而减小，且正比于$\left(\dfrac{U_1{}^2}{f_1}\right)^2$。

为了保证三相异步电动机的稳定运行，不至于因短时过载而停止运转，要求三相异步电动机有一定的过载能力。三相异步电动机的过载能力用最大转矩 $T_{\max}$ 与额定转矩 T_{N} 之比来表示，称为过载能力或过载倍数，用λ_{m}表示，即

$$\lambda_{\mathrm{m}}=\frac{T_{\max}}{T_{\mathrm{N}}} \tag{7-48}$$

过载倍数λ_{m}是异步电动机的主要性能技术指标。通常三相异步电动机的过载倍数 $\lambda_{\mathrm{m}}=1.8\sim2.2$，起重冶金用电动机的过载倍数 $\lambda_{\mathrm{m}}=2.2\sim2.8$。

（3）启动点 C

在 C 点 s=1，n=0，电磁转矩为启动转矩 T_{st}。把 s=1 代入参数表达式中可得

$$T_{\mathrm{st}}=\pm\frac{3pU_1^2R_2'}{2\pi f_1[(R_1+R_2')^2+(X_1+X_2')^2]} \tag{7-49}$$

由式（7-49）可得以下结论：

① T_{st} 与电压 U_1 的二次方成正比。

② 在一定范围内，增加转子回路电阻R_2'，可以增大启动转矩 T_{st}。

③ 电抗参数(X_1+X_2')越大，T_{st} 就越小。

异步电动机的启动转矩 T_{st} 与额定转矩 T_N 之比用启动转矩倍数 K_T 来表示，即

$$K_T=\frac{T_{st}}{T_N} \tag{7-50}$$

启动转矩倍数 K_T 也是笼形异步电动机的重要性能指标之一。启动时，当 T_{st} 大于负载转矩 T_2 时，电动机才能启动。

一般将三相异步电动机的特性曲线分为两部分：

① 转差率 0 ~ s_m 部分：在这一部分，T 与 s 的关系近似成正比，即 s 增大时，T 也随之增大，根据电力拖动系统稳定运行的条件，可知该部分是三相异步电动机稳定运行区。只要负载转矩小于电动机的最大转矩 T_{max}，电动机就能在该区域中稳定运行。

② 转差率 s_m ~ 1 部分：在这一部分，T 与 s 的关系近似成反比，即 s 增大时，T 反而减小，与 0 ~ s_m 部分的结论相反，该部分为三相异步电动机的不稳定运行区（风机、泵类负载除外）。

视频

交流电机反向制动负载特性

2. 实用表达式

机械特性的参数表达式清楚地表达了转矩与转差率、电动机参数之间的关系，用它分析各种参数对机械特性的影响是很方便的，但由于三相异步电动机的参数必须通过试验求得，因此在应用现场难以做到。而且在电力拖动系统运行时，往往只需要了解稳定运行范围内的机械特性。此时，可利用产品样本中给出的技术数据：过载倍数 λ_m，额定转速 n_N 和额定功率 P_N 等来得到电磁转矩 T 和转差率 s 的关系式。

经过一系列简化（略），可得如下实用表达式

$$T=\frac{2T_{max}}{\dfrac{s}{s_m}+\dfrac{s_m}{s}} \tag{7-51}$$

电动机在额定负载下运行时，s 很小，此时式（7-51）可进一步简化为

$$T=\frac{2T_{max}}{s_m}s \tag{7-52}$$

式（7-52）称为机械特性的简化实用表达式，又称机械特性的线性表达式，但需注意的是，式中 s_m 的计算应采用如下公式

$$S_m=S_N(\lambda_m+\sqrt{\lambda_m^2-1}) \tag{7-53}$$

【例】已知一三相异步电动机的额定功率为 P_N=7.5 kW，额定电压为 380 V，额定转速为 n_N=945 r/min，过载倍数 λ_m =2.8。绘制它的机械特性曲线。

解：据已知数据，可得

额定转矩：$T_N = 9\,550 \times \frac{P_N}{n_N} = 9\,550 \times \frac{7.5}{945}$ N·m=75.8 N·m

最大转矩：$T_{max} = \lambda_m T_N = 2.8 \times 75.8$ N·m=212.24 N·m

额定转差率：$s_N = \frac{n_1 - n_N}{n_1} = \frac{1\,000 - 945}{1\,000} = 0.055$

临界转差率：$s_m = s_N(\lambda_m + \sqrt{\lambda_m^2 - 1}) = 0.055 \times (2.8 + \sqrt{2.8^2 - 1}) = 0.3$

代入式（7-51）得

$$T = \frac{2 \times 212}{\frac{s}{s_m} + \frac{s_m}{s}} = \frac{2 \times 212}{\frac{s}{0.3} + \frac{0.3}{s}}$$

把不同 s 值代入上式，求出对应的 T，将对应原 s 和 T 值记录如下：

s	1	0.8	0.6	0.4	0.35	0.3	0.25	0.15	0.1	0.055	0
T/N·m	117	139	170	204	209	212	209	170	127	75	0

按上表数据可描绘出相应的机械特性曲线。

子任务 2 三相异步电动机的固有机械特性分析

三相异步电动机定子电压和频率均为额定值，电动机按规定的接线方法接线，定子及转子电路中不外接电阻（电容或电抗）时所获得的机械特性称为固有机械特性，三相异步电动机的固有机械特性曲线如图 7-11 所示。

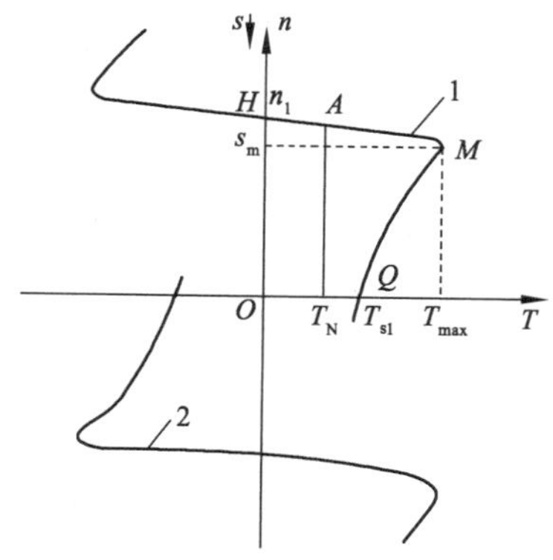

图 7-11 三相异步电动机的固有机械特性曲线

子任务 3 三相异步电动机的人为机械特性分析

人为改变电动机的某个参数后所得到的机械特性称为人为机械特性，如改变 $U1$、$f1$、p，改变定子回路电阻或电抗，改变转子回路电阻或电抗等。

下面介绍几种常见的人为机械特性。

1. 降低定子端电压的人为机械特性

电动机的其他参数都与固有机械特性相同，仅降低定子端电压，这样所得到的人为机械特性称为降低定子端电压的人为机械特性，其特点如下 ：

① 降压后同步转速 n_1 不变，即不同 U_1 的人为机械特性都通过固有机械特性上的同步转速点。

② 降压后，最大转矩 T_{max} 随 U^2 成比例下降，但是临界转差率 s_m 不变，定子电压为不同值时的人为机械特性曲线如图 7–12 所示。

③ 降压后的启动转矩 T'_{st} 也随 U_1 成比例下降。

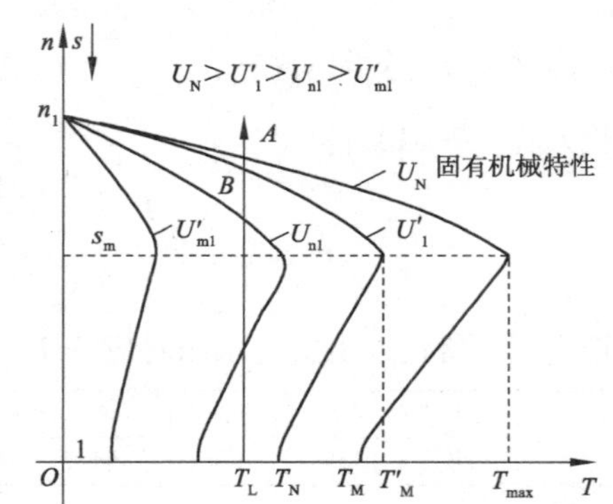

图 7–12　定子电压为不同值时的人为机械特性曲线

2. 转子回路串联对称三相电阻的人为机械特性

对于绕线转子式异步电动机，如果其他参数都与固有机械特性时一样，仅在转子回路中串联对称三相电阻 R_Ω，所得的人为机械特性称为转子回路串联对称三相电阻的人为机械特性。转子回路串联电阻的人为机械特性曲线如图 7–13 所示，其特点如下 ：

① n_1 不变，所以不同 R_Ω 的人为机械特性都通过固有机械特性的同步转速点。

② 临界转差率 $s_m \propto R_2+R_\Omega$，说明 s_m 会随转子电阻的增加而增加，但是 T_{max} 不变。为此，不同 R_Ω 时的人为机械特性如图 7–13 所示。

③ 当 $s'_m<1$ 时，启动转矩 T_{st} 随 R_Ω 的增加而增加 ；但是，当 $s'_m>1$ 时，启动转矩 T_{st} 随 R_Ω 的增加反而减小。

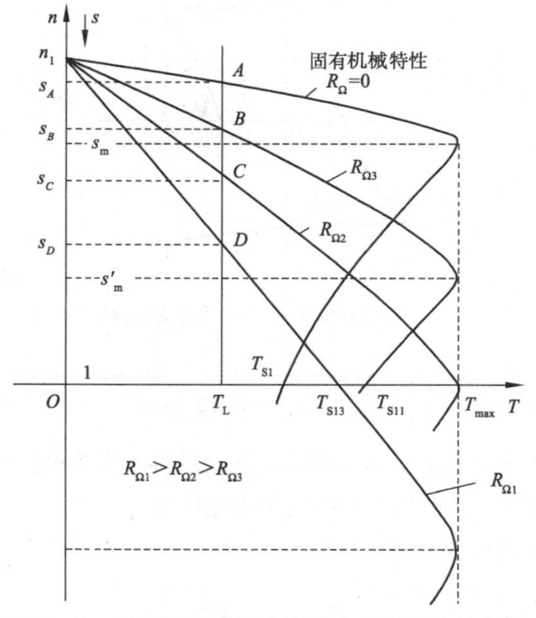

图 7–13　转子回路串联电阻的人为机械特性曲线

3. 定子回路串联三相对称电阻或对称电抗时的人为机械特性

三相异步电动机如其他参数都与固有机械特性相同，仅在定子中串联三相对称电阻或对称电抗时所得到的机械特性，称为定子串联电阻或电抗时的人为机械特性。实质上相当于增大了电动机定子回路的漏阻抗，其特点如下：

① n_1 不变，所以不同定子 R_1 或 X_1 的人为机械特性都通过固有机械特性的同步转速点。

② 最大转矩 T_{max} 和启动转矩 T_{st} 都随外串联电阻或电抗的增大而减小。

③ 临界转差率 s_m 会随 R_1 或 X_1 的增大而减小，最大转矩点上移。

综上所述，当定子回路串联三相对称电阻或对称电抗时，临界转差率 s_m、最大转矩 T_{max} 以及启动转矩 T_{st} 等随外串联电阻或电抗的增大而减小。

图 7–14 所示为三相异步电动机定子回路串联三相对称电阻或对称电抗时的人为机械特性曲线。

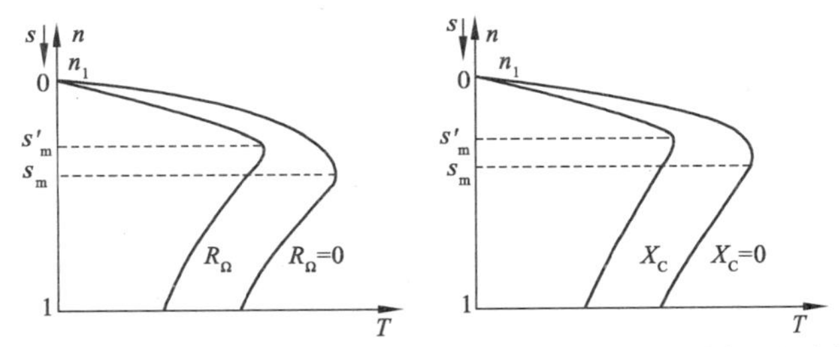

图 7–14 三相异步电动机定子回路串联三相对称电阻或对称电抗时的人为机械特性曲线

新技术、新知识不断出现，
需要我们不断学习。

强化训练

训练：三相异步电动机的参数及运行性能测试

1. 目的

① 加强三相异步电动机电磁关系及功率与转矩的认识。

② 巩固对三相异步电动机工作特性及机械特性曲线的运用。

③ 熟练运用两特性曲线对三相异步电动机进行不同工况下的性能分析。

2. 项目所用设备及仪器

中小型三相异步电动机、电动机实训台及配套元件。

思考与习题

1. 三相异步电动机转子静止时与转子旋转时，转子各物理量和参数（包括转子电流、电抗、频率、电动势、功率因数等）将如何变化？

2. 转差率的大小对三相异步电动机的运行状态有何影响？

3. 一台三相异步电动机的输入功率为 60 kW，定子铜损耗 $P_{Cu,1}$=1 kW，转差率 s=0.03，试计算转子铜损耗 $P_{Cu,2}$ 和总机械功率 Pw。

4. 三相异步电动机的空载试验与短路试验对现实工程有何意义？

5. 三相异步电动机的工作特性与机械特性有何区别？两者的作用分别是什么？

6. 三相异步电动机机械特性的参数表达式与实用表达式分别适用于什么场合？

7. 已知一个三相异步电动机，额定功率为 P_N=7.5 kW，额定电压为 380 V，额定转速为 n_N= 945 r/min，过载倍数 λ_m=2.8。试用实用表达式描绘其机械特性曲线，并利用曲线分析其最佳工作状态。

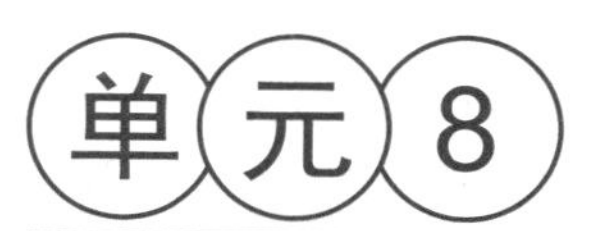

单元 8 三相异步电动机控制

【学习目标】

◎能根据工程要求设计三相异步电动机控制电路并对其配套元件进行正确选用，能按照安全要求对控制电路进行测试。

◎熟悉三相异步电动机常用控制电路，掌握低压电器元件的选型要求，熟悉低压电路的安全操作规范。

由于三相异步电动机良好的性价比及变频技术的兴起，工程机械拖动电动机更青睐于三相异步电动机。这些机械均有不同的电气拖动控制电路，不论这些电路简单与否，都是由一个或几个基本控制电路组成的。这些基本电路有启动、正反转、制动、调速电路等。掌握这些基本控制电路对生产机械整个电气控制电路的分析与维护很有帮助，同时也为设计各种生产机械的电气控制电路打下基础。

视频

交流电机点动

任务 1 控制电路技术规范认识及控制元件的配置

要对三相异步电动机合理控制，按照电路技术规范配置控制元件是基本要求。

子任务 1 三相异步电动机控制电路技术规范认识

视频

交流电机
连续运行

电气控制电路是用导线将电动机、电器、仪表等元器件按照一定规律连接起来并实现规定的控制要求的电路。电气控制电路的表示方法有两种：电气原理图和电气安装图。电气原理图是用图形符号、文字符号和项目代号表示各个电器元件连接关系和电气工作原理的图形，具有结构简单、层次分明、便于研究和分析电路工作原理等优点。电气安装图是按照电器实际位置和实际接线，用规定的图形符号、文字符号和项目代号画出来的。电气安装图便于指导实际安装时的操作、调整和维护，也便于检修时查找故障及更换元件等。

1. 电气控制系统中的图形符号

图形符号通常用于图样或其他文件，用来表示一个设备或概念的图形、标记或字符。电气控制系统中的图形符号必须按照国家标准绘制。运用图形符号时应注意符号的尺寸大小，线条的粗细可以缩放，但在同一张图纸中的同一符号应保持一致。

2. 电气控制系统中的文字符号

文字符号适用于电气技术领域中技术文件的编制，用以标明电气设备、装置和元件的名称及电路的功能、状态和特征。

视频

电机电动+连续控制

3. 电气控制原理图绘制的有关规定

电气控制原理图的绘制原则：

① 电器应是未通电时的状态；二进制逻辑元件应是置零时的状态；机械开关应是循环开路状态。

② 原理图的动力电路、控制电路和信号电路应分开绘制。

③ 原理图上应标明：各电源的电压值、极性、频率及相数等；元器件的特性；不常用电器的操作方式和功能。

④ 原理图上各电路的安排应便于分析、维修和寻找故障，原理图应按功能分开画出。

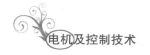

子任务 2 三相异步电动机控制设备的配置、安装和操作

1. 控制设备的配置

电动机控制设备的配置应考虑以下要求：

① 每台电动机一般应装设单独的操作开关或启动器，在条件许可或工艺需要时，也可一组电动机共用一套控制器件。

② 对于实行自动控制或连锁控制的电动机，应保证对每台电动机都能够进行单独的手动控制。此外，在多点控制的电动机旁边还应装设就地控制和解除远方控制的器件。

③ 如果在控制地点看不见电动机所拖动的机械，则宜装设指示电动机工作状态的信号、仪表，同时应在所拖动的机械旁边装设预报启动信号的装置或警铃，以免电动机突然启动而危及人身安全。此外，在所拖动的机械旁边装设事故（紧急）断电开关或按钮。

④ 0.5 kW以下的电动机，允许使用插销进行电源通断的直接控制。频繁启动的电动机，则应在插座板上安装一只熔断器。

⑤ 3 kW 以下的电动机，允许采用瓷底胶盖刀开关控制，开关的额定电流应为电动机额定电流的 2.5 倍。安装时，将刀开关内的熔体用铜丝接通，在开关后一级另外安装一只熔断器作为过载和短路保护装置。

⑥ 3 kW 以上的电动机，应采用空气断路器、组合开关、接触器等电气控制，各类开关的选用可查阅有关电工手册。

⑦ 容量较大的电动机，启动电流也较大，为不影响同一电网中其他用电设备的正常

运行以及保证线路的安全，应加装启动设备以减小启动电流。

⑧ 电动机的操作开关，一般应装在既便于操作时监视电动机的启动和运转情况，又能保证操作人员安全，且不易产生误动作的地点。

⑨ 对于不需要频繁启动的小型电动机只需安装一个开关。

对于需要频繁启动，或者需要换向和双速操作的电动机，则应安装两个开关（实行两级控制）：第一个开关用来控制电源（常采用铁壳开关、空气断路器或转换开关）；第二个开关用来控制电动机。

如果采用无明显分断点的开关（如电磁开关），则应在前一级装一个有明显分断点的开关（如刀开关、转换开关等）；如果采用容易产生误操作的开关（如手柄倒顺开关、按钮开关等），也应在前一级加装控制开关，以免因误操作而发生事故。

2. 开关设备的操作

操作电动机的开关设备应保持正确的操作姿势：操作人员应在开关的右侧，面对电动机及其拖动的生产机械，双目注视合闸后电动机的启动、传达室装置的传动和所拖动机械的转动情况。如果发现异常情况，应立即拉闸停车。严禁推上合闸手柄就离开操作位置。电动机各种常用开关设备的正确操作方法如下：

① 按钮：要一按到底，动作要快，以免电磁开关误动作。

② 瓷底胶盖刀开关：合闸时，要向上推足，使动触点刀片完全插入静触点座中，分闸时，要向下拉到底，切不可使手柄停留在刚离开静触点的位置上。

③ 铁壳开关：切勿开盖进行分、合闸操作（开关的连锁机构损坏，在未修复前，作为例外情况可以一次性的开盖进行分、合闸）

④ 空气断路器：由于断路器的操作机构为快速分、合闸结构，操作时动作不宜过猛，以免折断操作手柄。

⑤ 组合开关：手柄应顺时针方向旋转。否则，手柄将被拧出轴柄。手柄每次变换到位时，会发出“嗒”声。如果没有发出声音，则应确认触头是否到位，以免造成误操作。

⑥ 启动器：常见的操作机构是手柄合闸，按钮分闸。手柄的停位有3挡：中间是空位，即分闸位，标有“停”字；内挡是“启动”位；外挡是“运转”位。启动电动机时，先将手柄推到“启动”位（不要松手），待电动机的转速稳定，声响均匀，再将手柄拉到“运转”位置。变位不要过快，否则，就不能完全达到降压启动的目的。停车时，只要按一下“停”按钮，电动机即可停止运转。

视频

多点控制

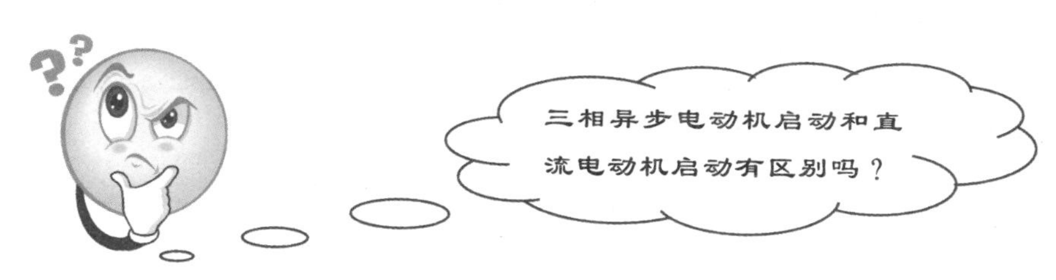

三相异步电动机启动和直
流电动机启动有区别吗？

任务 2　三相异步电动机的启动控制

视频

顺序控制

电动机转子从静止状态到稳定运行的过渡过程称为启动过程，简称启动。启动时，一方面要求电动机具有足够大的启动转矩；另一方面又要求启动电流不要太大，以免影响接在同一电网上的其他用电设备。此外，还要求启动设备简单、经济、便于操作和维护。由于在工程中三相异步电动机以笼形异步电动机为主，这里仅以三相笼形异步电动机为研究对象，其主要启动方式有直接启动、减压启动和软启动。

子任务 1　三相异步电动机直接启动控制

启动时，通过一些直接启动设备，把全部电源电压（即全压）直接加到电动机的定子绕组，显然，这时启动电流较大，可达额定电流的 4 ～ 7 倍，根据对国产电动机实际测量，某些三相笼形异步电动机的启动电流甚至可达额定电流的 8 ～ 12 倍。

一般规定，异步电动机的功率低于 7.5 kW 时允许直接启动。如果功率大于 7.5 kW，而电源总容量较大，能符合下式要求者，电动机也可允许直接启动。

$$K_1=\frac{I_{1st}}{I_{1N}}\leqslant\frac{1}{4}\left[3+\frac{\text{电源总容量}(\text{kV}\cdot\text{A})}{\text{启动电动机容量}(\text{kV}\cdot\text{A})}\right]$$

如果不能满足要求，则必须采用减压启动的方式。图 8–1 所示为三相异步电动机直接启动主电路及控制电路原理图。

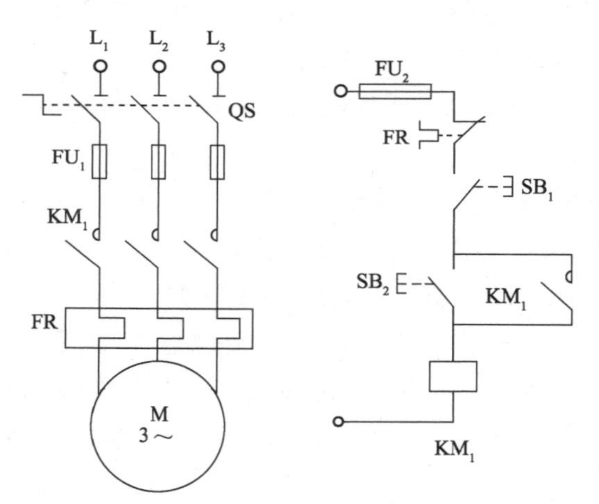

图 8–1　三相异步电动机直接启动主电路及控制电路原理图

视频

Y-△降压启动

子任务 2　三相异步电动机降压启动控制

降压启动是指电动机在启动时降低加在定子绕组上的电压，启动结束时加额定电压运行的启动方式。降压启动虽然能降低电动机启动电流，但由于电动机的转矩与电压的二次方成正比，因此降压启动时电动机的转矩也减小较多，故此法一般适用于电动机空载或轻载启动。降压启动的方法有以下几种：

1. 定子串联电抗器或电阻的降压启动

视频

定子串电阻降压启动

方法：启动时，电抗器或电阻接入定子电路；启动后，切除电抗器或电阻，进入正常运行，图 8–2 所示为三相笼形异步电动机定子串联电抗器或电阻的降压启动原理图（控制回路略）。

三相异步电动机定子串联电抗器或电阻启动时定子绕组实际所加电压降低，从而减小启动电流。但定子绕组串联电阻启动时，能耗较大，实际应用不多。

2. 星形－三角形（Y－△）降压启动

方法：启动时定子绕组接成Y，运行时定子绕组则接成△，Y－△降压启动原理如图 8–3 所示。对于运行时定子绕组为Y的三相笼形异步电动机则不能用Y－△启动方法。

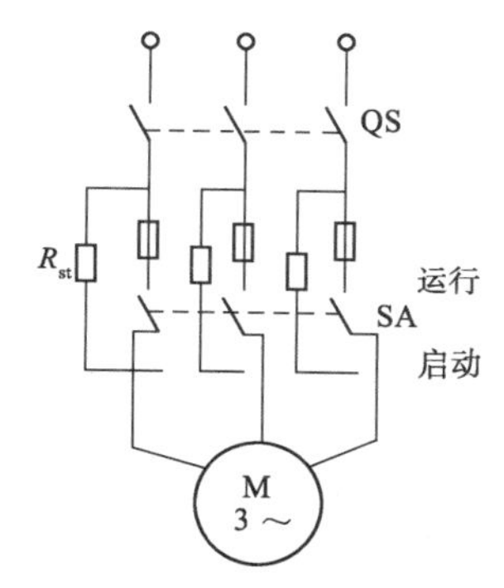

图 8–2　三相笼形异步电动机定子串联电抗器或电阻的降压启动原理图

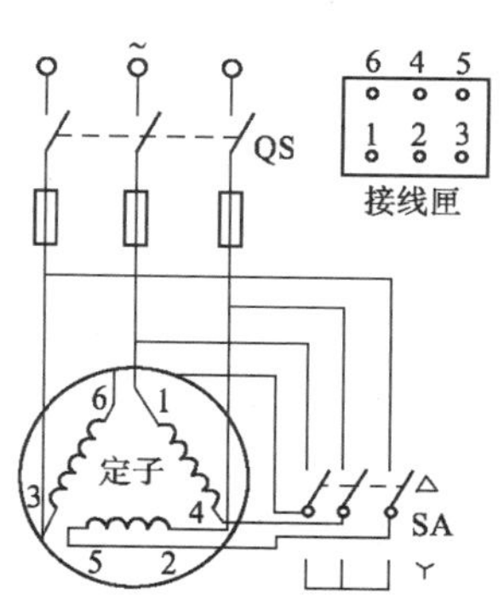

图 8–3　Y－△降压启动原理图

Y－△启动电流分析图如图 8–4 所示，Y－△启动时，启动电流I'与直接启动时的启动电流I_s'的关系（启动电流是指线路电流而不是指定子绕组的电流）：

电动机直接启动时，定子绕组接成△，如图 8–4（a）所示，每相绕组所加电压大小为 $U_1=U_N$，即为线电压，每相绕组的相电流为$I_\triangle$，则电源输入的线电流为 $I_s=\sqrt{3}I_\triangle$。Y形启动时如图 8–4（b）所示，每相绕组所加电压为$U_1'=\dfrac{U_1}{\sqrt{3}}=\dfrac{U_N}{\sqrt{3}}$，电流$I_s'=I_Y$，则

$$\frac{I_s'}{I_s}=\frac{I_Y}{\sqrt{3}I_\triangle}=\frac{1}{3} \tag{8-1}$$

由式（8–1）可见，Y－△启动时，对供电变压器造成冲击的启动电流是直接启动时的 1/3。

直接启动时启动转矩为 T_s，Y－△启动时启动转矩为 T_s'，则

$$\frac{T_s'}{T_s}=\left(\frac{U_1'}{U_1}\right)^2=\frac{1}{3} \tag{8-2}$$

由式（8–2）可见，Y－△启动时启动转矩也是直接启动时的 1/3。

Y－△启动比定子串联电抗器启动性能要好，可用于拖动 $T_L \leqslant 1.1T_s'=T_s/(1.1\times 3)=0.3T_s$

的轻载启动。

Y－△启动方法简单，价格便宜，因此在轻载启动条件下，应优先采用。我国采用Y－△启动方法的电动机额定电压都是 380 V，绕组是△接法。

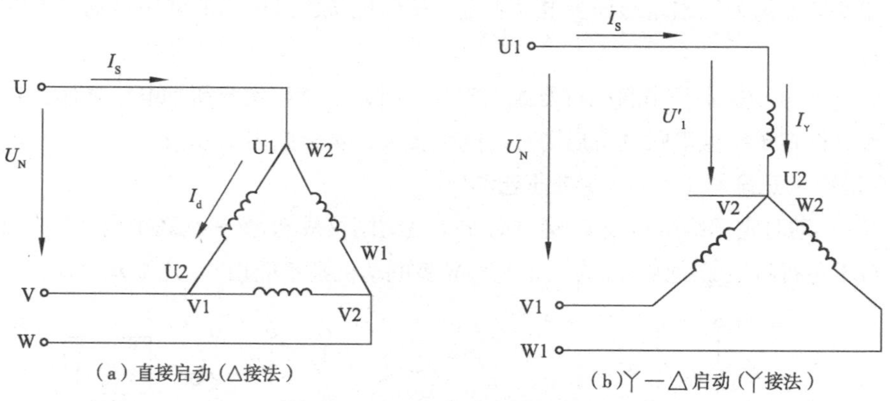

（a）直接启动（△接法）　（b）Y－△启动（Y接法）

图 8–4　Y－△启动电流分析图

3. **自耦变压器**（启动补偿器）**启动**

方法：自耦变压器也称启动补偿器。启动时电源接自耦变压器一次侧，二次侧接电动机。启动结束后电源直接加到电动机上。

自耦变压器
降压启动

三相笼形异步电动机自耦变压器降压启动的接线如图 8–5 所示，自耦变压器降压启动的一相线路如图 8–6 所示。

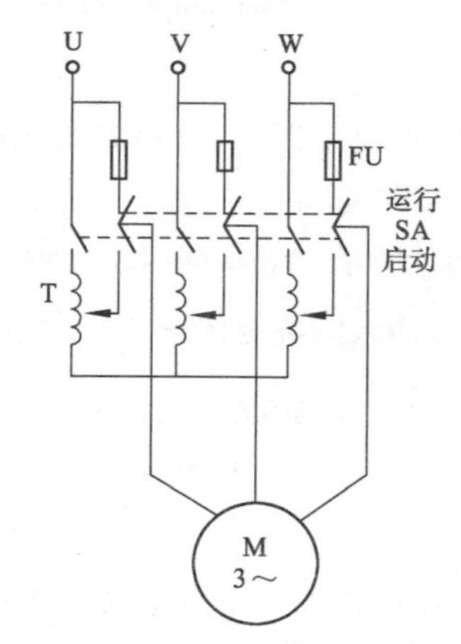

图 8–5　三相笼形异步电动机自耦变压器降压启动的接线图

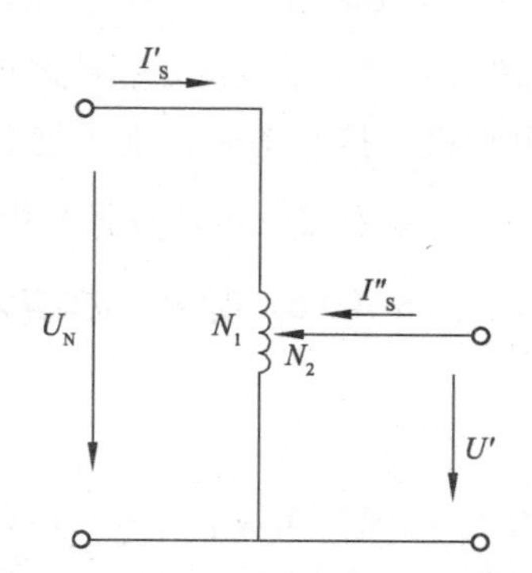

图 8–6　自耦变压器降压启动的一相线路

设自耦变压器电压比为 $K=N_2/N_1<1$，则直接启动时定子绕组的电压 U_N、电流 I_s 与降压启动时承受的电压 U'、电流 I''_s 的关系为

$$\frac{I_s}{I''_s}=\frac{U_N}{U'}=\frac{N_1}{N_2}=\frac{1}{K} \tag{8-3}$$

而启动电流是指电网供给线路的电流，即自耦变压器厚边电流 I'_s，与二次侧启动时电流 I''_s 关系为 $I'_s/I''_s = N_1/N_2 = 1/K$。因此，降压启动电流 I'_s 与直接启动电流 I_s 关系为

$$I'_s = K^2 I_s \qquad (K<1) \tag{8-4}$$

自耦变压器降压启动时转矩 T_s' 与直接启动时转矩 T_s 的关系为

$$\frac{T'_s}{T_s} = \frac{U'^2}{U_N^2} = K^2 \qquad T'_s = K^2 T_s \tag{8-5}$$

可见，采用自耦变压器降压启动，启动电流和启动转矩都降 K^2 倍。自耦变压器一般有 2 ~ 3 组抽头，其电压可以分别为一次侧电压 U_1 的 80%、65% 或 80%、60%、40%。

该种方法对定子绕组采用Y或△接法的电动机都可以使用，缺点是设备体积大，投资较贵。

4. 延边三角形降压启动

方法：延边三角形降压启动原理图如图 8-7 所示，它介于自耦变压器降压启动与Y - △降压启动方法之间。

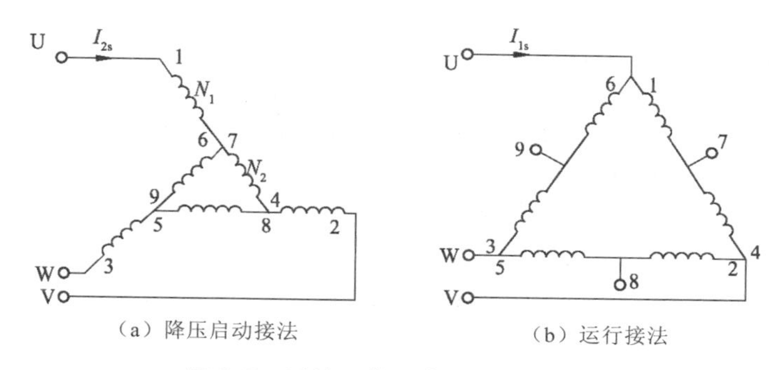

图 8-7 延边三角形降压启动原理图

如果将延边三角形看成一部分为Y接法，另一部分为△接法，则Y部分比重越大，启动时电压降得就越多。根据分析和试验可知，Y和△的抽头比例为 1 : 1 时，电动机每相绕组的电压是 268V；抽头比例为 1 : 2 时，电动机每相绕组的电压为 290 V。可见，延边三角形可采用不同的抽头比来满足不同负载特性的要求。

延边三角形启动的优点是节省金属，质量小；缺点是内部接线复杂。三相笼形异步电动机除了可在定子绕组上想办法降压启动外，还可以通过改进笼的结构来改善启动性能，即在制造时改变笼形转子的阻抗性质，这类电动机主要有深槽式和双笼形。

5. 软启动

在电动机带载启动的时候，为了减小启动时大的冲击，工程中常在电动机与减速器间加液力偶合器或电子软启动器进行缓冲，这种方式称为软启动，其软启动设备可从生产厂家的生产样本中查找。

视频

改变电压调速

任务 3 三相异步电动机的变频调速应用

由三相异步电动机的转速公式 $n = (1-s)60f_1/p$ 知，要改变其转速，可以改变电动机的转差率 s、电源频率 f_1 及电动机极数 p。在科技日益发展的今天，变频调速以其特有的优势迅速崛起，已成为交流电动机调速的主流，其核心部分为变频器。

变频器是将交流工频电源转换成电压、频率均可变的适合交流电动机调速的电力电子变换装置，与其他调速方式对比，变频调速的优势如表 8–1 所示。

表 8–1　变频调速的优势

序　号	优　点
1	平滑软启动，降低启动冲击电流，减少变压器占有量，确保电动机安全
2	在机械允许的情况下可通过提高变频器的输出频率来提高工作速度
3	无级调速，调速精度大大提高
4	电动机正反向无须通过接触器切换
5	能非常方便地接入通信网络控制，实现生产自动化控制

图 8–8 为低压交 – 直 – 交通用变频器系统框图。

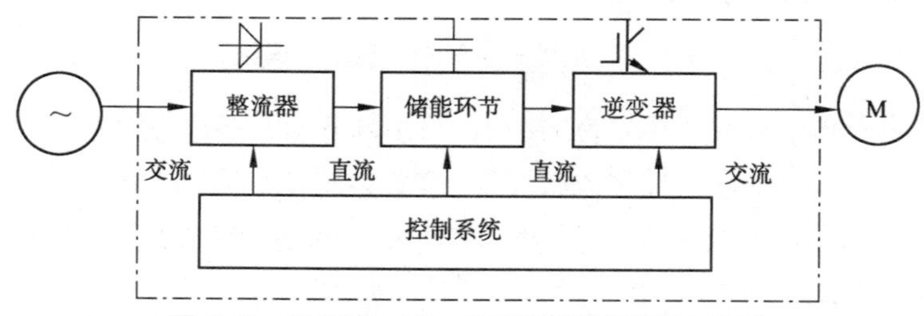

图 8–8　低压交 – 直 – 交通用变频器系统框图

图 8–8 中整流器与逆变器的作用如下：

① 整流器：将交流电变换成直流电的电力电子装置，其输入电压为正弦波，输入电流为非正弦波，带有丰富的谐波。

② 逆变器：将直流电转换成交流电的电力电子装置，其输出电压为非正弦波，输出电流近似正弦。

异步电动机变频调速的电源是一种能调压的变频装置。如何能取得经济、可靠的变频电源是实现三相异步电动机变频调速的关键，也是目前电力拖动系统的一个重要发展方向。目前，多采用由晶闸管或自关断功率晶体管器件组成的变频器。

变频器若按相数分类，可以分为单相变频器和三相变频器；若按性能分类，可以分为交－直－交变频器和交－交变频器。

变频器的作用是将直流电源（可由交流经整流获得）变成频率可调的交流电（称交－直－交变频器）或是将交流电源直接转换成频率可调的交流电（交－交变频器），以供给交流负载使用。交－交变频器将工频交流电直接变换成所需频率的交流电能，不经中间环节，也称直接变频器。关于变频电源的具体情况，可参考有关变频技术一类的书籍。

视频

改变电阻调速

任务4 三相异步电动机的制动控制

三相异步电动机有两种最重要的工作状态：电动与制动。电动正反转控制方式较为单一，而制动控制方式有很多种。

子任务1 三相异步电动机的反转控制

从三相异步电动机的工作原理可知，电动机的旋转方向取决于定子旋转磁场的旋转方向。因此只要改变旋转磁场的旋转方向，就能使三相异步电动机反转。图8–9所示是利用控制开关SA实现三相异步电动机正、反转的原理线路图。当SA向上闭合时，L_1接U相，L_2接V相，L_3接W相，电动机正转。当SA向下闭合时，L_1接U相，L_2接V相，L_3接W相，即将电动机任意两相绕组与电源接线互调，则旋转磁场反向，电动机跟着反转。

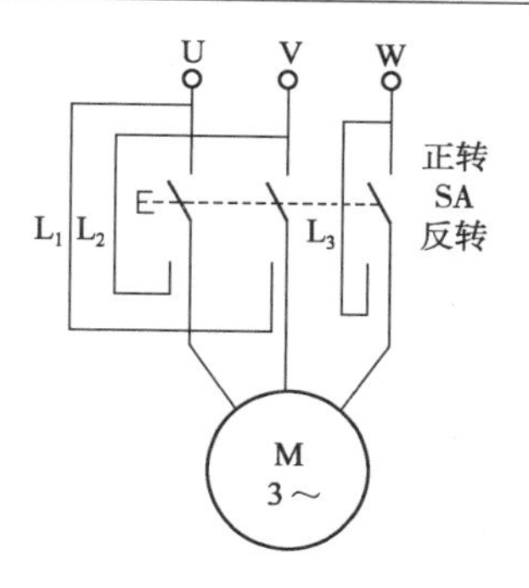

图8–9 利用控制开关SA实现异步电动机正、反转的原理线路图

视频

重互锁的继电器控制电动机正反转

子任务2 三相异步电动机的制动控制

三相异步电动机除了上述电动运行状态外，在下述情况运行时，则属于电动机的制动状态。当负载转矩在位能转矩的机械设备中（如当起重机下放重物时、运输工具在下坡运行时），使设备保持一定的运行速度；在机械设备需要减速或停止时，电动机能实现减速和停止的情况下，电动机的运行属于制动状态。

三相异步电动机的制动方法有下列两类：机械制动和电气制动。机械制动是利用机械装置使电动机从电源切断后能迅速停转。它的结构有多种形式，应用较普遍的是电磁抱闸，它主要用于起重机械上吊重物时，使重物迅速而又准确地停留在某一位置上。

电气制动是使异步电动机所产生的电磁转矩和电动机的旋转方向相反。电气制动通常可分为能耗制动、反接制动和回馈制动（再生制动）3 类。

视频

能耗制控制线路控制分析

1. 能耗制动

方法：将运行着的异步电动机的定子绕组从三相交流电源上断开后，立即接到直流电源上，用断开 QS 闭合 SA 来实现，绕线式异步电动机能耗制动原理图如图 8–10 所示。

当定子绕组通入直流电源时，在电动机中将产生一个恒定磁场。转子因机械惯性继续旋转时，转子导体切割恒定磁场，在转子绕组中产生感应电动势和电流，转子电流和恒定磁场作用产生电磁转矩，根据左手定则可以判断电磁转矩的方向与转子转动的方向相反，成为制动转矩。在制动转矩作用下，转子转速迅速下降，当 $n=0$ 时，$T=0$ 时，制动过程结束。这种方法是将转子的动能转变为电能，消耗在转子回路的电阻上，所以称为能耗制动。

能耗制动机械特性图如图 8–11 所示，电动机正向运行时工作在固有机械特性曲线 1 的 a 点上。定子绕组改接直流电源后，因电磁转矩与转速反向，因而能耗制动时机械特性位于第二象限，如曲线 2。电动机运行点也移至 b 点，并从 b 点沿曲线 2 减速到 O 点。

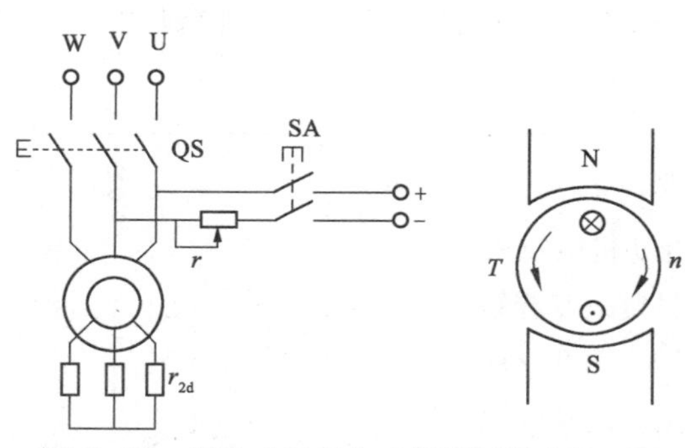

图 8–10　绕线式异步电动机能耗制动原理图

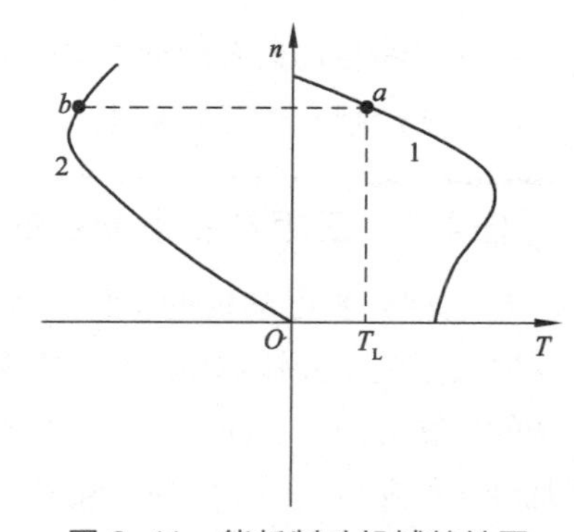

图 8–11　能耗制动机械特性图

1—固有机械特性；2—能耗制动机械特性

对于采用能耗制动的异步电动机，既要求有较大的制动转矩，又要求定子、转子回路中电流不能太大使绕组过热。根据经验，能耗制动时对于三相笼形异步电动机取直流励磁电流为（4 ~ 5）I_0，对于绕线转子异步电动机取直流励磁电流为（2 ~ 3）I_0，制动所串联电阻 $r=(0.2\sim0.4)\ E_{2N}/\sqrt{3}\ I_{2N}$。能耗制动的优点是制动力强，制动较平稳。缺点是需要一套专门的直流电源供制动用。

视频

反接制动控制电路

2. 反接制动

反接制动分为电源反接制动和倒拉反接制动两种。

（1）电源反接制动

方法：改变电动机定子绕组与电源的连接相序，断开 QS_1，接通 QS_2 即可。绕线式异步电动机电源反接制动图如图 8–12 所示。

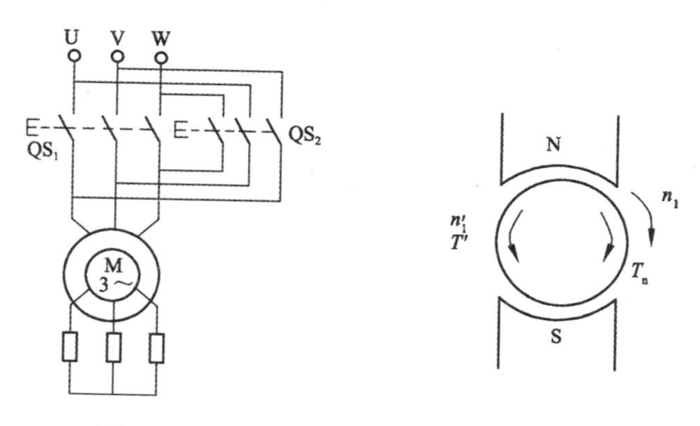

图 8–12 绕线式异步电动机电源反接制动图

电源的相序改变，旋转磁场立即反转，而使转子绕组中感应电动势、电流和电磁转矩都改变方向，因为机械惯性，转子转向未变，电磁转矩与转子的转向相反，电动机进行制动，因此称为电源反接制动。电源反接制动的机械特性曲线如图 8–13 所示，制动前，电动机工作在曲线 1 的 a 点，电源反接制动时，$n_1 < 0$，$n > 0$，相应的转差率 $s=(-n_1-n)/(-n_1) > 1$，且电磁转矩 $T < 0$，机械特性如曲线 2 所示。因为机械惯性，转速瞬时不变，工作点由 a 点移至 b 点，并逐渐减速，到达 c 点时 n=0，此时切断电源并停车，如果是位能性负载需使用抱闸，否则电动机会反向启动旋转。一般为了限制制动电流和增大制动转矩，绕线转子异步电动机可在转子回路串联制动电阻，机械特性如曲线 3 所示，制动过程同上。

（2）倒拉反接制动

方法：当绕线转子异步电动机拖动位能性负载时，在其转子回路串联很大的电阻。倒拉反接制动机械特性曲线如图 8–14 所示。

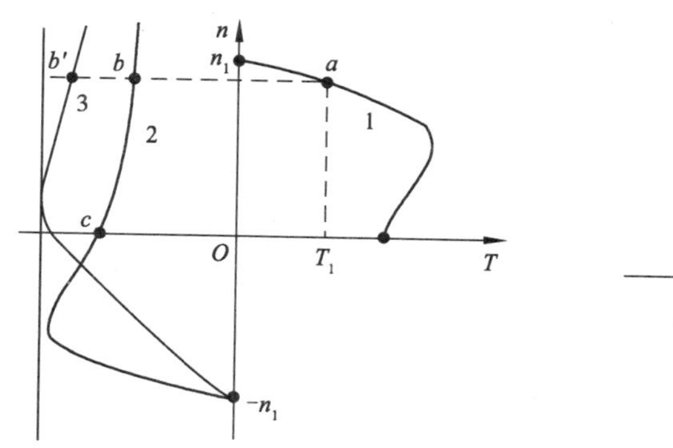

图 8–13 电源反接制动的机械特性曲线

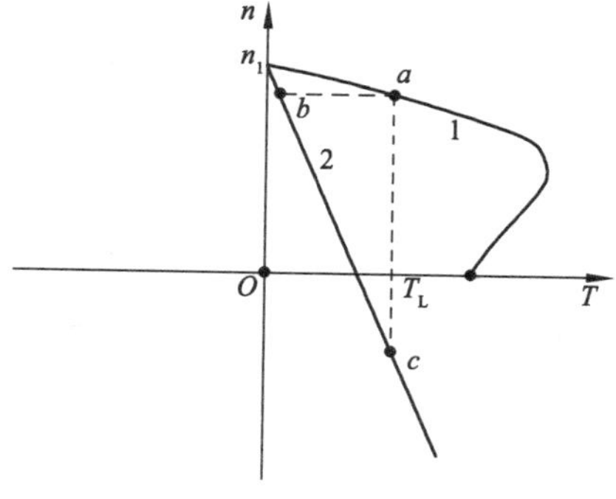

图 8–14 倒拉反接制动机械特性曲线

当异步电动机提升重物时，其工作点为曲线 1 上的 a 点。如果在转子回路串联很大的电阻，机械特性变为斜率很大的曲线 2，因为机械惯性，工作点从 a 点移到 b 点，此时电磁转矩小于负载转矩，转速下降。当电动机减速至 $n = 0$ 时，电磁转矩仍小于负载转矩，在位能性负载的作用下，使电动机反转，直至电磁转矩等于负载转矩，电动机才稳定运行

于 c 点。因这是由于重物倒拉引起的，所以称为倒拉反接制动（或称倒拉反接运行），其转差率为

$$s=[n_1-(-n)]/n_1=(n_1+n)/n_1>1$$

与电源反接制动一样，s 都大于 1。绕线转子异步电动机倒拉反接制动状态常用于起重机低速下放重物。

视频

鼠笼式电动机反接制动控制

3. 回馈制动

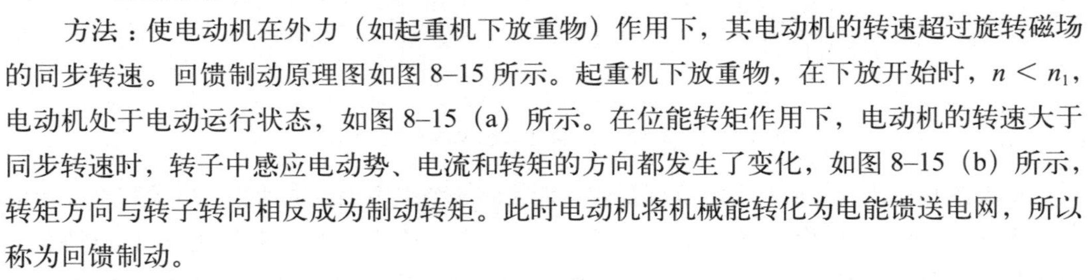

方法：使电动机在外力（如起重机下放重物）作用下，其电动机的转速超过旋转磁场的同步转速。回馈制动原理图如图 8–15 所示。起重机下放重物，在下放开始时，$n<n_1$，电动机处于电动运行状态，如图 8–15（a）所示。在位能转矩作用下，电动机的转速大于同步转速时，转子中感应电动势、电流和转矩的方向都发生了变化，如图 8–15（b）所示，转矩方向与转子转向相反成为制动转矩。此时电动机将机械能转化为电能馈送电网，所以称为回馈制动。

回馈制动机械特性曲线见图 8–16。制动时工作点如图 8–16 的 a 点所示，转子回路所串联电阻越大，电动机下放重物的速度越快，如图 8–16 中虚线所示的 a' 点。为了限制下放速度，转子回路不应串联过大的电阻。

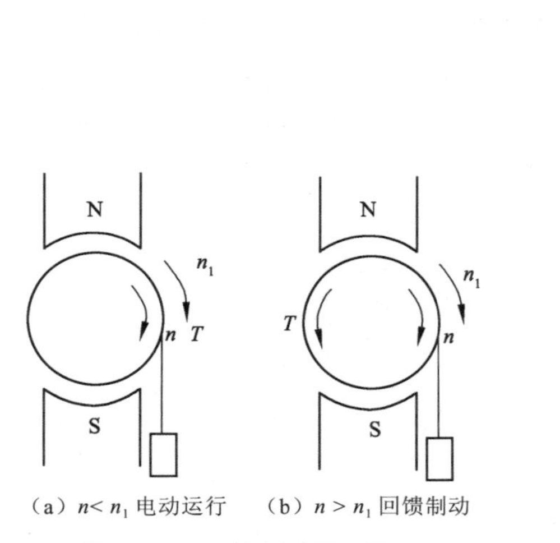

图 8–15 回馈制动原理图

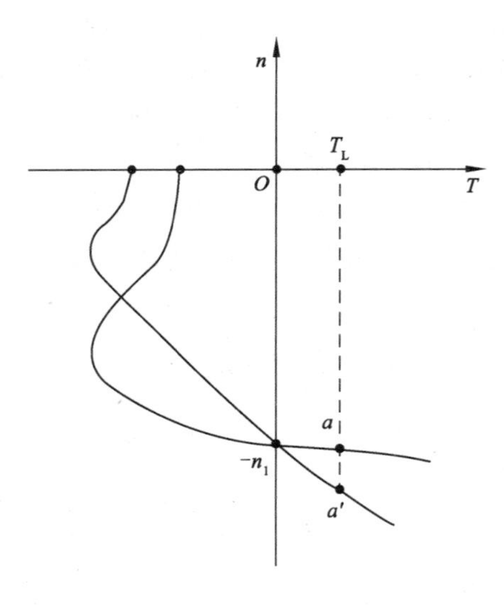

图 8–16 回馈制动机械特性曲线

设备装调要认真细致，强化安全规范意识。

强化训练

训练：机床用中型三相异步电动机的启制动、正反转及变频调速控制电路的设计与安装调试

1. 要求

按照机床电器的控制规范完成项目。

2. 目的

① 巩固三相异步电动机基本控制电路应用。

② 强化辅助电器元件的选用能力。

③ 强化学生的用电安全规范意识。

3. 项目所用设备及仪器

20 kW 三相异步电动机、开关元器件、导线及安装工具等。

思考与习题

1. 什么是三相异步电动机的减压启动？有哪几种常用的方法？各有什么特点？

2. 当三相异步电动机在额定负载下运行时，由于某种原因，电源电压降低了20%，问此时通入电动机定子绕组中的电流是增大还是减小？为什么？对电动机将带来什么影响？

3. 一台三相笼形异步电动机，$P_N = 300$ kW，定子绕组为Y，$U_N = 380$ V，$I_N = 527$ A，$n_N = 1\ 475$ r/min，$K_I = 6.7$，$K_T = 15$，$\lambda = 2.5$。车间变电所允许最大冲击电流为1 800 A，负载启动转矩为1 000 N·m，试选择适当的启动方法。

4. 什么是三相异步电动机的调速？对三相笼形异步电动机，有哪几种调速方法？

5. 能耗制动的接线与制动原理如何？反接制动时为什么要在转子回路串联制动电阻？

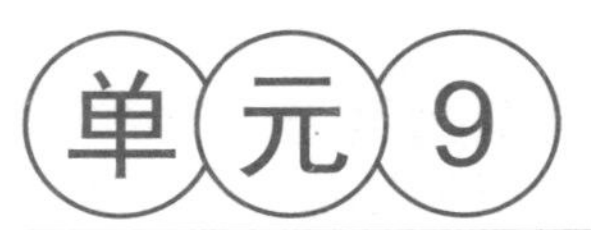

三相异步电动机维护与故障诊断

【学习目标】

◎能对三相异步电动机进行正确维护，能诊断三相异步电动机的常见故障并进行处理。

◎掌握三相异步电动机的维护与保养方法，熟悉三相异步电动机常见故障的表征形式与处理方法。

工矿企业中的电力拖动大都采用三相异步电动机，从这种意义上说，对三相异步电动机进行正确的日常维护保养和及时的故障诊断与处理是非常重要的。正确维护好电动机，及时发现故障并进行处理，使之防患于未然，能够显著提高电动机的使用寿命与企业的生产效率。

图片

不懈进取的电气维修工匠

我要努力学好三相异
步电动机的维护知识。

任务1 三相异步电动机的维护

要对三相异步电动机进行维护，启动前、启动时与运行中的检查与注意事项是相当重要的，是维护电动机的前提；一旦电动机出现故障，用最短的时间维修好能最大程度地减少企业经济损失。

子任务1 三相异步电动机启动前的准备

对新安装或久未运行的三相异步电动机，在通电使用前必须先进行下列4项检查，以验证电动机能否通电运行。

1. 安装检查

三相异步要求电动机装配灵活、螺钉拧紧、轴承运行无阻、联轴器中心无偏移等。

2. 绝缘电阻检查

要求用兆欧表检查电动机的绝缘电阻，包括三相间绝缘电阻和三相绕组对地绝缘电阻，测得的数值一般不小于10 MΩ。

3. 电源检查

一般当电源电压波动超出额定值 +10% 或 −5% 时，应改善电源条件后投入运行。

4. 启动、保护措施检查

要求启动设备接线正确（直接启动的中小型异步电动机除外）；三相异步电动机所配熔丝的型号合适；外壳接地良好。在以上各项检查无误后，方可合闸启动。

子任务 2 三相异步电动机启动时的注意事项认识

① 合闸后，若三相异步电动机不转，应迅速、果断地拉闸，以免烧毁三相异步电动机。

② 三相异步电动机启动后，应注意观察电动机，若有异常情况，应立即停机。待查明故障并排除后，才能重新合闸启动。

③ 笼形电动机采用全压启动时，次数不宜过于频繁，一般不超过 5 次。对功率较大的电动机要随时注意电动机的温升。

④ 绕线转子异步电动机启动前，应注意检查启动电阻是否接入。接通电源后，随着三相异步电动机转速的提高而逐渐切除启动电阻。

⑤ 几台三相异步电动机由同一台变压器供电时，不能同时启动，应由大到小逐台启动。

子任务 3 三相异步电动机运行中的监视

电动机投入运行后，应经常进行监视和维护，以了解其工作状态，并及时发现异常现象，将故障消灭在萌芽之中。电动机运行中的监视和维护工作主要包括以下内容。

1. 监视电源电压的变动情况

通常，电源电压的波动值不应超过额定电压的 ±10%，任意两相电压之差不应超过 5%。为了监视电源电压，在电动机电源上最好装一只电压表和转换开关。

2. 监视电动机的运行电流

在正常情况下，电动机的运行电流不应超过铭牌上标出的额定电流。同时，还应注意三相电流是否平衡。通常，任意两相间的电流差不应大于额定电流的 10%。对于容量较大的电动机，应装设电流表监测；对于容量较小的电动机，应随时用钳形电流表测量。

3. 监视电动机的温度

电动机的温升不应超过其铭牌上标明的允许温升限度。检查电动机温升可用温度计测量。最简单的方法是用手背触及电动机外壳，如果电动机烫手，则表明电动机过热，此时可在外壳上洒几滴水，如果水急剧汽化，并有“咝咝”声，则表明电动机明显过热。

4. 检查电动机运行中的声音、振动和气味

对运行中的电动机应经常检查其外壳有无裂纹，螺钉是否有脱落或松动，电动机有无异响或振动等。监视时，要特别注意电动机有无冒烟和异味出现，若嗅到焦糊味或看到冒烟，必须立即停机检查处理。

5. 监视轴承工作情况

对轴承部位，要注意它的温度和响度。温度升高，响声异常则可能是轴承缺油或磨损。

用联轴器传动的电动机，若中心校正不好，会在运行中发出响声，并伴随着发生振动。

6. 监视传动装置工作情况

机器振动和联轴节螺栓胶垫的迅速磨损。这时应重新校正中心线。用传动带的电动机，应注意传动带不应过松而导致打滑，但也不能过紧而使电动机轴承过热。

在发生以下严重故障情况时，应立即断电停机处理：

① 人身触电事故。

② 电动机冒烟。

③ 电动机剧烈振动。

④ 电动机轴承剧烈发热。

⑤ 电动机转速迅速下降，温度迅速升高。

子任务 4 三相异步电动机的定期维修内容认识

三相异步电动机定期维修是消除故障隐患、防止故障发生的重要措施。电动机维修分月维修和年维修，分别称为小修和大修。前者不拆开电动机，后者需把电动机全部拆开进行维修。

1. 定期小修主要内容

定期小修是对电动机的一般清理和检查，应经常进行。小修内容包括以下几点：

① 轻擦电动机外壳，除掉运行中积累的污垢。

② 测量电动机绝缘电阻，测量后注意重新接好线，拧紧接线头螺钉。

③ 检查电动机端盖、地脚螺栓是否紧固。

④ 检查电动机接地线是否可靠。

⑤ 检查电动机与负载机械间的传动装置是否良好。

⑥ 拆下轴承盖，检查润滑介质是否变脏、干润，及时加油或换油。处理完毕后，注意上好端盖及紧固螺钉。

⑦ 检查电动机附属启动和保护设备是否完好。

2. 定期大修主要内容

三相异步电动机的定期大修应结合负载机械的大修进行。大修时，拆开电动机进行以下项目的检查修理。

① 检查电动机各部件有无机械损伤，若有，则应进行相应修复。

② 对拆开的电动机和启动设备进行清理，清除所有油泥、污垢。清理过程中注意观察绕组绝缘状况。若绝缘为暗褐色，说明绝缘已经老化，对这种绝缘要特别注意不要碰撞使它脱落。若发现有脱落就进行局部绝缘修复和刷漆。

③ 拆下轴承，浸在柴油或汽油中彻底清洗。把轴承架与钢珠间残留的油脂及脏物洗掉后，用干净柴（汽）油清洗一遍。清洗后的轴承应转动灵活，不松动。若轴承表面粗糙，说明油脂不合格；若轴承表面变色（发蓝），则它已经退火。根据检查结果，对油脂或轴

承进行更换，并消除故障原因（如清除油中砂、铁屑等杂物；正确安装电动机等）。轴承新安装时，加油应从一侧加入，油脂占轴承内容积 1/3 ～ 2/3 即可，油加得太满会发热流出。润滑油可采用钙基润滑脂或钠基润滑脂。

④ 检查定子绕组是否存在故障。使用兆欧表测绕组电阻可判断绕组绝缘性能是否因受潮而下降，是否有短路。若有，应进行相应处理。

⑤ 检查定子、转子铁芯有无磨损和变形，若观察到有磨损处或发亮点，说明可能存在定子、转子铁芯相擦，应使用锉刀或刮刀把亮点刮低，若有变形应做相应修复。

⑥ 在进行以上各项修理、检查后，对电动机进行装配、安装。

⑦ 安装完毕的电动机，应进行修理后检查，符合要求后，方可带负载运行。

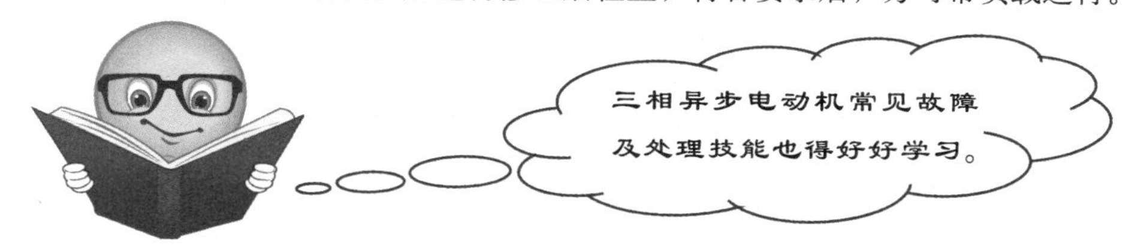
三相异步电动机常见故障
及处理技能也得好好学习。

任务 2 三相异步电动机常见故障及处理

三相异步电动机在日常的运行过程中若使用或维护不当，常会发生一些故障，如电动机通电后不能启动，转速过快、过慢，电动机在运行过程中温升过高，有异常的响声和振动，电动机绕组冒烟、烧焦等。三相异步电动机的故障一般可分为机械故障和电气故障两部分。机械故障包括轴承、风扇叶、机壳、联轴器、端盖、轴承盖、转轴等发生故障；电气故障包括各种类型的开关、按钮、熔断器、电刷、定子绕组、转子绕组及启动设备等故障。其中电气故障约占总故障的 2/3，机械故障约占总故障的 1/3。

子任务 1 三相异步电动机常见机械故障认识及处理

1. 轴承的检修

（1）轴承损坏的现象及原因

① 轴承的外圈或滚珠破裂。这是由于轴承被强力套入转轴，造成轴承与轴配合不当而损坏轴承。

② 滚珠、钢圈、夹持器变成蓝色。这是由于轴承少油导致滚珠干磨引起高温，或加油过多导致高速转动时剧烈搅拌发热。这或在装配时轴或轴承座配合不当及安装时轴不对中。

③ 滚道有凹痕。这是安装方法不当或传动带拉的太紧所致。

④ 轴承滚道内有金属颗粒。这主要是由于金属材料疲劳或有异物侵入轴承，造成磨损。

⑤ 轴承表面锈蚀。这是由于水汽、酸碱液侵入轴承内部。

（2）轴承检查的方法

① 听声音检查。听声音检查电动机轴承故障如图 9–1 所示，用螺丝刀顶在电动机的

外轴承盖上，仔细听电动机运转的声音，通过轴承滚动所发出的声音来判断轴承故障：

图 9–1　听声音检查电动机轴承故障

a．听到滚动体有不规律的撞击声，则说明个别滚珠有破裂现象。

b．听到滚动体有明显的振动声，则说明轴承间隙过大，有跑套现象。

c．滚动体声音发哑，声色沉重，则说明轴承润滑油太脏，有杂质侵入。

d．听到轴承滚动发出尖叫声，则说明轴承润滑油过少或干枯。

e．声音单调且均匀，但轴承温度过高，则说明轴承润滑油过量或润滑油黏度太大。

f．声音有周期性地忽高忽低，则说明电动机的负载有变化，轻重不一致。

g．对已拆卸并清洗过的轴承，套在手上，用力转动外圈，若听到有不均匀的杂声和有振动感，则说明轴承间隙过大。

② 手动检查。手动检查电动机轴承故障如图 9–2 所示：

a．用手握住电动机的转轴，用力上下晃动，如图 9–2（a）所示，若发现有松动现象，松动幅度超过定子铁芯和转子铁芯的正常间隙，则说明轴承已损坏。

b．用手指捏住轴承的外圈，沿着轴向的方向晃动数次，若晃动过大，则说明轴承间隙过大。

c．将已拆卸并清洗过的轴承用手握紧，用力摇动，如图 9–2（b）所示，若滚珠在内外圈之间有明显的撞击声，则说明轴承间隙过大。

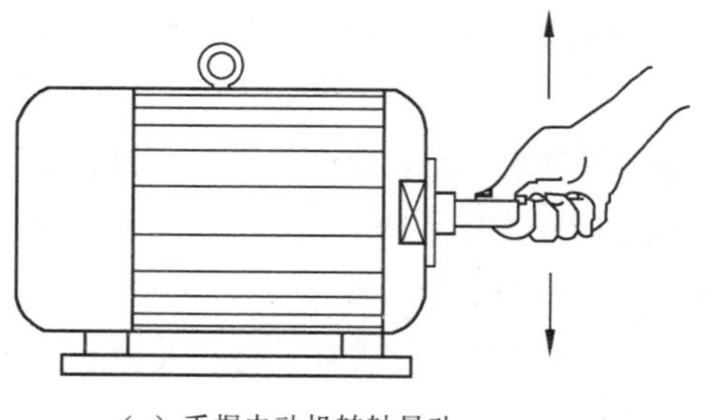

（a）手握电动机转轴晃动

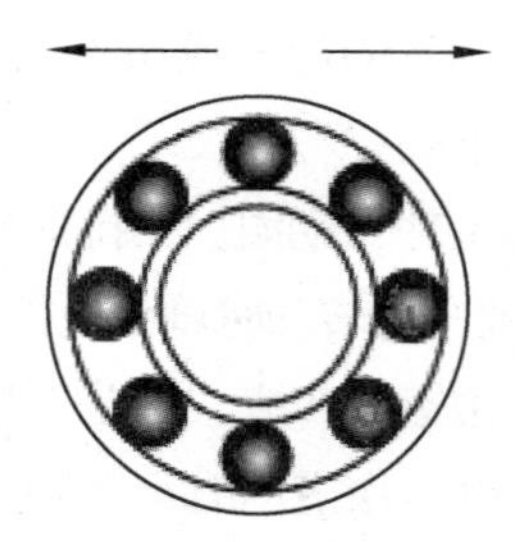

（b）晃动轴承外围

图 9–2　手动检查电动机轴承故障

③ 温度检查。对一台正在运行的电动机，用温度计测量轴承的温度，若滚动轴承的温度超过 60℃、滑动轴承的温度超过 45℃，则说明轴承发热严重，有故障。

④ 测量检查。用塞尺测量滑动轴承轴颈与衬套之间的间隙，若超过规定值，则说明轴承已损坏。轴承间隙如图 9–3 所示。

(3) 轴承故障处理

① 轴承有锈迹。可用 00 号砂纸擦除锈迹，再用汽油清洗干净。对已破损或钢圈有裂纹的轴承，就必须更换相同型号的新轴承。

② 轴承过紧。拆卸轴承，用砂纸打磨转轴，再正确装配轴承。

间隙

图 9-3 轴承间隙

③ 轴承过松。轴承过松情况有两种，一种是轴承内圈与转轴配合不紧，称为跑内套；一种是轴承外圈与端盖内圆配合不紧，称为跑外套。

轴承松动处理如图 9–4 所示。处理方法是在转轴和端盖内圆的表面上用冲子冲一些对称的麻点，以减小轴承与它们之间的距离，增大摩擦力。

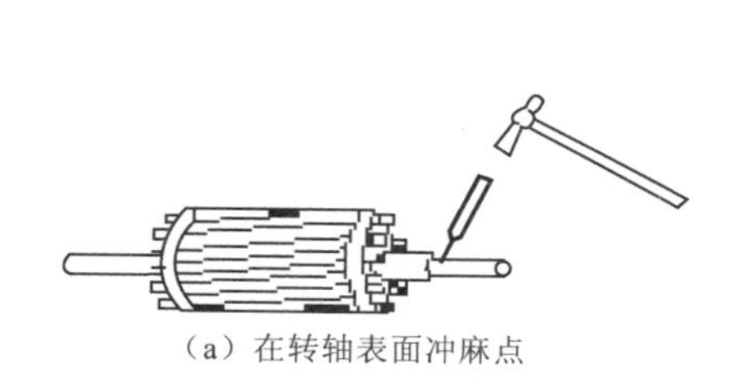

（a）在转轴表面冲麻点

（b）在端盖表面冲麻点

图 9–4 轴承松动处理

(4) 轴承的清洗及加油

① 轴承清洗过程：轴承的清洗如图 9–5 所示，先刮去钢珠表面的废油；用棉布擦去残余的废油；然后把轴承浸在汽油里；用毛刷洗刷钢珠；再把轴承放在干净的汽油里漂洗干净；最后把轴承放在纸上使汽油挥发干。

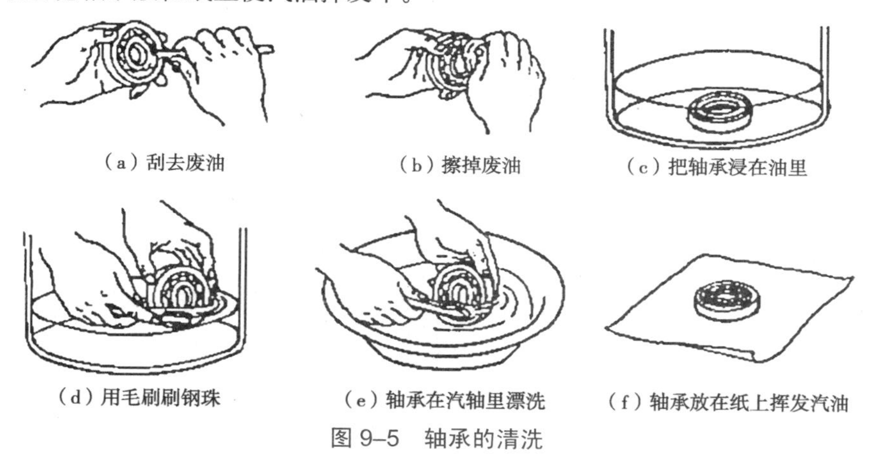

（a）刮去废油　（b）擦掉废油　（c）把轴承浸在油里

（d）用毛刷刷钢珠　（e）轴承在汽轴里漂洗　（f）轴承放在纸上挥发汽油

图 9–5 轴承的清洗

② 轴承加油过程：轴承加润滑油如图 9–6 所示。对滚动轴承润滑脂的选择，主要考虑轴承的运转条件，如使用环境（潮湿或干燥）、工作温度和电动机转速等。加润滑油的容量不宜超过轴承室容积的 2/3。

轴承加润滑油时，应从轴承的一面把油挤压进去，然后用手指轻轻刮去多余的油，只要把油加到能平平封住钢珠即可。在轴承盖上加润滑油时，不要加得太满，60% ~ 70% 即可。

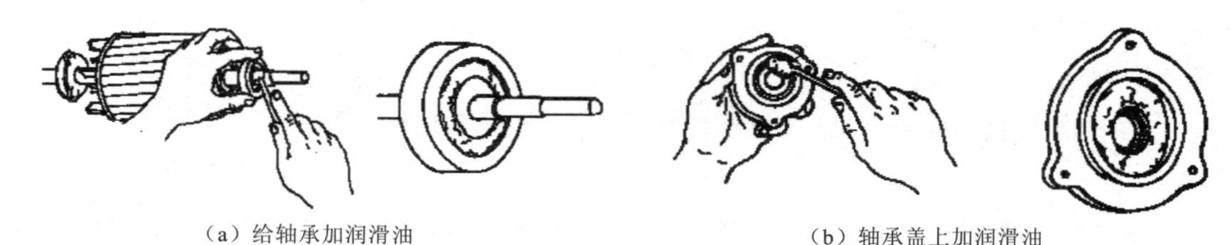

（a）给轴承加润滑油　　（b）轴承盖上加润滑油

图 9–6　轴承加润滑油

2. 转轴的检修

电动机的转轴是传递转矩的部件，转轴的加工质量和安装质量都会影响电动机的正常运行，造成严重损害，也会影响生产，造成经济损失。

若轴不对中会增加能耗，缩短电动机使用寿命，甚至损坏电动机。

（1）对转轴的要求

① 轴的中心线应为直线，没有弯曲。

② 轴径与轴枢表面应平滑，没有凹坑、波纹、刮痕。

③ 键槽的工作表面应平滑、垂直、没有裂痕和毛角。

（2）转轴检修的方法

① 转轴弯曲：转轴弯曲检测如图 9–7 所示，用千分表测量转轴，其弯曲度不得超过 0.2 mm，否则需将转轴放在压力机上校正。

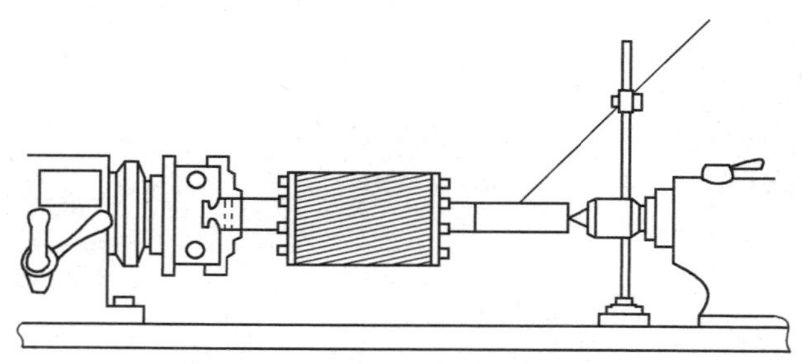

图 9–7　转轴弯曲检测

② 键槽磨损：先在键槽磨损处进行堆焊，然后放在车床上重新铣削键槽。

③ 轴颈磨损：轴颈磨损较轻时，可用电镀在轴颈处镀一层铬，再磨削至原有尺寸。轴颈磨损较重时的处理如图 9–8 所示，可在轴颈磨损处进行堆焊，然后放在车床上车削磨光，达到原有尺寸。

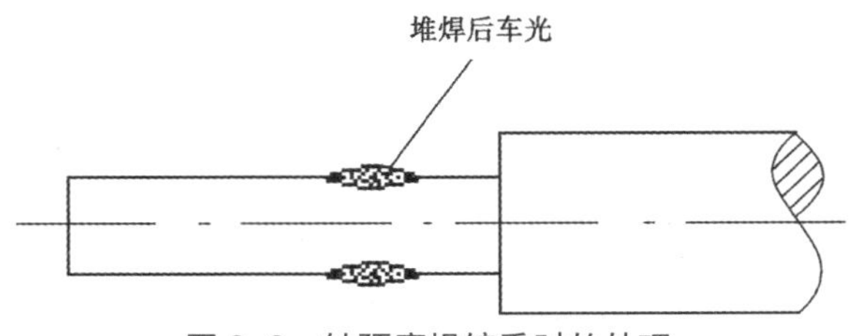

图 9–8 轴颈磨损较重时的处理

④ 轴有裂纹或断裂：对有裂纹或断裂的轴，一般需要更换新轴。

3. 机座检修

机座一般用铸铁制成，若有裂纹或断裂时，可用铸铁焊条进行焊接，在焊接时应注意不要烫伤定子绕组。若地脚完全断裂，可用角铁修补，机座补修如图 9–9 所示。

4. 端盖检修

（1）端盖破裂修理

若端盖破裂会影响电动机定子和转子的同心度，可用铸铁焊条进行焊接。

若端盖破裂严重，裂纹较多，不宜电焊时，可用 5 ～ 7 mm 厚的钢板修补，端盖修补如图 9–10 所示，按修补裂缝所需尺寸割取适当形状的钢板，用螺栓紧固在端盖上。

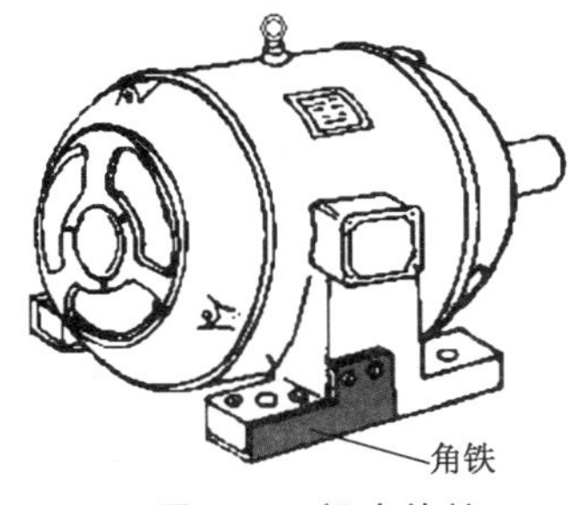

图 9–9 机座修补

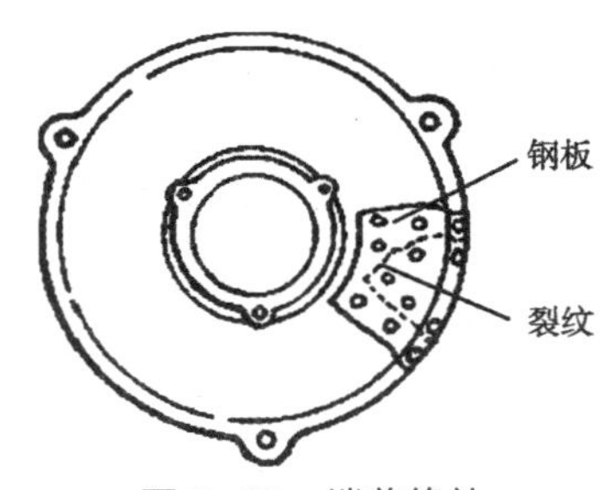

图 9–10 端盖修补

（2）端盖轴承孔间隙过大修理

端盖轴承孔间隙超过 0.05 mm，将造成电动机定子和转子铁芯相接触，出现扫膛现象。处理方法是，装配时用一条宽度等于轴承宽度的薄铜片，垫在轴承外圆与端盖内圆之间，以此来消除间隙。

（3）端盖止口松动修理

由于端盖拆装频繁或锤击、腐蚀等原因，造成止口表面受伤，影响端盖与机壳的配合。可用锉刀把突出的伤痕锉平，若止口松动，可在止口圆周上衬垫薄铜皮，或更换新端盖。

5. 铁芯检修

（1）铁芯表面有擦伤

由于轴承磨损、轴弯曲和端盖松动等故障，会造成定子、转子铁芯相接触，在运行过程中相互摩擦、发热，严重时将烧坏铁芯和绕组。修理时先找到根源，并予以排除，再用刮刀将擦伤处的毛刺刮掉，并在铁芯表面涂一层薄薄的绝缘漆。

（2）铁芯表面烧伤

当绕组发生接地故障时，会在槽口处烧坏铁芯，形成凹凸不平的现象，妨碍嵌线，埋下故障隐患。修理时可用小圆锉把铁芯表面烧损的溶积物和毛刺锉平。

（3）铁芯齿松动

在拆除绕组时，易把在铁芯槽口处的齿片拔松，造成齿片振动。修理时可用较宽的槽楔把齿卡紧，铁芯齿松动处理如图 9–11 所示。

6. 风扇检修

封闭式电动机都有风扇，起着强迫散热的作用。

（1）风扇叶修理

风扇叶分为铸铝风扇叶和塑料风扇叶，一般风扇叶在拆装过程中容易损坏，若风扇叶断裂，则需更换相同规格的新风扇叶；若塑料风扇叶有裂纹，可用强力胶把裂纹处粘牢。若铸铝风扇叶的加紧头松动，可在加紧头与转轴间垫上薄铜皮处理。

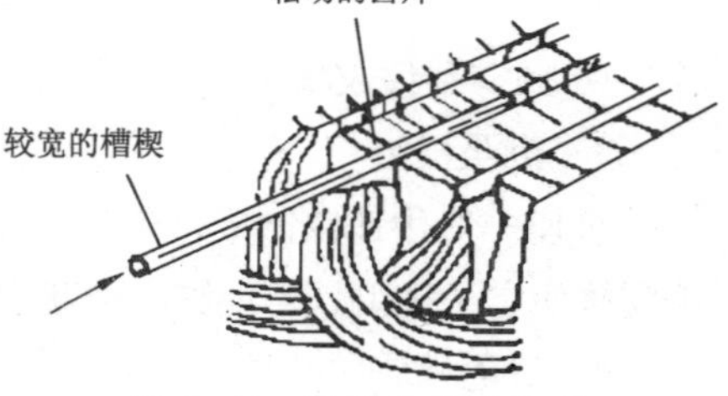

图 9–11　铁芯齿松动处理

（2）风扇罩修理

风扇罩受外力作用凹陷时，可拆下风扇罩，在风扇罩里面用铁锤轻轻敲击凹陷处，使其恢复平整。

子任务 2　三相异步电动机常见电气故障认识及处理

三相异步电动机定子绕组是产生旋转磁场的部分。受到腐蚀性气体的侵入、机械力和电磁力的冲击以及绝缘的老化、磨损、过热、受潮等原因，都会影响三相异步电动机的正常运行。另外，三相异步电动机在运行中长期过载、过电压、欠电压、断相等，也会引起定子绕组故障。定子绕组的故障是多种多样的，产生的原因也各不相同。三相异步电动机常见电气故障有以下几种，应针对不同故障采取不同的检修方法。

三相异步电动机常见电气故障有：短路故障（相间短路、匝间短路、对地短路）、断路故障（绕组断路、电源断路（跑单相运行）及过载。

1. 定子绕组接地故障的检修

三相异步电动机的绝缘电阻较低，虽经加热烘干处理，绝缘电阻仍很低，经检测发现定子绕组已与定子铁芯短接，即绕组接地，绕组接地后会使电动机的机壳带电，绕组过热，导致短路，从而造成电动机不能正常工作。

（1）定子绕组接地的原因

① 绕组受潮。长期备用的电动机，经常由于受潮而使绝缘电阻值降低，甚至失去绝缘作用。

② 绝缘老化。电动机长期过载运行，导致绕组及引线的绝缘老化，降低或丧失绝缘强度而引起电击穿，导致绕组接地。绝缘老化现象为绝缘发黑、枯焦、酥脆、皲裂、剥落。

③ 绕组制造工艺不良，以致绕组绝缘性能下降。

④ 绕组线圈重绕后，在嵌放绕组时操作不当而损伤绝缘，线圈在槽内松动，端部绑扎不牢，冷却介质中尘粒过多，使电动机在运行中线圈发生振动、摩擦及局部位移而损坏主绝缘或槽绝缘移位，造成导线与铁芯相碰。

⑤ 铁芯硅钢片凸出或有尖刺等损坏了绕组绝缘，或定子铁芯与转子相擦，使铁芯过热，烧毁槽楔或槽绝缘。

⑥ 绕组端部过长，与端盖相碰。

⑦ 引线绝缘损坏，与机壳相碰。

⑧ 电动机受雷击或电力系统过电压而使绕组绝缘击穿损坏等。

⑨ 槽内或线圈上附有铁磁物质，在交变磁通作用下产生振动，将绝缘磨穿。若铁磁物质较大，则易产生涡流，引起绝缘的局部热损坏。

（2）定子绕组接地故障的检查方法

① 观察法。绕组接地故障经常发生在绕组端部或铁芯槽口部分，而且绝缘常有破裂和烧焦发黑的痕迹。因而当电动机拆开后，可先在这些地方寻找接地处。如果引出线和这些地方没有接地的迹象，则接地点可能在槽里。

② 兆欧表检查法。用兆欧表检查时，应根据被测电动机的额定电压来选择兆欧表的等级。500 V 以下的低压电动机，选用 500 V 的兆欧表；3 kV 的电动机采用 1 000 V 的兆欧表；6 kV 以上的电动机应选用 2 500 V 的兆欧表。测量时，兆欧表的一端接电动机绕组，另一端接电动机机壳。按 120 r/min 的速度摇动摇柄，若指针指向零，表示绕组接地；若指针摇摆不定，说明绝缘已被击穿；如果绝缘电阻在 0.5 MΩ 以上，则说明电动机绝缘正常。

③ 万用表检查法。检查时，先将三相绕组之间的连接线拆开，使各相绕组互不接通。然后将万用表的量程旋到 $R\times10$ kΩ 挡位上，将一只表笔碰触在机壳上，另一只表笔分别碰触三相绕组的接线端。若测得的电阻较大，则表明没有接地故障；若测得的电阻很小或为零，则表明该相绕组有接地故障。

④ 校验灯检查法。校检灯检查绕组接地如图 9–12 所示。将绕组的各相接头拆开，用一只 40 ～ 100 W 的灯泡串联于 220 V 相线与绕组之间，一端接机壳，另一端依次接三相绕组的接头。若校验灯亮，表示绕组接地；若校验灯微亮，说明绕组绝缘性能变差或漏电。

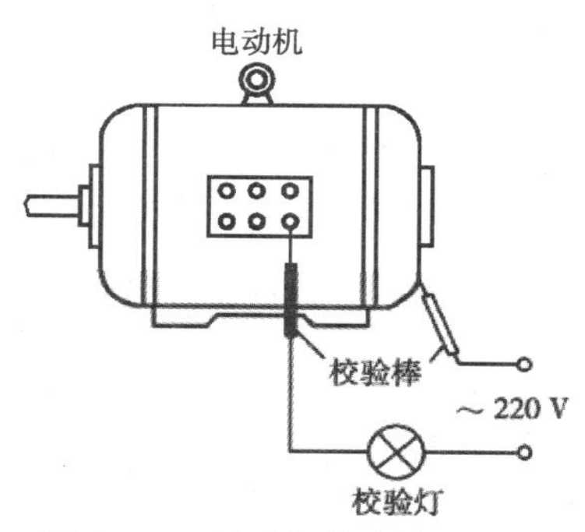

图 9–12 校验灯检查绕组接地

⑤ 冒烟法。在电动机的定子铁芯与线圈之间加一低电压，并用调压器来调节电压，逐渐升高电压后接地点会很快发热，使绝缘烧焦并冒烟，此时应立即切断电源，在接地处做好标记。采用此法时应掌握通入电流的大小。一般小型电动机不超过额定电流的 2 倍，时间不超过

0.5 min；对于容量较大的电动机，则应通入额定电流的 20% ～ 50%，或者逐渐增大电流至接地处冒烟为止。

⑥ 电流定向法。电流定向法检查绕组接地如图 9–13 所示。将有故障一相绕组的两个头接起来，如将 U 相首末端并联加直流电压。电源可用 6 ～ 12 V 蓄电池，串联电流表和可调电阻 R，调节 R，使电路中电流为 0.2 ～ 0.4 倍额定电流，线圈内的电流方向如图中所示，则故障槽内的电流流向接地点。此时若用小磁针在被测绕组的槽口移动，观察小磁针的方向变化，可确定故障的槽号，再从找到的槽号上、下移动小磁针，观察磁针的变化，则可找到故障的位置。

⑦ 分段淘汰法。如果接地点位置不易发现时，可采用此法进行检查。首先应确定有接地故障的相绕组，然后在极相组的连接线中间位置剪断或拆开，将该相绕组分成两部分，然后用万用表、兆欧表或校验灯等进行检查。电阻为零或校验灯亮的一部分有接地故障存在。接着再把接地故障这部分的绕组分成两部分，依此类推分段淘汰，逐步缩小检查范围，最后即可找到接地的线圈。

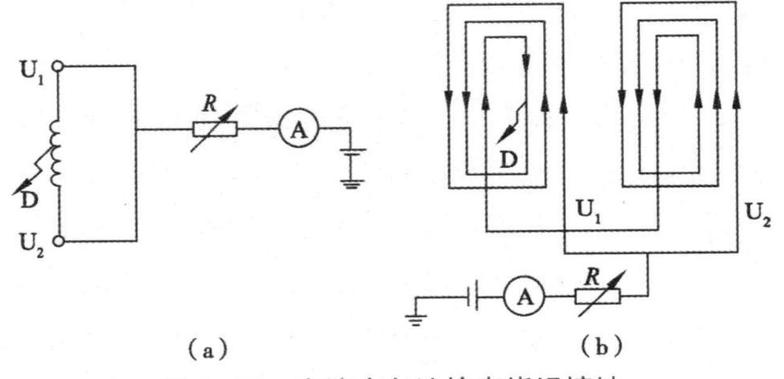

图 9–13　电流定向法检查绕组接地

(3) 定子绕组接地故障的检修

① 接地点在槽口。当接地点在端部槽口附近且又没有严重损伤时，可按下述步骤进行修理：

a．在接地的绕组中，通入低压电流加热，在绝缘软化后打出槽楔。

b．用画线板把槽口的接地点撬开，使导线与铁芯之间产生间隙，再将与电动机绝缘等级相同的绝缘材料剪成适当的尺寸，插入接地点的导线与铁芯之间，再用小木锤将其轻轻打入。

c．在接地位置垫放绝缘以后，再将绝缘纸对折起来，最后打入槽楔。

② 槽内线圈上层边接地可按下述步骤检修：

a．在接地的线圈中通入低压电流加热，待绝缘软化后，再打出槽楔。

b．用画线板将槽楔绝缘分开，在接地的一侧，按线圈排列的顺序，从槽内翻出一半线圈。

c．使用与电动机绝缘等级相同的绝缘材料，垫放在槽内接地的位置。

d．按线圈排列顺序把翻出槽外的线圈再嵌入槽内。

e．滴入绝缘漆，并通入低压电流加热、烘干。

f．将槽绝缘对折起来，放上对折的绝缘纸，再打入槽楔。

③ 槽内线圈下层边接地可按下述步骤检修：

a．在线圈内通入低压电流加热。待绝缘软化后，即撬动接地点，使导线与铁芯之间产生间隙，然后清理接地点，并垫进绝缘。

b．用校验灯或兆欧表等检查故障是否消除。如果接地故障已消除，则按线圈排列顺序将下层边的线圈整理好，再垫放层间绝缘，然后嵌进上层线圈。

c．滴入绝缘漆，并通入低压电流加热、烘干。

d．将槽绝缘对折起来，放上对折的绝缘纸，再打入槽楔。

④ 绕组端部接地可按下述步骤检修：

a．先把损坏的绝缘刮掉并清理干净。

b．将电动机定子放入烘房进行加热，使其绝缘软化。

c．用硬木做成的打板对绕组端部进行整形处理。整形时，用力要适当，以免损坏绕组的绝缘。

d．对于损坏的绕组绝缘，应重新包扎同等级的绝缘材料，并涂刷绝缘漆，然后进行烘干处理。

2. 定子绕组短路故障的检修

定子绕组短路是三相异步电动机中经常发生的故障。绕组短路可分为匝间短路和相间短路，其中相间短路包括相邻线圈短路、极相组之间短路和两相绕组之间的短路。匝间短路是指线圈中串联的两个线匝因绝缘层破裂而短路。相间短路是由于相邻线圈之间绝缘层损坏、一个极相组的两根引线被短接以及三相绕组的两相之间因绝缘损坏而造成的短路。

定子绕组短路严重时，负载情况下电动机根本不能启动。短路匝数少，电动机虽能启动，但电流较大且三相不平衡，导致电磁转矩不平衡，使电动机产生振动，发出“嗡嗡”响声，短路匝中流过很大电流，使绕组迅速发热、冒烟并发出焦臭味甚至烧坏。

（1）定子绕组短路的原因

① 修理时嵌线操作不熟练，造成绝缘损伤，或在焊接引线时烙铁温度过高、焊接时间过长而烫坏线圈的绝缘。

② 定子绕组因年久失修而使绝缘老化，或定子绕组受潮，未经烘干便直接运行，导致绝缘击穿。

③ 电动机长期过载，定子绕组中电流过大，使绝缘老化变脆，绝缘性能降低而失去绝缘作用。

④ 定子绕组线圈之间的连接线或引线绝缘不良。

⑤ 绕组重绕时，绕组端部或双层绕组槽内的相间绝缘没有垫好或击穿损坏。

⑥ 由于轴承磨损严重，使定子和转子铁芯相擦产生高热，而使定子绕组绝缘烧坏。

⑦ 雷击、连续启动次数过多或过电压击穿绝缘。

(2) 定子绕组短路故障的检查

① 观察法。观察定子绕组有无烧焦绝缘或有无浓厚的焦味，可判断绕组有无短路故障。也可让电动机运转几分钟，切断电源停车之后，立即将电动机端盖打开，取出转子，用手触摸绕组的端部，感觉温度较高的部位即是短路线匝的位置。

② 万用表（兆欧表）法。将三相绕组的头尾全部拆开，用万用表或兆欧表测量两相绕组间的绝缘电阻，若其阻值为零或很低，则表明两相绕组有短路。

③ 直流电阻法。当绕组短路情况比较严重时，可用电桥测量各相绕组的直流电阻，电阻较小的绕组即为短路绕组（一般阻值偏差不超过 5% 可视为正常）。

若电动机绕组为三角形接法，应拆开一个连接点再进行测量。

④ 电压法。电压法检查绕组短路如图 9–14 所示。将一相绕组的各极相组连接线的绝缘套管剥开，在该相绕组的出线端通入 50 ~ 100 V 低压交流电或 12 ~ 36 V 直流电，然后测量各极相组的电压降，读数较小的即为短路绕组。为进一步确定是哪一只线圈短路，可将低压电源改接在极相组的两端，再在电压表上连接两根套有绝缘的插针，分别刺入每只线圈的两端，其中测得电压最低的线圈就是短路线圈。

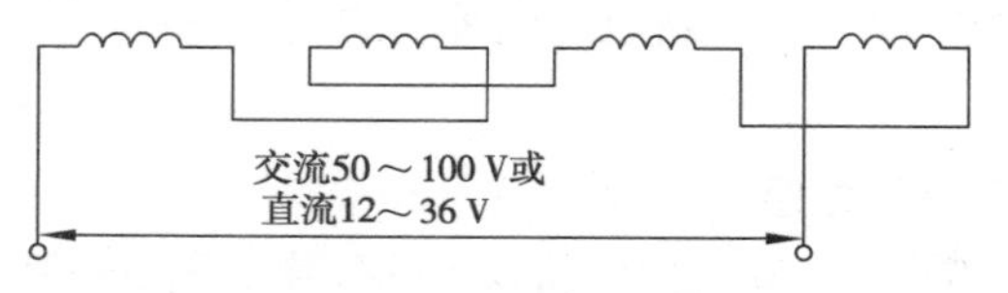

图 9–14　电压法检查绕组短路

⑤ 电流平衡法。电流平衡法检查绕组短路的测量电路如图 9–15 所示，电源变压器可用 36 V 变压器或交流电焊机。每相绕组串联一只电流表，通电后记下电流表的读数，电流过大的一相即存在短路。

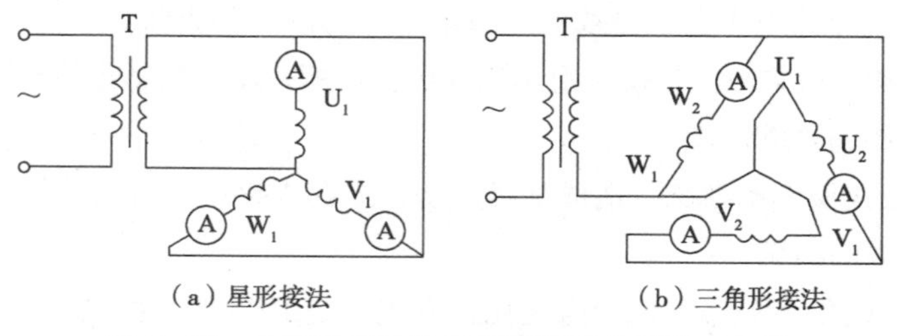

图 9–15　电流平衡法检查绕组短路的测量电路图

⑥ 短路侦察器法。短路侦察器法检查绕组短路如图 9–16 所示。短路侦察器是一个开口变压器，它与定子铁芯接触的部分做成与定子铁芯相同的弧形，宽度也做成与定子齿距相同，其检查方法如下。

取出电动机的转子，将短路侦察器的开口部分放在定子铁芯中所要检查的线圈边的槽口上，给短路侦查器通入交流电，这时短路侦查器的铁芯与被测定子铁芯构成磁回路，而组成一个变压器，短路侦察器的线圈相当于变压器的一次绕组，定子铁芯槽内的线圈相当于变压器的二次绕组。如果短路侦察器是处在短路绕组中，则形成一个类似短路的变压器，这时串联在短路侦察器线圈中的电流表将显示出较大的电流值。用这种方法沿着被测电动机的定子铁芯内圆逐槽检查，找出电流最大的那个线圈就是短路的线圈。

如果没有电流表，也可用约 0.6 mm 厚的钢锯条片放在被测线圈的另一个槽口，若有短路，则这片钢锯条就会产生振动，说明这个线圈就是故障线圈。对于多路并联的绕组，必须将各个并联支路打开，才能采用短路侦察器进行测量。

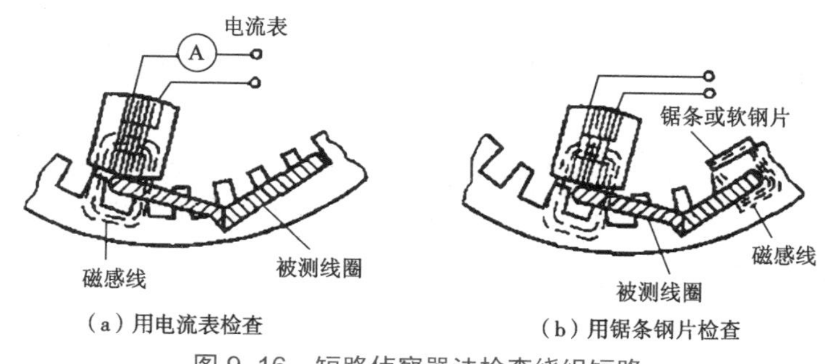

（a）用电流表检查　　（b）用锯条钢片检查

图 9–16　短路侦察器法检查绕组短路

（3）定子绕组短路故障的检修

① 端部修理法。如果短路点在线圈端部，是因接线错误而导致的短路，可拆开接头，重新连接。当连接线绝缘套管破裂时，可将绕组适当加热，撬开引线处，重新套好绝缘套管或用绝缘材料垫好。当端部短路时，可在两绕组端部交叠处插入绝缘物，将绝缘损坏的导线包上绝缘物。

② 拆修重嵌法。在故障线圈所在槽的槽楔上，刷涂适当溶剂（丙酮 40%、甲苯 35%、酒精 25%），约 30 min 后，抽出槽楔并逐匝取出导线，用聚氯胶带将绝缘损坏处包扎好，重新嵌回槽中。如果故障在底层导线中，则必须将妨碍修理操作的邻近上层线圈边的导线取出槽外，待有故障的线匝修理完毕后，再依次嵌回槽中。

③ 局部调换线圈法。如果同心式绕组的上层线圈损坏，可将绕组适当加热软化，完整地取出损坏的线圈，仿制相同规格的新线圈嵌到原来的线槽中。对于同心式绕组的底层线圈和双层叠式绕组线圈的短路故障，可采用“穿绕法”修理。穿绕法较为省工省料，还可以避免损坏其他线圈。

④ 截除故障点法。对于匝间短路的一些线圈，在绕组适当加热后，取下短路线圈的槽楔，并截断短路线圈的两边端部，小心地将导线抽出槽外，接好余下线圈的断头，而后再进行绝缘处理。

⑤ 去除线圈法或跳接法。在急需电动机使用，而一时又来不及修复时，可进行跳接处理，即把短路的线圈废弃，跳过不用，用绝缘材料将断头包好。但这种方法会造成电动机三相电磁不平衡，恶化了电动机性能，应慎用，事后应进行补救。

3. 定子绕组断路故障的检修

当电动机定子绕组中有一相发生断路，电动机星形接法时，通电后发出较强的“嗡嗡”

声，启动困难，甚至不能启动，断路相电流为零。当电动机带一定负载运行时，若突然发生一相断路，电动机可能还会继续运转，但其他两相电流将增大许多，并发出较强的“嗡嗡”声。对三角形接法的电动机，虽能自行启动，但三相电流极不平衡，其中一相电流比另外两相约大 70%，且转速低于额定值。采用多根并绕或多支路并联绕组的电动机，其中一根导线断线或一条支路断路并不造成一相断路，这时用电桥可测得断线或断支路相的电阻值比另外两相大。

（1）定子绕组断路的原因

① 绕组端部伸在铁芯外面，导线易被碰断，或由于接线头焊接不良，长期运行后脱焊，以致造成绕组断路。

② 导线质量低劣，导线截面有局部缩小处，原设计或修理时导线截面积选择偏小，以及嵌线时刮削或弯折致伤导线，运行中通过电流时局部发热产生高温而烧断。

③ 接头脱焊或虚焊，多根并绕或多支路并联绕组断线未及时发现，经一段时间运行后发展为一相断路，或受机械力影响断裂及机械碰撞使线圈断路。

④ 绕组内部短路或接地故障没有发现，长期过热而烧断导线。

（2）定子绕组断路故障的检查方法

① 观察法。仔细观察绕组端部是否有碰断现象，找出碰断处。由于跑单相运行而烧毁的电动机，其绕组特征很明显，拆开电动机端盖，看到电动机绕组端部的 1/3 或 2/3 的极相绕组烧黑或变为深棕色，而其中的一相或两相绕组完好或微变色，则说明是跑单相运行造成的。以二级电动机为例，其跑单相运行烧坏绕组如图 9–17 所示。

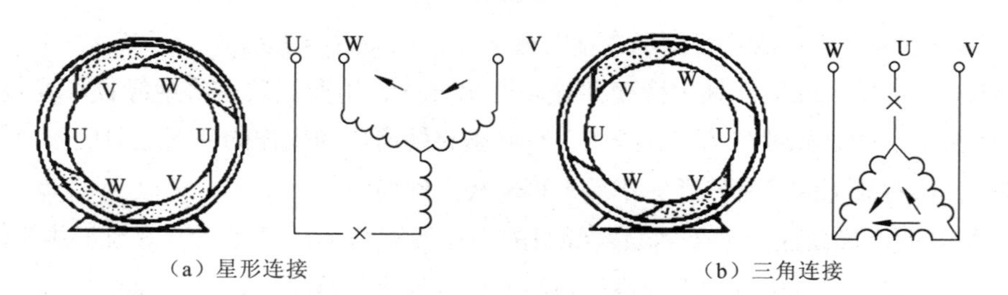

（a）星形连接　　（b）三角连接

图 9–17　二级电动机跑单相运行烧坏绕组

② 万用表法。将电动机出线盒内的连接片取下，用万用表或兆欧表测各相绕组的电阻，当电阻大到几乎等于绕组的绝缘电阻时，表明该相绕组存在断路故障。

③ 检验灯法。小灯泡与电池串联，两根引线分别与一相绕组的头尾相连，若有并联支路，拆开并联支路端头的连接线；有并绕的，则拆开端头，使之互不接通。如果灯不亮，则表明绕组有断路故障。检验灯法检查绕组断路如图 9–18 所示。

④ 三相电流平衡法。对于 10 kW 以上的电动机，由于其绕组都采用多股导线并绕或多支路并联，往往不是一相绕组全部断路，而是一相绕组中的一根或几根导线或一条支路断开，所以检查起来较麻烦，这种情况下可采用三相电流平衡法来检测。三相电流平衡法检查绕组断路如图 9–19 所示。

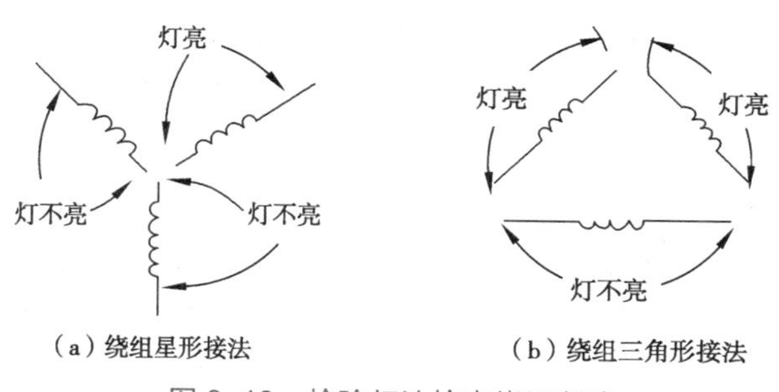

图 9–18 检验灯法检查绕组断路

将异步电动机空载运行，用电流表测量三相电流。如果星形连接的定子绕组中有一相部分断路，则断路相的电流较小，如图 9–19（a）所示。如果三角形连接的定子绕组中有一相部分断路，则三相线电流中有两相的线电流较小，如图 9–19（b）所示。

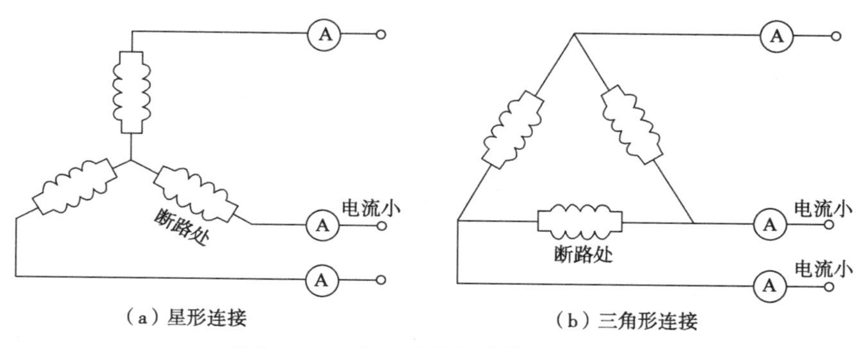

图 9–19 三相电流平衡法检查绕组断路

⑤ 电阻法。用直流电桥测量三相绕组的直流电阻，如三相直流电阻阻值相差大于 2% 时，电阻较大的一相即为断路相。由于绕组的接线方式不同，因此检查时可分别检查。

对于每相绕组均有两个引出线引出机座的电动机，可先用万用表找出各相绕组的首末端，然后用直流电桥分别测量各相绕组的电阻 R_u、R_v 和 R_w，最后再进行比较。

（3）定子绕组断路故障的检修

① 当定子绕组导线接头焊接不良时，应先拆下导线接头处包扎的绝缘，断开接头，仔细清理，除去接头上的油污、焊渣及其他杂物。如果原来是锡焊焊接的，则先进行搪锡，再用烙铁重新焊接牢固并包扎绝缘，若采用电弧焊焊接，则既不会损坏绝缘，接头也比较牢靠。

② 引线断路时应更换同规格的引线。若引线长度较长，可缩短引线，重新焊接接头。

③ 槽内线圈断线的处理。出现该故障现象时，应先将绕组加热，翻起断路的线圈，然后用合适的导线接好焊牢，爆炸绝缘后再嵌回原线槽，封好槽口并刷上绝缘漆。但注意接头处不能在槽内，必须放在槽外两端。另外，也可以调换新线圈。有时遇到电动机急需使用，一时来不及修理，也可以采取跳接法，直接短接断路的线圈，但此时应降低负载运行。这对于小功率电动机以及轻载、低速电动机是比较适用的。这是一种应急修理办法，事后

应采取适当的补救措施。如果定子绕组断路严重，则必须拆除绕组重绕。

④ 当定子绕组端部断路时，可采用电吹风机对断线处加热，软化后把断头端挑起来，刮掉断头端的绝缘层，随后将两个线端插入玻璃丝漆套管内，并顶接在套管的中间位置进行焊接。焊好后包扎相应等级的绝缘，然后再涂上绝缘漆晾干。修理时还应注意检查邻近的导线，如有损伤也要进行接线或绝缘处理。对于绕组有多根断线的，必须仔细查出哪两根线对应相接，否则接错将造成自行断路。多根断线的每两个线端的连接方法与上述单根断线的连接方法相同。

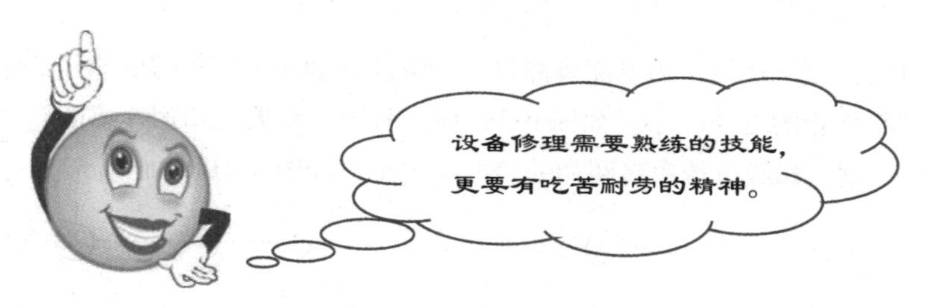

设备修理需要熟练的技能，
更要有吃苦耐劳的精神。

强化训练

训练：中小型三相异步电动机故障诊断与修理

1. 目的

① 巩固三相异步电动机的常见故障诊断与修理方法。

② 提高学生对各种检测仪表与设备的应用能力。

2. 设备及仪器

项目所用到的设备及仪器包括三相异步电动机、万用表、500 V 兆欧表、检验灯、平衡电桥、调压器、短路侦察器、千分表及拆装工具等。

思考与习题

1. 一台搁置较久的三相笼形异步电动机，在通电使用前应进行哪些准备工作后才能通电使用？
2. 三相异步电动机在通电启动时应注意哪些问题？
3. 三相异步电动机在连续运行中应注意哪些问题？
4. 如发现三相异步电动机通电后电动机不转动首先应怎么办？其原因主要有哪些？
5. 三相异步电动机在运行中发出焦臭味或冒烟应怎么办？其原因主要有哪些？

单元10

单相异步电动机应用

【学习目标】

◎熟练拆卸、组装吊扇电动机。

◎能测定各类单相异步电动机的技术指标和参数，能排除其简单故障。

◎掌握单相异步电动机的工作原理。

◎了解单相异步电动机的结构。

◎熟悉各类单相异步电动机的技术指标和参数的内容。

单相异步电动机为小功率电动机，其容量从几瓦到几百瓦，凡是有220 V单相交流电源的地方均能使用。由于单相异步电动机结构简单、成本低廉、噪声小、移动安装方便、对电源无特殊要求，其已广泛应用于工业、农业、医疗、办公场所，且大量应用于家庭，如电风扇、洗衣机、电冰箱、空调器、鼓风机、吸尘器等家用电器的动力机。单相异步电动机按其定子结构和启动机构的不同，可分为电容式、分相式、罩极式等几种。了解单相异步电动机的分类、构造和特点，掌握单相异步电动机的维修技能很有必要。

单相异步电动机基本结构又是什么样的呢？

任务1 单相异步电动机的基本结构及工作原理认识

认识单相异步电动机的基本结构与工作原理可以对比三相异步电动机，两者之间有很多相似之处。

子任务1 单相异步电动机的结构及其特点认识

1. 基本结构

单相异步电动机的结构与三相异步电动机结构相似，也包括定子和转子两大部分，其转子采用笼形结构，定子有凸极式和隐极式两种，实际应用中隐极式居多。定子绕组为一单相工作绕组，其匝数多且线径较粗，但通常为启动的需要，定子上除了有工作绕组外，还设有启动绕组，两个绕组在空间相隔 90° 电角度，其作用是产生启动转矩，一般只在启动时接入，当转速达到 70% ~ 85% 的同步转速时，由离心开关将其从电源自动切除，所以正常工作时只有工作绕组在电源上运行。但也有一些电容或电阻电动机，在运行时将启动绕组接于电源上，这实质上相当于一台两相电动机，但由于它接在单相电源上，故仍称为单相异步电动机。下面介绍单相异步电动机的工作原理。图 10–1 为单相异步电动机的结构示意图。

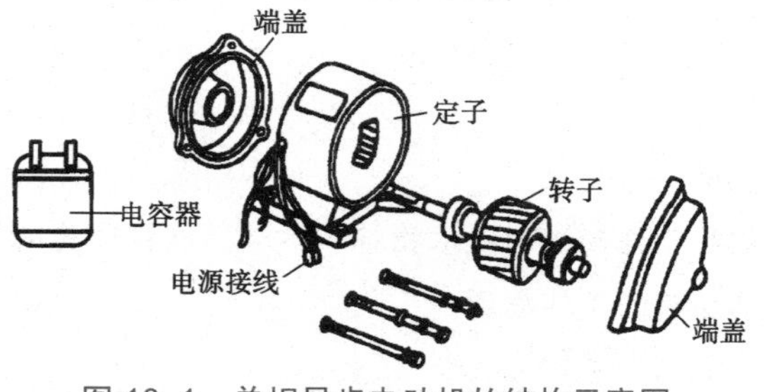

图 10–1　单相异步电动机的结构示意图

视频

单相电动机结构

2. 结构特点

单相异步电动机的结构特点与三相异步电动机类似，即由产生旋转磁场的定子铁芯与绕组和产生感应电动势、电流并形成电磁转矩的转子铁芯和绕组两大部分组成。

转子铁芯用硅钢片叠压而成，套装在转轴上，转子铁芯槽内装有笼形转子绕组。

定子铁芯也是用硅钢片叠压而成，定子绕组由两套线圈组成，一套是主绕组（工作绕组），一套是副绕组（启动绕组）。两套绕组的中轴线在空间上错开一定角度。两套绕组若在同一槽中时，一般将主绕组放在槽底（下层），副绕组在槽内上部。

因电动机使用场合的不同，其结构形式也各异，大体上可分以下几种。

（1）内转子结构形式

这种结构形式的单相异步电动机与三相异步电动机的结构类似，即转子部分位于电动机内部，主要由转子铁芯、转子绕组和转轴组成。定子部分位于电动机外部，主要由定子铁芯，定子绕组，机座，前、后端盖（有的电动机前、后端盖可代替机座的功能）和轴承等组成。图 10–2 所示为电容运行台扇电动机的结构形式。

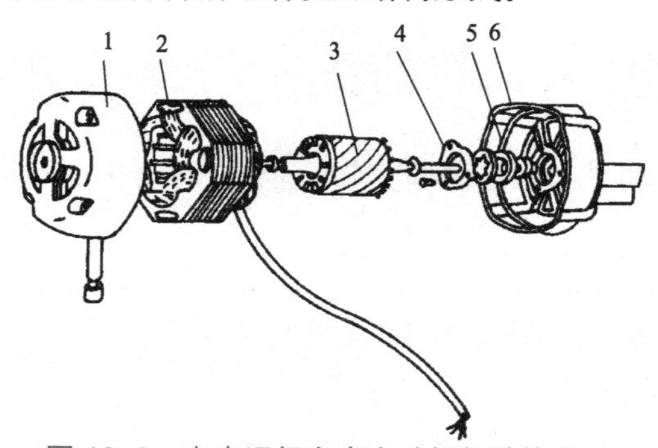

图 10–2　电容运行台扇电动机的结构形式

1—前端盖；2—定子；3—转子；4—轴承盖；5—油毡圈；6—后端盖

（2）外转子结构形式

这种结构形式的单相异步电动机定子与转子的布置位置与内转子的结构形式正好相反。即定子铁芯及定子绕组置于电动机内部，转子铁芯、转子绕组压装在下端盖内。上、下端盖用螺钉连接，并借助于滚动轴承与定子铁芯及定子绕组一起组合成一台完整的电动机。电动机工作时，上下端盖及转子铁芯与转子绕组一起转动。图 10–3 所示为电容运行吊扇电动机的结构形式。

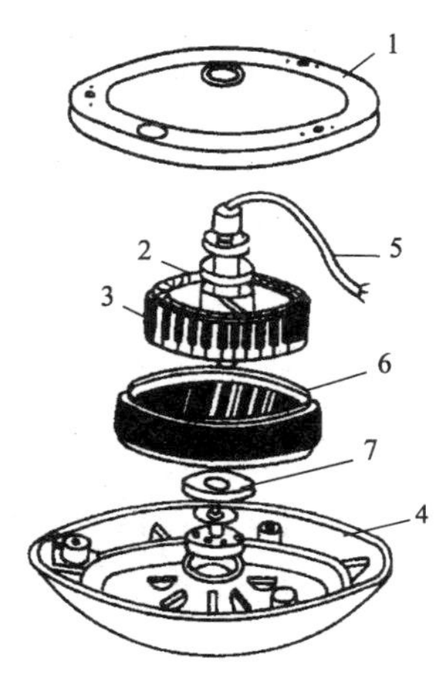

图 10–3　电容运行吊扇电动机的结构形式

1—上端盖；2、7—挡油罩；3—定子；4—下端盖；5—引出线；6—外转子

（3）凸极式罩极电动机结构形式

凸极式罩极电动机又可分为集中励磁罩极电动机和分别励磁罩极电动机两类，凸极式集中励磁罩极电动流结构和凸极式分别励磁罩极电动极结构分别如图 10–4 和图 10–5 所示。其中集中励磁罩极电动机的外形与单相变压器相仿，套装于定子铁芯上的一次绕组（定子绕组）接交流电源，二次绕组（转子绕组）产生电磁转矩而转动。

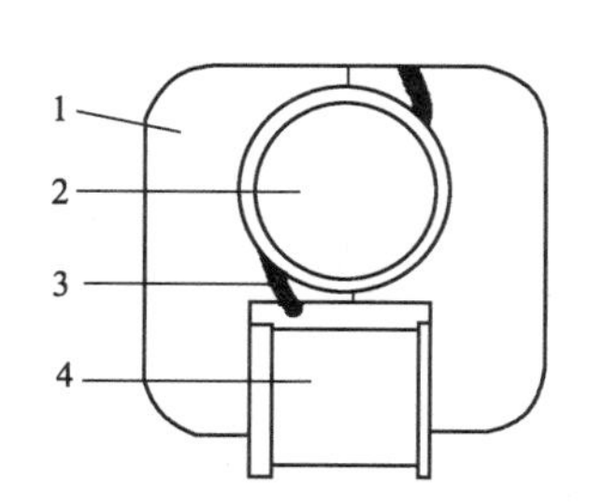

图 10–4　凸极式集中励磁罩极电动机结构

1—凸极式定子铁芯；2—转子；

3—罩极；4—定子绕组

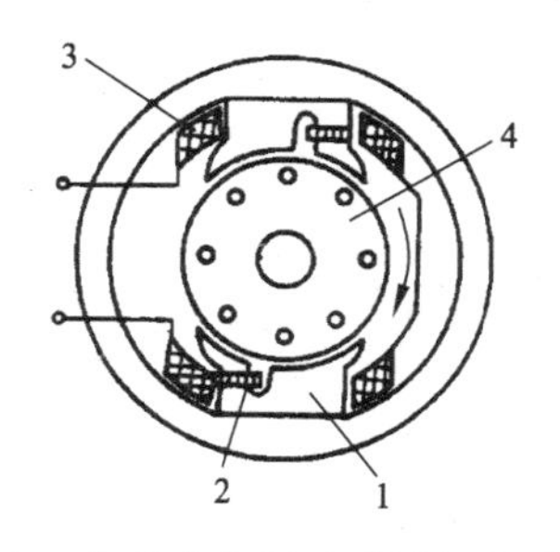

图 10–5　凸极式分别励磁罩极电动机结构

1—凸极式定子铁芯；2—罩极；

3—定子绕组；4—转子

子任务 2 单相异步电动机的工作原理认识

我们知道对三相异步电动机的定子绕组通以三相交流电，会形成一个旋转磁场。在旋转磁场的作用下，转子将获得启动转矩而自行启动。下面分析对单相异步电动机定子绕组中通以单相交流电后产生的磁场情况。两相对称电流和旋转磁场分别如图 10–6 和图 10–7 所示，用以说明产生旋转磁场的过程。

两相电流为

$$i_A = \sqrt{2} I_1 \sin \omega t$$
$$i_B = \sqrt{2} I_2 \sin(\omega t + 90°)$$

图 10–7 所示分别为 $\omega t = 0°$ 、45° 、90° 时合成磁场的方向，由图可见该磁场随着时间的增长沿顺时针方向旋转。

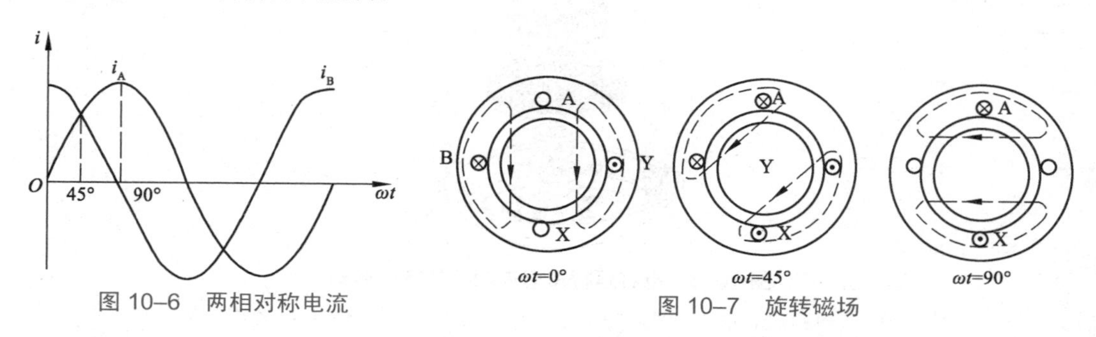

图 10–6 两相对称电流

图 10–7 旋转磁场

因为一个绕组的电动机没有启动转矩，为了解决启动问题，在定子上安装两套绕组。一个是主绕组，另一个是副绕组，二者在空间互差 90° 电角度。两个绕组通以两相电流产生旋转磁场，从而产生启动转矩。

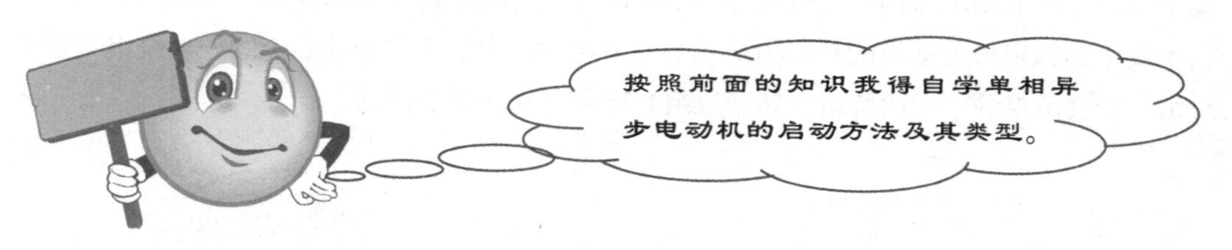

按照前面的知识我得自学单相异步电动机的启动方法及其类型。

任务 2 单相异步电动机的主要类型及启动方法认识

单相异步电动机不能自行启动，如果在定子上安装具有空间相位差 90° 的两套绕组，然后通以相位相差 90° 的正弦交流电，那么就能产生一个像三相异步电动机那样的旋转磁场，实现自行启动。常用的方法有分相式和罩极式两种。

1. 单相电阻分相启动异步电动机

单相电阻分相启动异步电动机如图 10–8 所示，它的定子上嵌放两相绕组，两个绕组接在同一单相电源上，副绕组中串联一离心开关。开关的作用是当转速上升到 80% 的同步转速时，断开副绕组使电动机运行在只有主绕组工作的情况下。

为了使启动时产生启动转矩，通常可采用以下两种方法：

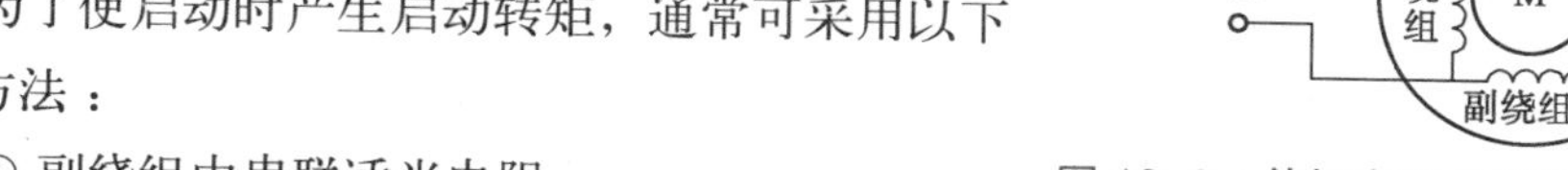

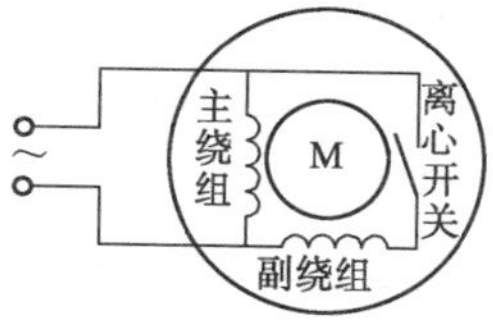

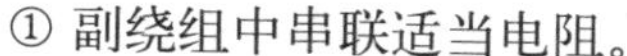

① 副绕组中串联适当电阻。

图 10–8　单相电阻分相启动异步电动机

② 副绕组采用的导线比主绕组截面细，匝数比主绕组少。这样两相绕组阻抗就不同，促使通入两相绕组的电流相位不同，达到启动的目的。

由于电阻分相启动时，电流的相位移较小，小于 90° 电角度，启动时，电动机在气隙中建立椭圆形旋转磁场，因此电阻分相启动异步电动机启动转矩较小，只适用于空载或轻载的场合。

单相电阻分相启动异步电动机的转向由气隙磁场方向决定，若要改变电动机转向，只要把主绕组或副绕组中任何一个绕组电源接线对调，就能改变气隙磁场，达到改变转向的目的。

2. 单相电容分相启动异步电动机

单相电容分相启动异步电动机电路图如图 10–9 所示。

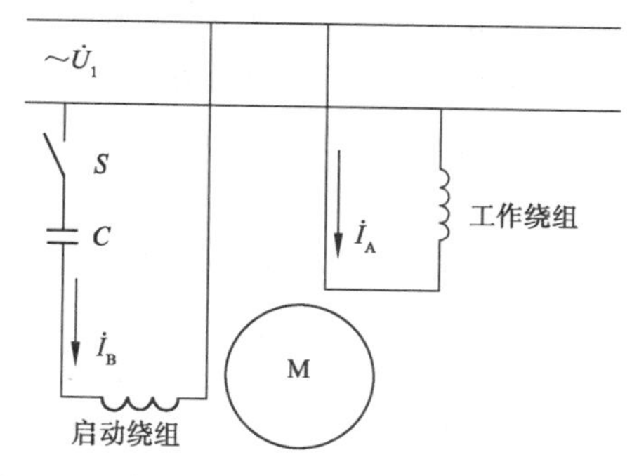

图 10–9　单相电容分相启动异步电动机电路图

从图中可以看出，当副绕组中串联一个电容和一个开关时，如果电容容量选择适当，则可以在启动时通过副绕组的电流在时间和相位上超前主绕组电流 90° 电角度，这样在启动时即可以得到一个接近圆形的旋转磁场，从而有较大的启动转矩。电动机启动后转速达到 75% ~ 85% 同步转速时副绕组通过开关自动断开，主绕组进入单独稳定运行状态。

3. 单相电容运转异步电动机

若单相异步电动机副绕组不仅在启动时起作用，而且在电动机运转中也长期工作，则这种电动机称为单相电容运转异步电动机。单相电容运转异步电动机示意图如图 10–10 所示。

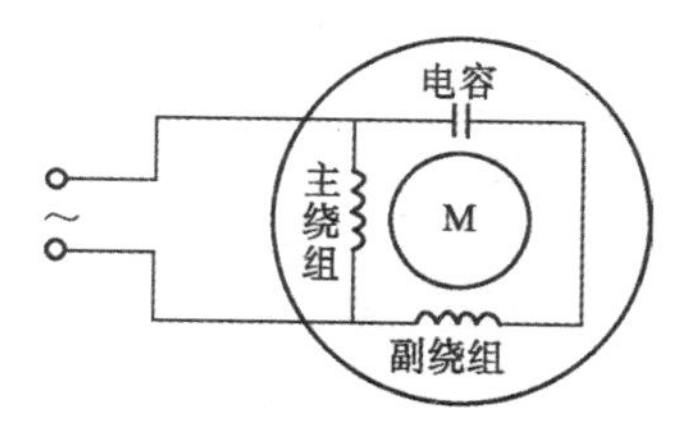

图 10–10　单相电容运转异步电动机示意图

单相电容运转异步电动机实际上是一台两相异步电动机，其定子绕组产生的气隙磁场较接近圆形旋转磁场。因此其运行性能较好，功率因数、过载能力比普通单相分相启动异步电动机好。电容容量选择较重要，对启动性能和运行影响较大。如果电容容量大，则启动转矩大，而运行性能下降。反之，则启动转矩小、运行性能好。综合以上因素，为了保证有较好的运行性能，单相电容运转异步电动机的电容容量比同功率的单相电容分相启动异步电动机电容容量要小。单相电容运转异步电动机的启动性能不如单相电容分相启动异步电动机。

4. 单相电容启动及运转异步电动机

如果单相异步电动机在启动和运行时都能得到较好的性能，则可以采用两个电容并联后再与副绕组串联的接线方式，这种电动机称为单相电容启动及运转异步电动机。单相电容启动及运转异步电动机示意图如图 10–11 所示。

图中电容容量 C_1 较大，C_2 为运转电容，电容容量较小。启动时 C_1 和 C_2 并联，总电容容量大，所以有较大的启动转矩，启动后，C_1 被切除，只有 C_2 运行，因此电动机有较好的运行性能。

对单相电容分相启动异步电动机，如果要改变电动机转向，只要使主绕组或副绕组的接线端对调即可，对调接线端后旋转磁场方向改变，因而电动机转向随之改变。

5. 单相罩极式异步电动机

单相罩极式异步电动机是结构最简单的一种异步电动机，其结构多数做成凸极式，常见的有两极与四极两种。单罩极式异步电动机示意图如图 10–12 所示，其定子用硅钢片叠压而成，每极在 1/4 ～ 1/3 全极面处开一个小槽，把磁极分成两部分，在小的部分上套装一个铜环，好像把这部分磁极罩起来一样，所以称为单相罩极式异步电动机。主绕组套装在整个磁极上，每极上的线圈是串联的，连接法必须保证使其产生的极性按 N、S、N、S 顺序排列。

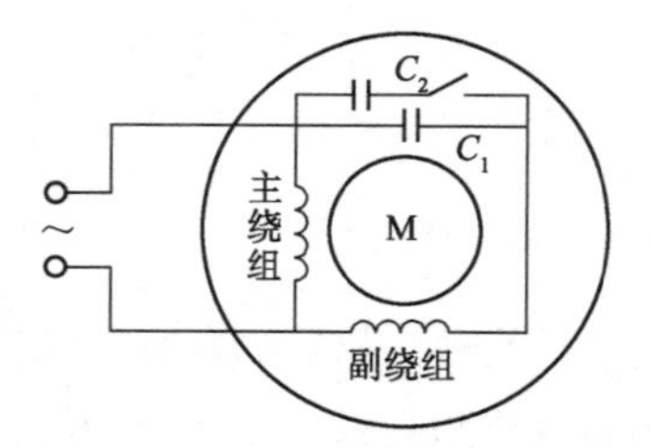

图 10–11　单相电容启动及运转异步电动机示意图

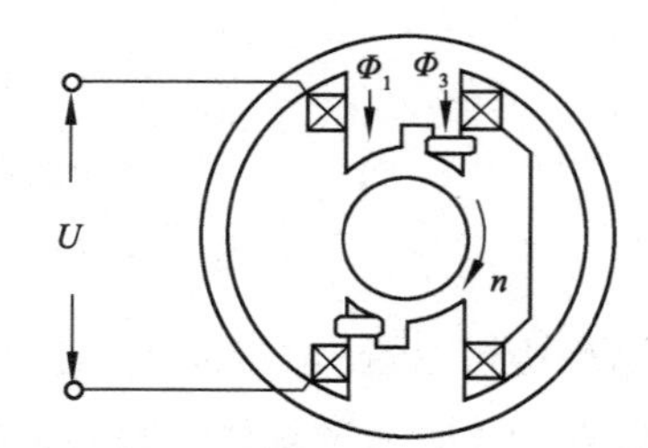

图 10–12　单相罩极式异步电动机示意图

给定子绕组通入单相交流电时，在主绕组与铜环的共同作用下，磁极之间形成一个连续移动的磁场，好像一个旋转磁场，使转子旋转。

任务 3 单相异步电动机的调速及应用

单相异步电动机广泛应用于各种小型设备中，其调速方式也多种多样。

子任务 1 单相异步电动机的调速

单相异步电动机在某些场合要求有不同的速度，如电动工具、电风扇等有变速要求的负载。为此单相异步电动机常用的调速方法有变频调速、串电抗调速、串电容调速和抽头法调速等。下面简单介绍串电抗调速和抽头法调速。

1. 串电抗调速

这种调速方法是将电抗器与电动机定子绕组串联，通电时，利用在电抗器上产生的电压降使加到电动机定子绕组上的电压低于电源电压，从而达到降压调速的目的。因此用串电抗调速时，电动机的转速只能由额定转速向低调速。图 10–13 所示为单相异步电动机串电抗调速接线图。

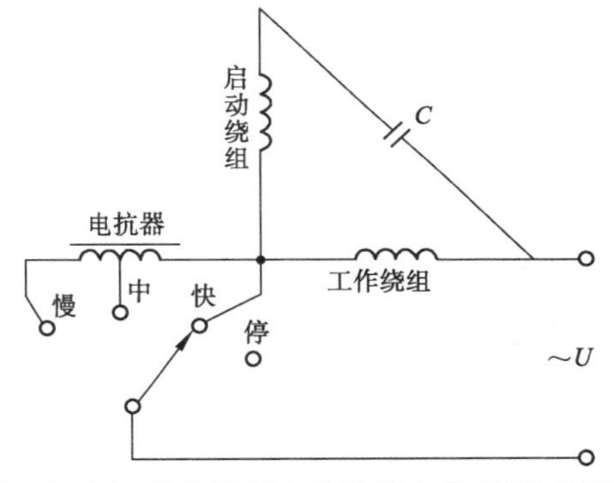

图 10–13　单相异步电动机串电抗调速接线图

这种调速方法的优点是线路简单、操作方便；缺点是电压降低后，电动机的输出转矩和功率明显降低，因此只适用于转矩及功率允许随转速降低而降低的场合。

2. 抽头法调速

在电动机定子铁芯的主绕组中多嵌放一个调速绕组，由调速开关改变调速绕组串联主绕组的匝数，达到改变气隙磁场的目的，从而改变电动机转速，这种方法称为抽头法调速。抽头法调速接线图如图 10–14 所示。

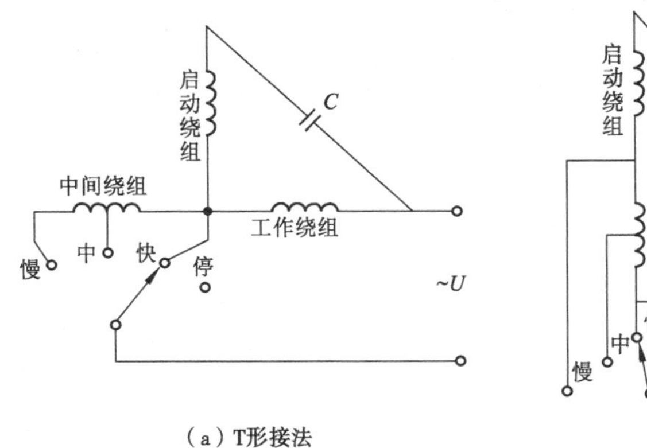

（a）T形接法

（b）L形接法

图 10–14　抽头法调速接线图

这种调速方法的优点是节省材料、耗电少，缺点是绕组嵌线盒接线比较复杂。

子任务 2 单相异步电动机的应用

单相异步电动机与三相异步电动机相比，其单位容量的体积大，且效率及功率因数均较低，过载能力也较差。因此，单相异步电动机只能做成微型的，功率一般在几瓦到几百瓦之间。单相异步电动机由单相电源供电，因此它广泛用于家用电器、医疗器械及轻工设备中。单相电容分相启动异步电动机启动转矩较大，功率几十到几百瓦，常用于电风扇、空气压缩机、电冰箱和空调设备中。单相罩极式异步电动机结构简单、制造方便，但启动转矩小，多用于小型电风扇、电动机模型和电唱机中，功率一般在 40 W 以下。

由于单相异步电动机有一系列的优点，所以其使用领域越来越广泛。限于篇幅，这里仅对单相异步电动机应用于电风扇的情况加以介绍。

电风扇是利用电动机带动风扇叶旋转来加速空气流动的一种常用的电动器具。它由风扇叶、扇头、支撑结构和控制器 4 部分组成。在常用单相交流电风扇中，一般使用单相罩极式异步电动机和单相电容运转异步电动机。这是因为电动机在电风扇中的基本作用是驱动风叶旋转，因此其功率要求和主要尺寸都取决于风扇叶的功率消耗。一般风扇叶的功率消耗与它转速的三次方成正比，因此启动时功率要求降低，随着转速的增加，功率消耗迅速增加，而以上两种电动机较适宜拖动此类负载。

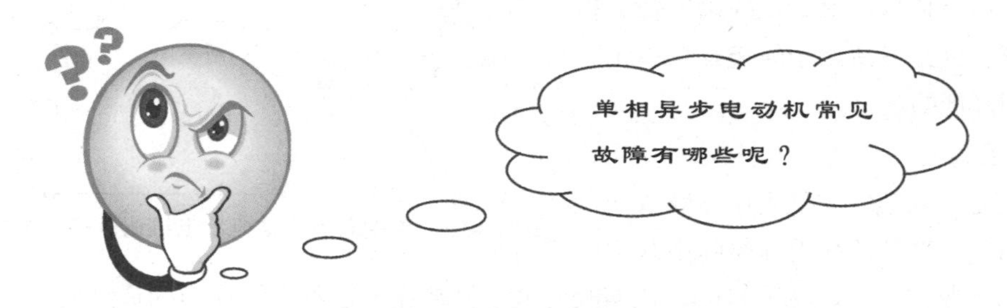

任务 4 单相异步电动机的常见故障识别

单相异步电动机与三相异步电动机一样也要经常维护。要经常注意转速是否异常，温度是否过高，有无噪声和振动，有无焦臭味等。下面列举几种常见的故障现象及产生故障的原因供参考。

故障现象一：电源电压正常，但供电后电动机不能启动。

原因：①电源引线开路；②主绕组或副绕组开路；③离心开关触点合不上，没有把启动绕组接通；④电容开路；⑤定子、转子相碰；⑥轴承已坏；⑦轴承内进入杂物或润滑脂干涸；⑧负载被卡死或电动机严重过载。

故障现象二：在空载下能启动或在外力帮助下能启动，但启动缓慢且转速较低。

原因：①离心开关触点合不上或接触不良；②副绕组开路；③电容干涸或开路；④如果电动机转向不固定，则肯定是副绕组开路或电容开路。

故障现象三：启动后电动机很快发热，甚至冒烟。

原因：①主绕组短路或接地；②主、副绕组短路；③启动后离心开关触点分不开，副绕组通电时间过长；④主、副绕组接错；⑤电压不准确。

故障现象四：电动机转动时噪声太大。

原因：①绕组短路或接地；②离心开关损坏；③轴承损坏；④轴承的轴向间隙过大；⑤电动机内落入杂物。

故障现象五：电动机运转过程中有不正常的振动。

原因：①转子不平衡；②传动带盘不平衡；③轴伸出端弯曲。

故障现象六：轴承过热。

原因：①轴承损坏；②轴承内、外圈配合不当；③润滑油过多、过少或油质太差，或混有沙土等杂物；④传动带过紧或联轴器未装好。

故障现象七：通电后熔丝熔断。

原因：①熔丝很快熔断，则是绕组短路或接地；②熔丝经过一小段时间才熔断，则可能是绕组之间或绕组与地之间漏电。

训练：吊扇电动机的拆卸与组装

1. 目的

① 熟悉单相异步电动机的结构。

② 能熟练正确拆卸、组装吊扇电动机。

③ 熟练使用各种常用电工工具、测量仪表。

2. 内容

利用所给的吊扇说明书、各种电工工具、万用表、兆欧表正确拆卸、组装吊扇电动机。

3. 注意事项

① 在拆除吊扇电源线及电容时，必须注意记录接线方法，以免出错。

② 拆装吊扇不可用力过猛，以免损伤零部件。

③ 装配好的吊扇在试运转时，必须密切注意吊扇的启动情况、转向及转速。并应观察吊扇的运转情况是否正常，如发现不正常应立即停电检查。

4. 具体步骤

(1) 吊扇电动机的拆卸

① 拆卸前的准备。拆卸前应查看说明书，了解吊扇的基本构造、电动机的型号和主要参数、调速方式、电容规格等，牢记拆卸步骤，电动机的零部件要集中放置，保证电动机各零部件的完好。

② 拆卸吊扇。拆卸吊扇前应切断交流电源，然后拆下风扇叶，取下吊扇，拆除启动电容、接线端子及吊扇电动机以外的其他附件。此时，必须记录下启动电容的接线方法及电源接线方法。

③ 吊扇电动机的拆卸。拆卸吊扇电动机应按以下步骤进行：拆除上下端盖之间的紧固螺钉（拆卸时，应按照对角交替顺序分步旋松螺钉）；取出上端盖；取出定子铁芯和定子绕组组件，使外转子与下端盖脱离；取出滚动轴承。

④ 检查电容器的好坏。单相电容分相启动异步电动机中的电容可分为启动电容器和运行电容器。

启动电容器只在电动机启动时接入，启动完毕即从电源上切除。为产生足够大的启动转矩，电容器的电容量一般较大，约为几十到几百微法，通常采用价格较便宜的电解电容器。运行电容器长期接在电源上参与电动机的运行，其容量较小，一般为油浸金属箔型或金属化薄膜型电容器。由于该电容器长期参与运行，因此电容器容量的大小及质量的好坏对电动机的启动情况、功率损耗及调速情况等都有较大的影响，需要更换电容器时，必须特别注意尽量保持原规格。

电容器好坏的检查及电容器容量的测定通常有以下几种方法：

a. 万用表法：这是最常用的一种方法，将万用表的转换开关置于 Ω 挡 ×10 kΩ 或 ×1 kΩ，把黑表笔接电容的正极性端，红表笔接电容器另一端（无极性电容可任意接），观察表针摆动情况，即可大体上判定电容器的好坏。

- 指针先很快摆向 0 Ω 处，然后再慢慢返回到数百千欧位置后停止不动，则说明该电容器完好。
- 指针不动则说明该电容器已损坏（开路）。
- 指针摆到 0 Ω 处后不返回，则说明该电容器已损坏（短路）。
- 指针先摆向 0 Ω 处，然后慢慢返回到一个较小的电阻值后即可停止不动，则说明该电容器的泄漏电流较大，可视具体情况，决定是否需更换电容器。

b. 充放电法：如一时没有万用表可用此法。将电容接到一个 3 ～ 9 V 的直流电源上，时间约在 2 s，取下电容器。用螺丝刀将电容器两端短接，若听到“啪”的放电声，或看到放电火花，则说明该电容器良好，否则即是坏的。对电解电容器，电源正端接电容器“+”极性端。

电容器容量的测定一般有专用的仪器（万用电桥等）测量电容器容量。

⑤ 测量定子绕组的绝缘电阻。绝缘电阻必须大于 20 MΩ 才合格，测得结果记录于

（表 10–1）中：

表 10–1 测量定子绕组的绝缘电阻

项 目	工作、启动绕组之间	工作绕组对地	启动绕组对地
绝缘电阻 /MΩ			

⑥ 滚动轴承的清洗及加润滑油。

（2）吊扇电动机的装配

将吊扇各零部件清洗干净，并检查完好后，按与拆卸相反的步骤进行装配。电容倾斜装在吊杆上端上罩内的吊攀中间，防尘罩套上吊杆，扇头引出线穿入吊杆，先拆去扇头轴上的制动螺钉，再将吊杆与扇头螺钉拧合，直至吊杆孔与轴上的螺孔对准为止，并且将两只制动螺钉装上旋紧，然后握住吊杆拎起扇头，用手轻轻转动检查转动是否灵活。

（3）吊扇电动机装配后的通电试运转

在确认装配及接线无误后方可通电试运转，观察电动机的启动情况、转向与转速。如有调速器，可将调速器接入，观察调速情况。

思考与习题

1. 单相交流电动机在一个绕组中产生的脉动磁场能否使单相电动机启动？在什么条件下才能使单相电动机启动？

2. 一台良好的新吊扇，安装好之后，通电时转速很慢，可能是何种故障？检查步骤是什么？

3. 单相异步电动机主要分哪几种类型？单相异步电动机电阻分相启动的原理是什么？

4. 单相异步电动机电容分相启动的原理是什么？

5. 单相电容运转异步电动机与单相电容启动及运转异步电动机相比有哪些优越性？

单元11

控制电机应用

【学习目标】

◎能对控制电机进行合理的选择和应用。

◎能识别控制电动机的型号。

◎掌握控制电动机的基本结构和工作原理。

◎掌握控制电动机的机械特性和控制方式。

控制电机主要应用于自动控制系统中，用来实现信号的检测、转换和传递，作为测量、执行和校正等元件使用。功率一般从数毫瓦到数百瓦。普通动力电动机的主要任务是实现能量转换，主要要求是提高电机的能量转换效率等经济指标，以及启动、调速等性能。控制电动机的主要任务是完成控制信号的检测、变换和传递，因此，对控制电动机的主要要求是快速响应、高精度、高灵敏度及高可靠性。控制电动机种类繁多，本章只介绍伺服电动机、步进电动机与测速发电机。

前面的知识我都掌握了，我还要学习伺服电动机。

任务1　伺服电动机认识与应用

伺服电动机又称执行电动机，它将输入的电压信号转变为转轴的角位移或角速度输出，改变输入信号的大小和极性可以改变伺服电动机的转速与转向，故输入的电压信号又称为控制信号或控制电压。

根据使用电源的不同，伺服电动机分为直流伺服电动机和交流伺服电动机两大类。直流伺服电动机输出功率较大，功率范围为 1 ~ 600 W，有的甚至可达上千瓦；而交流伺服电动机输出功率较小，功率范围一般为 0.1 ~ 100 W。

子任务 1 直流伺服电动机认识与应用

1. 基本结构与工作原理

一般的直流伺服电动机的结构与普通小型直流电动机相同，按照励磁方式的不同可分为电磁式和永磁式。电磁式直流伺服电动机的磁场由励磁电流通过励磁绕组产生，一般多用他励式励磁。永磁式直流伺服电动机的磁场由永磁铁产生，无需励磁绕组和励磁电流。

直流伺服电动机的控制方式有两种：电枢控制和磁场控制。所谓电枢控制，即磁场绕组加恒定励磁电压，电枢绕组加控制电压，当负载转矩恒定时，电枢的控制电压升高，电动机的转速就升高；反之，减小电枢控制电压，电动机的转速就降低；改变控制电压的极性，电动机就反转；控制电压为零，电动机就停转。电枢控制方式的直流伺服电动机原理图如图 11–1 所示。

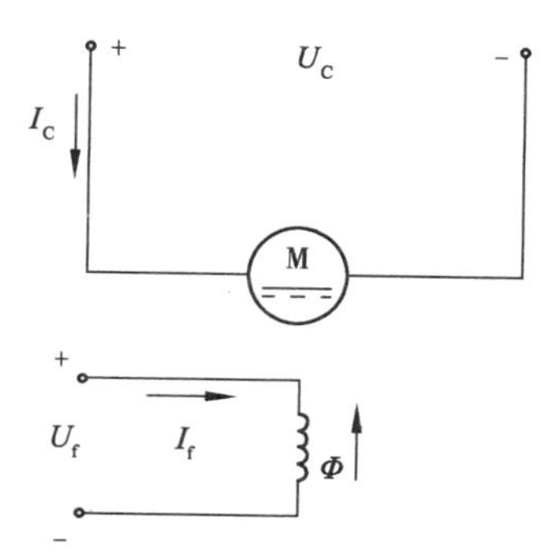

图 11–1 电枢控制方式的直流伺服电动机原理图

电动机也可采用磁场控制，即磁场绕组加控制电压，而电枢绕组加恒定电压的控制方式，改变励磁电压的大小和方向，就能改变电动机的转速与转向。可见，电磁式直流伺服电动机有电枢控制和磁场控制两种控制转速的方式，而对永磁式直流伺服电动机来讲，则只有电枢控制一种方式。

电枢控制的主要优点为：没有控制信号时，电枢电流等于零，电枢中没有损耗，只有不大的励磁损耗。磁场控制的性能较差，其优点是控制功率小，仅用于小功率电动机中。自动控制系统中多采用电枢控制方式，因此本节只分析电枢控制方式的直流伺服电动机。

为了提高快速响应能力，必须减少转动惯量，所以直流伺服电动机的电枢通常做成盘形或空心杯形，使其具有转子轻、转动惯量小的特点。

电枢控制方式的直流伺服电动机的工作原理与普通的直流电动机相似。当励磁绕组接在电压恒定的励磁电源上时，就会有励磁电流 I_f 流过，并在气隙中产生主磁通 Φ；当有控制电压 U_C 作用在电枢绕组上时，就有电枢电流 I_C 流过，电枢电流 I_C 与磁通 Φ 相互作用，产生电磁转矩 T 带动负载运行。当控制信号消失时，$U_C=0$，$I_C=0$，$T=0$，电动机自行停转，不会出现自转现象。

2. 控制特性

直流伺服电动机的运行特性如图 11–2 所示。

（1）机械特性

机械特性是指励磁电压 U_f 恒定，电枢的控制电压 U_C 为一个定值时，电动机的转速和电磁转矩 T 之间的关系，即 U_f 为常数时的 $n=f(T)$，如图 11–2（a）所示。

已知直流电动机的机械特性为

$$n=\frac{U}{C_e\Phi}-\frac{R}{C_T C_e\Phi^2}T \tag{11-1}$$

式中，U、R、C_e、C_T分别表示电枢电压、电枢回路的电阻、电动势常数和转矩常数。

在电枢控制方式的直流伺服电动机中，控制电压U_c加在电枢绕组上，即$U=U_C$，代入式（11-1），得到直流伺服电动机的机械特性表达式为

$$n=\frac{U_C}{C_e\Phi}-\frac{R}{C_T C_e\Phi^2}T=n_0-\beta T \tag{11-2}$$

式中，$n_0=\dfrac{U_C}{C_e\Phi}$为理想空载转速；$\beta=\dfrac{R}{C_T C_e\Phi^2}$为斜率。

对上式应考虑两种特殊情况：当转矩为零时，电动机的转速仅与电枢电压有关，此时的转速为直流伺服电动机的理想空载转速，理想空载转速与电枢电压成正比，即

$$n_0=\frac{U_C}{C_e\Phi} \tag{11-3}$$

当转速为零时，电动机的转矩仅与电枢电压有关，此时的转矩称为堵转转矩。堵转转矩与电枢电压成正比，即

$$T=\frac{C_T\Phi}{R}U \tag{11-4}$$

当控制电压U_C一定时，随着转矩T的增加，转速n成正比下降，机械特性为向下倾斜的直线，所以直流伺服电动机机械特性的线性度很好。当U_C不同时，其斜率β不变，机械特性为一组平行线，随着U的降低，机械特性平行地向下移动。

（2）调节特性

调节特性是指电磁转矩恒定时，电动机的转速随控制电压的变化关系，即T为常数时的$n=f(U_C)$。调节特性又称控制特性，如图11–2（b）所示。

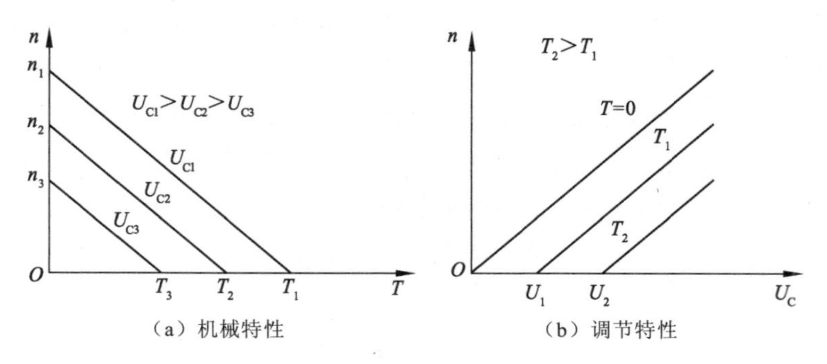

图11–2　直流伺服电动机的运行特性

在式（11-2）中，令U_C为常数，T为变量，$n=f(T)$是机械特性；若令T为常数，U_C为变量，$n=f(U_C)$是调节特性，如图11–2（b）所示，也是直线，所以调节特性的线性度也很好。

当转速为零时，对应不同的电磁转矩可得到不同的启动电压U_{C0}。当电枢电压小于启

动电压时，直流伺服电动机将不能启动。在式（11–2）中令 $n=0$ 能方便地计算出启动电压U_{C0}，为

$$U_{C0}=\frac{RT}{C_T\Phi} \tag{11-5}$$

一般把调节特性图上横坐标从零到启动电压这一范围称为失灵区。在失灵区以内，即使电枢有外加电压，电动机也转不起来。显而易见，失灵区的大小与负载转矩成正比，负载转矩越大，失灵区也越大。

直流伺服电动机的优点是启动转矩大、机械特性和调节特性的线性度好、调速范围大。其缺点是电刷和换向器之间的火花会产生无线电干扰信号，维修比较困难。

3. 直流伺服电动机的应用

（1）铭牌数据

直流伺服电动机有 6 种系列。例如，电磁系列的型号为 SZ；永磁系列的型号为 SY；空心杯电枢永磁系列的型号为 SYK；无槽电枢系列的型号为 SW。以电磁式直流伺服电动机 36SZ03 为例，其型号含义如下：

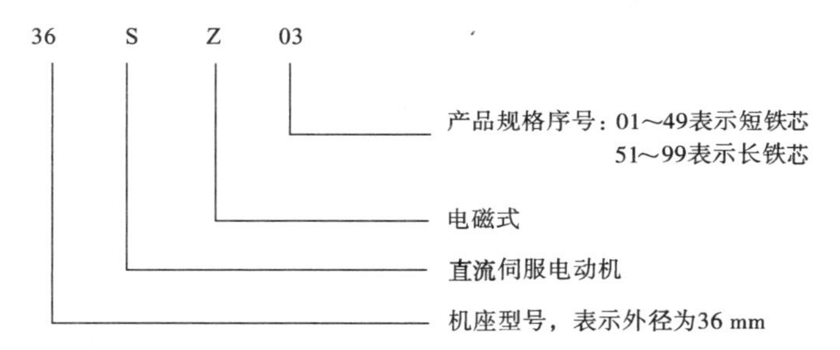

SZ 系列直流伺服电动机的主要技术数据如表 11–1 所示。

表 11–1 SZ 系列直流伺服电动机的主要技术数据

型　号	转矩 / MN • m	转速 / r • min^{-1}	功率 /W	电压 /V	电流 /A		允许顺逆转速差 / r • min^{-1}	转动惯量 / kg • m^2
36SZ01	16.7	3 000	5	24	0.55	0.32	200	2.646×10^{-6}
36SZ02	16.7	3 000	5	27	0.47	0.30	200	2.646×10^{-6}
36SZ03	16.7	3 000	5	48	0.27	0.18	200	2.646×10^{-6}
36SZ04	14.2	6 000	9	24	0.85	0.32	300	2.646×10^{-6}
36SZ05	14.2	6 000	9	27	0.74	0.30	300	2.646×10^{-6}
36SZ06	14.2	6 000	9	48	0.40	0.18	300	2.646×10^{-6}
36SZ07	14.2	6 000	9	110	0.17	0.085	300	2.646×10^{-6}

（2）直流伺服电动机的应用

电子电位差计是用伺服电动机作为执行元件的闭环自动测温系统，常用于工业企业的加热炉温度测量，电子电位差计的基本电路原理如图 11–3 所示。

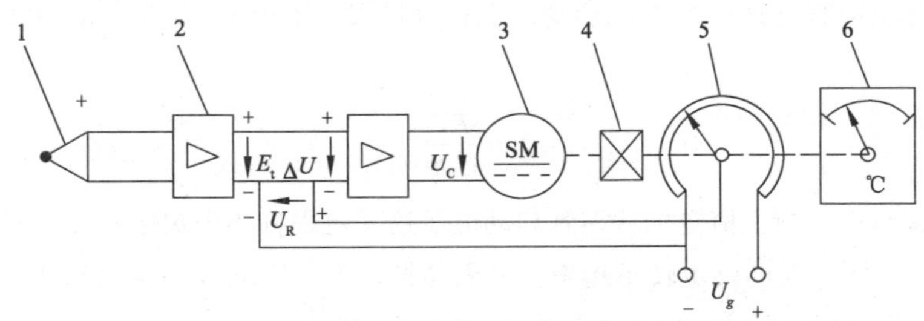

图 11–3　电子电位差计的基本电路原理图

1—金属热电偶；2—放大器；3—直流伺服电动机；4—变速机构；5—变阻器；6—温度指示器

基本工作原理是：测温系统工作时，金属热电偶 1 处于炉膛中，并产生与温度对应的电动势，经补偿和放大后得到与温度成正比的热电动势 E_t，然后与工作电源 U_g 经变阻器的分压 U_R 进行比较，得到误差电压 ΔU，$\Delta U = E_t - U_R$。若 ΔU 为正，则经放大后加在直流伺服电动机 3 上的控制电压 U_C 为正，直流伺服电动机正转，经变速机构带动变速器和温度指示器指针顺时针方向偏转，一方面指示温度值升高，另一方面变阻器的分压升高，使误差电压 ΔU 减少。当直流伺服电动机旋转至使 $U_R = E_t$ 时，误差电压 ΔU 变为零，直流伺服电动机的控制电压 U_C 也为零，电动机停止转动，则温度指示器指针也就停止在某一对应位置上，指示出相应的炉温。若误差电压 ΔU 为负，则直流伺服电动机的控制电压 U_C 也为负，电动机将反转，带动变阻器及温度指示器指针逆时针方向偏转，U_R 减少，直至 ΔU 为零，电动机才停止转动，指示炉温较低。

视频

交流伺服电动机原理

子任务 2　交流伺服电动机认识与应用

1. 基本结构和工作原理

交流伺服电动机一般是两相交流异步电动机，由定子和转子两部分组成。交流伺服电动机的转子有笼形和杯形两种。无论哪一种转子，它的转子电阻都比较大，其目的是使转子在转动时产生制动转矩，使它在控制绕组不加电压时，能及时制动，防止自转。交流伺服电动机的定子为两相绕组，并在空间相距 90° 电角度。两个定子绕组结构完全相同，使用时一个绕组作励磁用，另一个绕组作控制用。U_f 为励磁电压，U_C 为控制电压，U_f 和 U_C 同频率，交流伺服电动机结构示意图如图 11–4 所示。

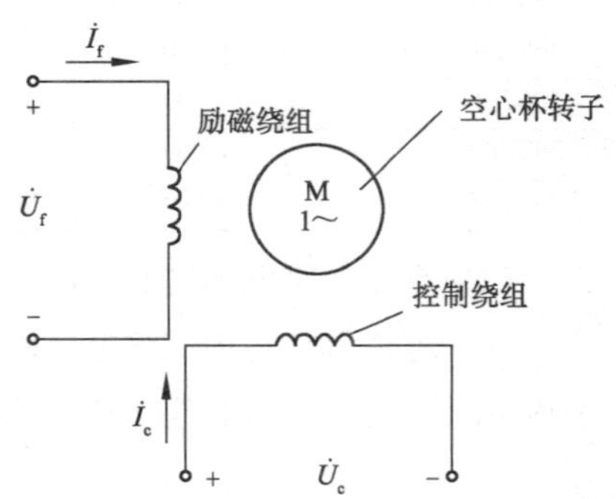

图 11–4　交流伺服电动机结构示意图

当励磁绕组和控制绕组均加互差 90° 电角度的交流电压时，在空间形成圆形旋转磁场（控制电压和励磁电压的幅值相等）或椭圆形旋转磁场（控制电压和励磁电压幅值不等），转子在旋转磁场作用下旋转。当控制电压和励磁电压的幅值相等时，控制二者的相位差也能产生旋转磁场。

与普通两相异步电动机相比，交流伺服电动机的特点：具有较宽的调速范围；当励磁电压不为零，控制电压为零时，其转速也应为零；机械特性为线性并且动态特性较好。所以交流伺服电动机的转子电阻应当大，转动惯量应当小。

转子电阻对交流伺服电动机机械特性的影响如图 11–5 所示。由电机学原理可知，异步电动机的临界转差率 s_m 与转子电阻有关，增大转子电阻可使临界转差率 s_m 增大，当转子电阻增大到一定值时，可使 $s_m \geqslant 1$，电动机的机械特性曲线近似为线性，这样可使伺服电动机的调速范围增大，在大范围内能稳定运行。当增大转子电阻时还可以防止自转现象的发生。当励磁电压不为零，控制电压为零时，交流伺服电动机相当于一台单相异步电动机，若转子电阻较小，则电动机还会以原来的运行方向转动，此时转矩仍为拖动性转矩，此时机械特性如图 11–5（a）所示，当转子电阻大到一定程度时，机械特性如图 11–5（b）所示，转矩完全变成制动转矩，这样可避免自转现象产生（图中 T 为电磁转矩，T^+ 与 T^- 为电磁转矩的两个分量）。

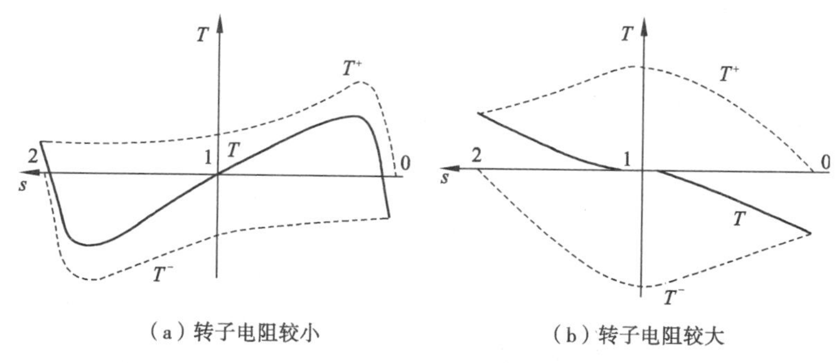

图 11–5　转子电阻对交流伺服电动机机械特性的影响

交流伺服电动机及其控制系统

2. 控制方式

交流伺服电动机的控制方式有 3 种，分别是幅值控制、相位控制和幅值 - 相位控制。

（1）幅值控制

始终保持控制电压 U_C 和励磁电压 U_f 之间的相位差为 90°，仅通过改变控制电压 U_C 的幅值来改变交流伺服电动机的转速，这种控制方式称为幅值控制。当励磁电压为额定电压，控制电压为零时，交流伺服电动机转速为零，电动机不转；当励磁电压为额定电压，控制电压也为额定电压时，交流伺服电动机转速最大，转矩也为最大；当励磁电压为额定电压，控制电压在额定电压与零之间变化时，交流伺服电动机的转速在最高转速和零之间变化。幅值控制的原理图如图 11–6 所示，励磁绕组 f 接交流电源，控制绕组 c 通过电压移相器接至同一电源上，使 U_C 与 U_f 始终有 90° 的相位差，且 U_C 的大小可调，其幅值在额定值与零之间变化，励磁电压保持为额定值。改变 U_C 的幅值就改变了电动机的转速。

（2）相位控制

保持控制电压和励磁电压的幅值为额定值不变，仅改变控制电压与励磁电压的相位差来改变交流伺服电动机转速，这种控制方式称为相位控制。相位控制的原理图如图 11–7 所示，控制绕组通过移相器与励磁绕组一同接至同一交流电源上，U_C 的幅值不变，但 U_C

与 U_f 的相位差可以通过调解移相器在 0° ~ 90° 之间变化，U_C 与 U_f 的相位差发生变化时，交流伺服电动机的转速就随之发生变化。设 U_C 与 U_f 的相位差为 β，β 在 0° ~ 90° 范围变化。根据 β 的取值可得出气隙磁场的变化情况。当 β = 0° 时，控制电压与励磁电压同相位，气隙总磁动势为脉动磁动势，交流伺服电动机转速为零，不转动；当 β = 90° 时，气隙磁动势为圆形旋转磁动势，交流伺服电动机转速最大，转矩也为最大；当 β 在 0° ~ 90° 变化时，气隙磁动势从脉动磁动势变为椭圆形旋转磁动势，最终变为圆形旋转磁动势，交流伺服电动机的转速由低向高变化。β 值越大越接近圆形旋转磁动势。

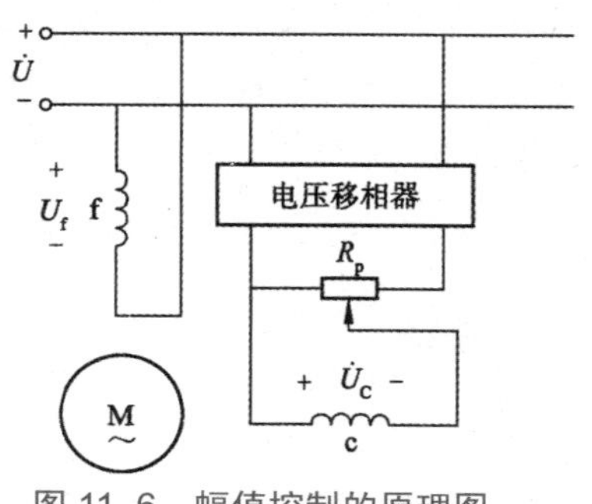

图 11–6　幅值控制的原理图

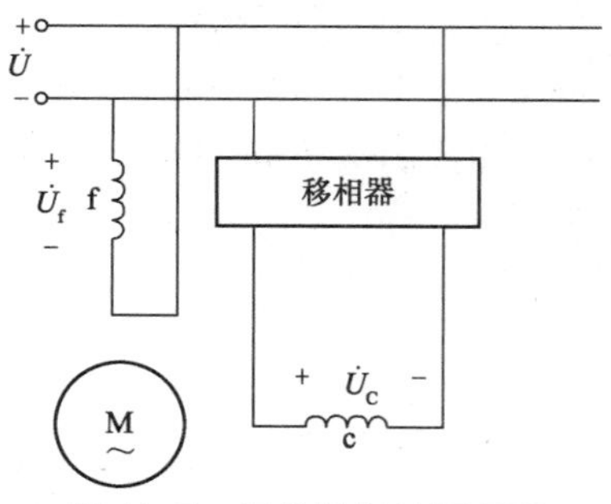

图 11–7　相位控制的原理图

(3) 幅值 - 相位控制

幅值 - 相位控制是指对幅值和相位差都进行控制，通过改变控制电压的幅值及控制电压与励磁电压的相位差来控制交流伺服电动机的转速。励磁绕组串联电容后接交流电源，控制绕组通过电位器接至同一电源。控制电压 U_C 与电源同频率、同相位，但其幅值可以通过电位器 R_P 来调节。当调节控制电压的幅值来改变电动机的转速时，由于转子绕组的耦合作用，励磁绕组中的电流随之发生变化，励磁电压也会发生变化。这样，U_C 与 U_f 的大小和相位都会发生变化，所以称这种控制方式为幅值 - 相位控制方式。

幅值 - 相位控制的机械特性和调节特性不如幅值控制和相位控制，但由于其电路简单，只需要电容和电位器，不需要复杂的移相装置，成本较低，因此在实际应用中用得较多。

最后将直流伺服电动机和交流伺服电动机做一下对比。直流伺服电动机的机械特性是线性的、特性硬、控制精度高、稳定性好；交流伺服电动机的机械特性是非线性的、特性软、控制精度要差一些。直流伺服电动机无自转现象；交流伺服电动机如果参数选择不当，如转子电阻不是足够大或制造不良，有可能产生自转现象。交流伺服电动机转子电阻大、损耗大、效率低，只能适用于小功率控制系统；功率大的控制系统宜选用直流伺服电动机。当然直流伺服电动机有电刷和换向器，工作可靠性和稳定性要差一些，电刷和换向器之间的火花会产生无线电干扰信号。总之，应根据具体使用情况，合理选用直流伺服电动机或交流伺服电动机。

前面的知识我都掌握了，
我还要学习步进电动机。

任务 2 步进电动机认识与应用

步进电动机能将输入的电脉冲信号转换成输出轴的角位移或直线位移。这种电动机每输入一个脉冲信号，输出轴便转动一定的角度或前进一步，因此被称为步进电动机或脉冲电动机。步进电动机输出轴的角位移量与输入脉冲数成正比，不受电压及环境温度的影响，也没有累积的定位误差，控制输入的脉冲数就能准确地控制输出的角位移量，因而用数字能够精准地定位；而步进电动机输出轴的转速与输入的脉冲频率成正比，控制输入的脉冲频率就能准确地控制步进电动机的转速，可以在宽广的范围内精确地调速。由于步进电动机的这一特点正好符合数字控制系统的要求，同时电子技术的发展也解决了步进电动机的电源问题。因此，随着数字计算机的发展，步进电动机的应用也日益广泛。目前，步进电动机广泛应用于数控机床、轧钢机、军事工业、数 / 模转换装置以及自动化仪表等方面。

自动控制系统对步进电动机的基本要求如下：

① 在一定的速度范围内步进电动机都能稳定运行，输出轴转过的步数必须等于输入脉冲数，既不能多走一步，也不能少走一步，即不能出现所谓的“失步”现象。

② 每输入一个脉冲信号，输出轴所转过的角度称为步距角，该值要小而且精度要高，这样才能使工作台的位移量小而且准确均匀，从而可以提高加工精度。

③ 允许的工作频率高，这样才能动作迅速，减少辅助工时，提高生产率。

视频

步进电动机分类

子任务 1 步进电动机的结构和分类认识

步进电动机的种类很多，按其工作方式的不同可分为功率式和伺服式两种。功率式步进电动机的输出转矩较大，能直接带动较大的负载；伺服式步进电动机的输出转矩较小，只能直接带动较小的负载，对于大负载需通过液压放大元件来传动。步进电动机按运动方式可分为旋转运动、直线运动和平面运动等几种；按工作原理可分为反应式（磁阻式）、永磁式和永磁感应式等几种。在永磁式步进电动机中，它的转子是用永久磁钢制成的，也有通过滑环由直流电源供电的励磁绕组制成的转子，在这类步进电动机中，转子中产生励磁；在反应式步进电动机中，其转子由软磁材料制成齿状，转子的齿也称为显极，在这种步进电动机的转子中没有励磁绕组。它们产生电磁转矩的原理虽然不同，但其动作过程基本上是相同的，反应式步进电动机有力矩惯性比高、步进频率高、频率响应快、可双向旋转、结构简单和寿命长等特点。在计算机应用系统中大量使用的是三相反应式步进电动机。本节以三相反应式步进电动机为例介绍步进电动机的原理及结构。

子任务 2 三相反应式步进电动机的工作原理认识

1. 结构特点

三相反应式步进电动机的结构原理图如图 11–8 所示。其定子和转子均由硅钢片或其他软磁材料做成凸极结构。定子磁极上套有集中绕组，起控制作用，作为控制绕组。相对的两个磁极上的绕组组成一相，如 U 和 U′ 组成 U 相，V 和 V′ 、W 和 W′ 分别组成 V 相及 W 相。独立绕组数称为步进电动机的相数。除三相以外，步进电动机还可以做成四、五、六等相。同相的两个绕组可以串联，也可以并联，以产生两个极性相反的磁场。一般的情况是，若绕组相数为 m，则定子磁极数为 $2m$，所以三相绕组有 6 个磁极。转子上没有绕组，只有齿，其上无绕组，本身亦无磁性。图中转子齿数 $Z_r = 4$。转子相邻两齿轴线之间的夹角定义为齿距角 θ_r，$\theta_r = 360° /Z_r$，当 $Z_r = 4$ 时，$\theta_r = 90°$ 。每输入一个脉冲时转子转过的角度称为步距角 θ_s。

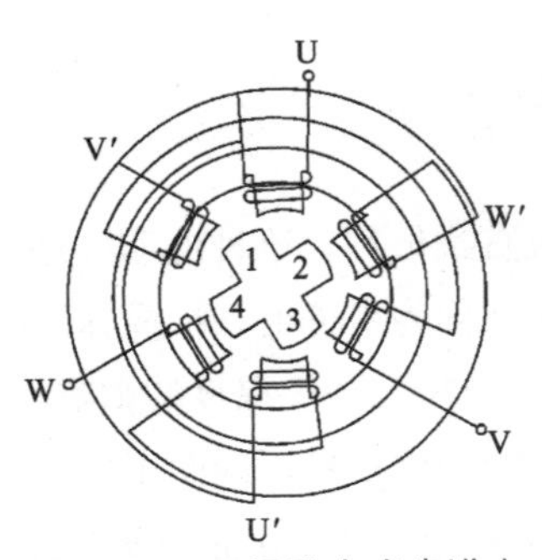

图 11–8 三相反应式步进电动机的结构原理图

视频

单三拍控制方式下步进电动机工作原理

2. 工作原理

设电动机空载，工作时驱动电源将脉冲信号电压按一定的顺序轮流加到定子三相绕组上。按其通电顺序的不同，三相反应式步进电动机有以下 3 种运行方式。

(1) 三相单三拍运行方式

“三相”指步进电动机定子绕组是三相绕组，“单”指每次只能一相绕组通电，“一拍”指定子绕组每改变一次通电方式，“三拍”指通电 3 次完成一个通电循环。即这种运行方式是按 U-V-W-U 或相反的顺序通电。

反应式步进电动机工作原理图如图 11–9 所示。当步进电动机的 U 相绕组通电，V 相和 W 相绕组不通电时，电动机内建立以 U-U′ 轴线的磁场，由于磁通要经过磁阻最小的路径形成闭合磁路，这样反应转矩使转子齿 1、3 分别与定子磁极 U、U′ 对齐，如图 11–9 (a) 所示。由于 V 相与 U 相绕组轴线间的夹角为 120° ，对齿距角 θ_r 而言，120° 相当于 4/3 个齿距角，所以当 U、U′ 分别与转子齿 1、3 对齐时，V 相绕组轴线领先转子齿 2 和 4 的轴线 1/3 齿距。

当 U 相和 W 相断电，改为 V 相通电时，磁场轴线为 V-V′ ，领先齿 2 和 4 的轴线 1/3 齿距。转子上虽然没有绕组，但是转子是由硅钢片做成的，定子磁场对转子齿的吸引力会产生沿转子切线方向的磁拉力，从而产生电磁转矩，称为反应转矩（或称磁阻转矩），带动转子偏转，直至齿 2 和 4 分别与磁极 V、V′ 对齐。当它们对齐时，磁场对转子只有径向方向的吸引力，而没有切线方向的拉力，将转子锁住。显而易见，转子转过了 1/3 齿距，即转过了 30°，所以步距角 $\theta_s = 30°$，如图 11–9（b）所示。

同样，当 W 相通电，U、V 相断电时，反应转矩使转子再逆时针转过 30°，转子齿 1 和 3 对准磁极 W′、W，如图 11–9（c）所示。

依此类推，当 U 相绕组再一次通电，V、W 两相断电时，转子再转过 30°，转子齿 4 和 2 分别对准磁极 U、U′，此时，控制绕组通电方式经过一个循环，转子转过一个齿。若按照 U-V-W-U 的通电顺序往复下去，则步进电动机的转子将按一定速度沿顺时针方向旋转，步进电动机的转速取决于三相控制绕组的通、断电源的频率。若改变通电顺序，按照 U-W-V-U 的通电顺序通电时，步进电动机的转动方向将改为逆时针。

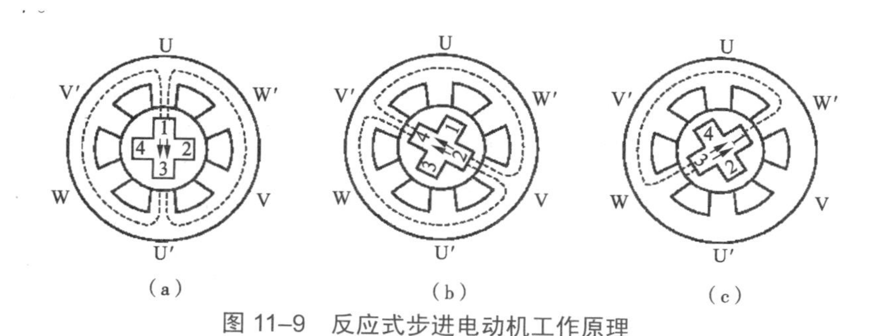

图 11–9　反应式步进电动机工作原理

三相单三拍运行时，只有一相绕组通电，容易使转子在平衡位置来回摆动，产生振荡，运行不稳定。

（2）三相双三拍运行方式

这种运行方式是按 UV-VW-WU-UV 或相反的顺序通电，即每次同时给两相绕组通电。其工作原理图如图 11–10 所示。

当 U、V 两相绕组同时通电时，由于 U、V 两相的磁极对转子齿都有吸引力，故转子将转到图 11–10（a）所示位置。当 U 相绕组断电，V、W 两相绕组同时通电时，同理转子将转到图 11–10（b）所示位置。而当 V 相绕组断电，WU 两相绕组同时通电时，转子将转到图 11–10（c）所示位置。可见，当三相绕组按 UV-VW-WU-UV 顺序通电时，转子顺时针方向旋转。改变通电顺序，使其按 UW-WV-VU-UW 顺序通电时，即可改变转子旋转的方向。通电一个循环，磁场在空间旋转了 360°，而转子也只转了一个齿距角，所以步距角仍然是 30°。

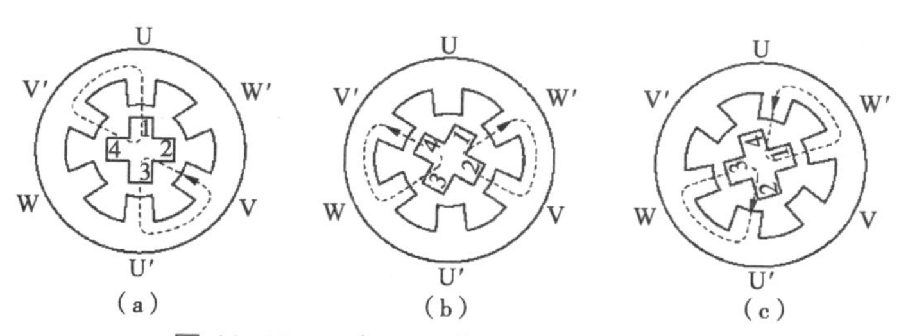

图 11–10　三相双三拍运行方式工作原理

（3）三相单、双六拍运行方式

这种运行方式是按 U-UV-V-VW-W-WU-U 或相反的顺序通电，即需要六拍才完成一个循环。当 U 相绕组单独通电时，转子将转到图 11–9（a）所示位置，当 U 和 V 相绕组同时通电时，转子将转到图 11–10（a）所示位置，以后情况依此类推。所以采用这种运行方式时，经过 6 拍即完成 1 个循环，磁场在空间旋转了 360°，转子仍只转了 1 个齿距角，但步距角却因拍数增加 1 倍而减小到齿距角的 1/6，即等于 15°。

可以看出，如果拍数为 N，则控制绕组的通电状态需要切换 N 次才能完成 1 个通电循环，转子就转过 1 个齿。当转子齿数为 Z_r 时，步进电动机的步距角 θ_s 为

$$\theta_s = \frac{360}{Z_r N} \tag{11-6}$$

上述的反应式步进电动机，转子只有 4 个齿，步距角为 30°，太大，不能满足要求。要想减小步距角，由式（11–6）可知有两种方法：一是增加相数，即增加拍数；二是增加转子的齿数。由于相数越多，驱动电源就越复杂，所以常用的相数 m 为 2、3、4、5、6，不能再增加，以免驱动电路过于复杂。因此为了得到较小的步距角，较好的解决方法是增加转子的齿数。既然转子每经过一个步距角相当于转了 $1/(Z_r N)$ 圈，若脉冲频率为 f 则转子每秒就转了 $f/(Z_r N)$ 圈，故步进电动机每分转速为

$$\theta_s = \frac{60f}{Z_r N} \tag{11-7}$$

三相反应式步进电动机的典型结构如图 11–11 所示，转子的齿数增加了很多（图中为 40 个齿），定子每个极上也相应地开了几个齿（图中为 5 个齿）。当 U 相绕组通电时，U 相磁极下的定子、转子齿应全部对齐，而 V、W 相下的定子、转子齿应依次错开 $1/m$ 个齿距角（m 为相数），这样在 U 相断电而别的相通电时，转子才能继续转动。

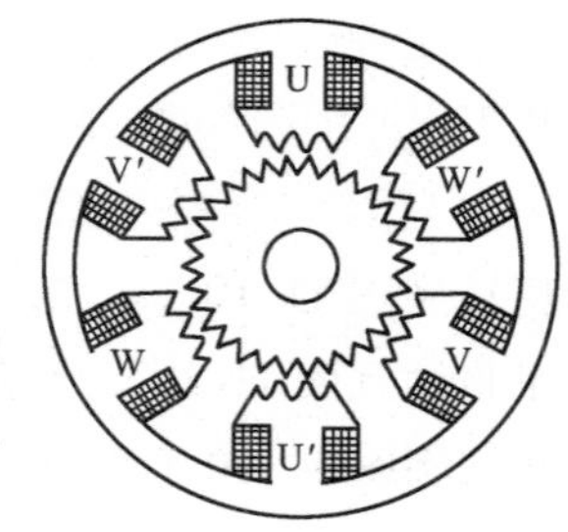

图 11–11　三相反应式步进电动机的典型结构

反应式步进电动机在脉冲信号停止输入时，转子不再受到定子磁场的作用力，转子将因惯性而可能继续转过某一角度，因此必须解决停车时的转子定位问题。反应式步进电动机一般是在最后一个脉冲停止时，在该绕组中继续通以直流电，即采用带电定位的方法。永磁式步进电动机因转子本身有磁性，可以实现自动定位，不需采用带电定位的方法。

视频

步进电机（三相双三拍）

子任务 3　三相反应式步进电动机的特性认识

1. 反应式步进电动机的静特性

反应式步进电动机的静特性是指反应式步进电动机的通电状态不发生变化，电动机处于稳定的状态下所表现出的性质。步进电动机的静特性包括矩角特性和最大静转矩。

① 矩角特性。反应式步进电动机在空载条件下，控制绕组通入直流电流，转子最后

处于稳定的平衡位置称为反应式步进电动机的初始平衡位置，由于不带负载，此时反应式步进电动机的电磁转矩为零。如只有U相绕组单独通电的情况，初始平衡位置时U相磁极轴线上的定子、转子齿必然对齐。这时若有外部转矩作用于转轴上，迫使转子离开初始平衡位置而偏转，定子、转子齿轴线发生偏离，偏离初始平衡位置的电角度称为失调角 θ，转子会产生反应转矩，又称静态转矩，用来平衡外部转矩。在反应式步进电动机中，转子的一个齿距所对应的电角度为 2π。

反应式步进电动机的矩角特性是指在不改变通电状态的条件下，反应式步进电动机的静态转矩与失调角之间的关系。矩角特性用 $T=f(\theta)$ 表示，其正方向取失调角增大的方向。矩角特性可通过式（11–8）计算。

$$T=-KI^2\sin\theta \tag{11-8}$$

式中，K 为转矩常数；I 为控制绕组电流；θ 为失调角。

从式（11–8）可以看出，反应式步进电动机的静转矩 T 与控制绕组的电流 I 的二次方成正比（忽略磁路饱和），因此控制控制绕组的电流即可控制步进电动机的静转矩。反应式步进电动机的矩角特性为一正弦曲线，如图11–12所示。

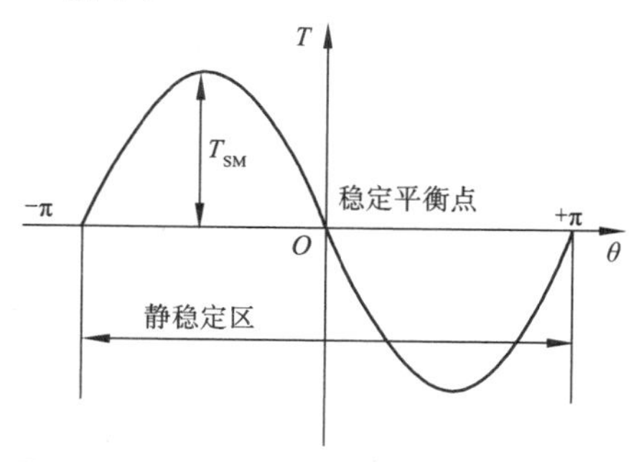

图 11–12 反应式步进电动机的矩角特性

由矩角特性可知，在静转矩作用下，转子有一个平衡位置。在空载条件下，转子的平衡位置可通过令 $T=0$ 求得，当 $\theta=0$ 时 $T=0$，当因某种原因使转子偏离 $\theta=0$ 点时，电磁转矩T都能使转子恢复到 $\theta=0$ 的点，因此 $\theta=0$ 的点为步进电动机的稳定平衡点；当 $\theta=\pm\pi$ 时，同样也可使 $T=0$，但当 $\theta>\pi$ 或 $\theta<-\pi$，转子因某种原因离开 $\theta=\pm\pi$ 时，电磁转矩却不能再恢复到原平衡点，因此 $\theta=\pm\pi$ 为不稳定的平衡点。两个不稳定的平衡点之间即为步进电动机的静态稳定区域，稳定区域为 $-\pi<\theta<+\pi$。

② 最大静转矩。矩角特性中，静转矩的最大值称为最大静转矩。当 $\theta=\pm\pi/2$ 时，T 有最大值 T_{SM}，由式（11–8）可知，最大静转矩 $T=KI^2$。

2. 反应式步进电动机的动特性

反应式步进电动机的动特性是指反应式步进电动机从一种通电状态转换到另一种通电状态时所表现出的性质。动特性包括动稳定区、启动转矩、启动频率及矩频特性等。

(1) 动稳定区

三相六拍方式下步进电动机工作原理

反应式步进电动机的动稳定区是指使反应式步进电动机从一个稳定状态切换到另一个稳定状态而不失步的区域。反应式步进电动机的动稳定区如图11–13所示，设步进电动机的初始状态的矩角特性为图中曲线1，稳定点为 A 点，通电状态改变后的矩角特性为曲线2，稳定点为 B 点。由矩角特性可知，起始位置只有在 a 点与 b 点之间时，才能到达新的稳定点 B，ab 区间称为步进电动机的空载稳定区。用失调角表示的区间

为 $-\pi+\theta_{se}<\theta<\pi+\theta_{se}$

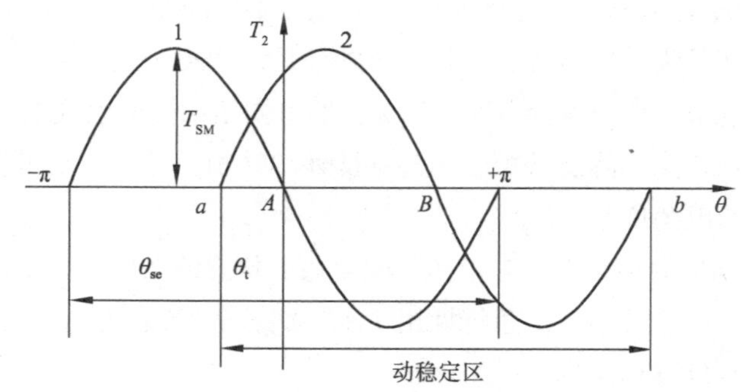

图 11–13　反应式步进电动机的动稳定区

稳定区的边界点 a 到初始稳定平衡点 A 的角度，用 θ_r 表示，称为稳定裕量角，稳定裕量角与步距角 θ_{se} 之间的关系为

$$\theta_r=\pi-\theta_{se}$$

稳定裕量角越大，步进电动机运行越稳定，当稳定裕量角趋于零时，电动机不能稳定工作。步距角越大，稳定裕量角也就越小。显然，步距角越小，反应式步进电动机的稳定性越好。

（2）启动转矩

反应式步进电动机的最大启动转矩与最大静转矩之间有如下关系：

$$T_{st}=T_{SM}\cos\frac{\pi}{mc} \tag{11-9}$$

式中，T_{st} 为最大启动转矩。

当负载转矩大于最大启动转矩时，反应式步进电动机将不能启动。

（3）启动频率

启动频率是指在一定负载条件下，反应式步进电动机能够不失步地启动的脉冲最高频率。因为反应式步进电动机在启动时，除了要克服静负载转矩以外，还要克服加速时的负载转矩，如果启动时频率过高，转子就可能跟不上而造成振荡。因此，规定在一定负载转矩下能不失步运行的最高频率称为连续运行频率。

由于此时加速度较小，机械惯性影响不大，所以连续运行频率要比启动频率高得多。

启动频率的大小与以下几个因素有关：启动频率 f_{st} 与反应式步进电动机的步距角 θ_{se} 有关，步距角越小，启动频率越高；步进电动机的最大静态转矩越大，启动频率越高；转子齿数多，步距角小，启动频率高；电路时间常数大，启动频率降低。

对于使用者而言，要想增大启动频率，可增大启动电流或减小电路时间常数。

（4）矩频特性

反应式步进电动机的主要性能指标是矩频特性。反应式步进电动机的矩频特性曲线的纵坐标为电磁转矩 T，横坐标为工作频率 f。典型的反应式步进电动机矩频特性曲线如

图 11–14 所示。从图中可以看出，步进电动机的转矩随频率的增大而减小。

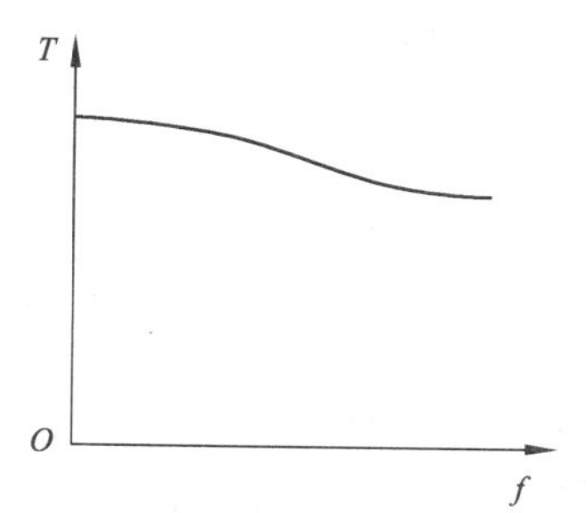

图 11–14 典型的反应式步进电动机矩频特性曲线

反应式步进电动机的矩频特性曲线和许多因素有关，这些因素包括反应式步进电动机的转子直径、转子铁芯有效长度、齿数、齿形、齿槽比、反应式步进电动机内部的磁路、绕组的绕线方式、定转子间的气隙、控制线路的电压等。很明显，其中有的因素是反应式步进电动机在制造时已确定的，使用者是不能改变的，但有些因素使用者是可以改变的，如控制方式、绕组工作电压、电路时间常数等。

选用反应式步进电动机时要根据在系统中的实际工作情况，综合考虑步距角、转矩、频率以及精度是否能满足系统的要求。

子任务 4 步进电动机的驱动电源认识

视频

步进电机（三相双三拍）

步进电动机由专用的驱动电源来供电，驱动电源与步进电动机组成一套伺服装置来驱动负载工作。步进电动机的驱动电源的结构如图 11–5 所示，主要包括变频信号源、脉冲分配器和脉冲放大器 3 部分。

变频信号源是一个频率从几十赫到几千赫的连续变化的信号发生器。变频信号源可采用多种线路。最常见的有多频振荡器和单结晶体管结构的石英振荡器两种。它们都是通过调节电阻和电容的大小来改变电容充放电的时间常数，以达到选取脉冲信号频率的目的。脉冲分配器是由门电路和双稳态触发器组成的逻辑电路，它根据指令把脉冲信号按一定的逻辑关系加到放大器上，使步进电动机按一定的运行方式运转。

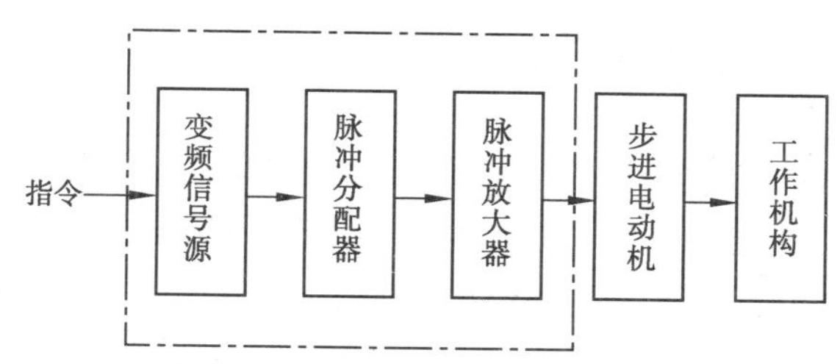

图 11–15 步进电动机的驱动电源的结构

目前，随着微型计算机特别是单片机的发展，变频信号源和脉冲分配器的任务均可由单片机来承担，这样不但工作方便，而且性能更好。

从脉冲分配器输出的电流只有几毫安，不能直接驱动步进电动机，因为步进电动机的驱动电源可达几安到几十安，因此在脉冲分配器后面都有功率放大电路作为脉冲放大器，经功率放大后的电脉冲信号则可直接输出到定子各相绕组中去控制步进电动机工作。

子任务 5　步进电动机的选择

工程中的步进电动机应用以反应式步进电动机为主，选用时可按其主要参数从产品样本或设计册上确定其他参数，从而确定出电动机的型号。以下是反应式步进电动机主要参数的确定方法：

① 根据需要的脉冲当量和可能的传动比，确定步进电动机的步距角 α：

$$\alpha=\frac{\delta_{\mathrm{p}}\times 360}{iP}$$

式中，δ_{p} 为脉冲当量（每个脉冲对应的线位移）；i 为从步进电动机到丝杠的传动比；P 为丝杠螺距。

当步进电动机的步距确定之后，就可以反过来确定传动比。

② 根据负载阻力或阻力矩、传动比和传动效率，推算出步进电动机的负载，并按 0.3 ～ 0.5 倍负载转矩选择步进电动机的最大静转矩。

③ 按负载需要的速度及步距角选择运行频率。

④ 在相数选择上，一般来讲，相数增加，步距角变小，启动频率和运行频率都相应提高，从而提高了电动机运行的稳定性。通常采用三相、四相和五相。

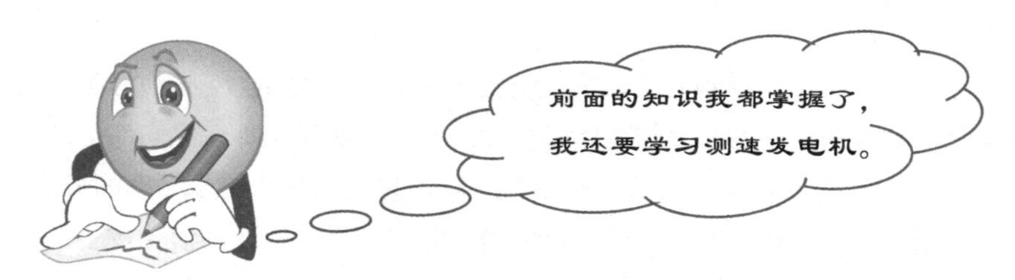

前面的知识我都掌握了，
我还要学习测速发电机。

任务 3　测速发电机认识与应用

测速发电机能把机械转速转换成与之成正比的电压信号，可以用做检测元件、解算元件、角速度信号元件，广泛地应用于自动控制、测量技术和计算技术等装置中。

按电流种类的不同，测速发电机可分为直流测速发电机和交流测速发电机两大类。直流测速发电机又有永磁式和电磁式之分；交流测速发电机分为同步测速发电机和异步测速发电机。

子任务 1 直流测速发电机认识与应用

直流测速发电机的结构和原理都与他励直流发电机基本相同，也是由装有磁极的定子、电枢和换向器等组成。按照励磁方式的不同，反应式可分为永磁式和电磁式两种。永磁式直流测速发电机采用矫顽力高的磁钢制成磁极，结构简单，不需另加励磁电源，也不因励磁绕组温度变化而影响输出电压，因此它应用较广。电磁式直流测速发电机由他励方式励磁。

直流测速发电机的输出电压 U 与转速 n 之间的关系 $U=f(n)$ 称为输出特性。

当定子每极磁通 Φ 为常数时，发电机的电枢电动势为

$$E_{\mathrm{a}} = C_e\Phi n \tag{11-10}$$

式中，C_e 为电势常数。

此时，输出电压为

$$U = E_{\mathrm{a}} - R_{\mathrm{a}}I_{\mathrm{a}} = C_e\Phi n - \frac{U}{R_L}R_{\mathrm{a}} \tag{11-11}$$

式中，R_{a} 为电枢回路电阻；R_{L} 为负载电阻；K 为常数，即输出特性的斜率。

直流测速发电机输出特性曲线如图 11–16 所示。此时，输出电压 U 与转速 n 成正比，曲线 1 为空载时的输出特性，曲线 2 为负载时的输出特性。

实际运行中，直流测速发电机的输出电压与转速之间并不能保持严格的正比关系，实际输出特性如图 11–16 中的曲线 3 所示，实际输出电压与理想输出电压之间产生了误差。

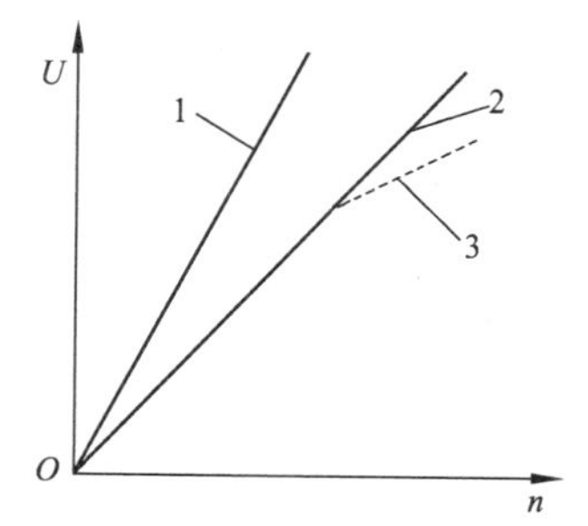

图 11–16 直流测速发电机输出特性曲线

产生误差的原因主要有以下几个方面：

1. 电枢反应

产生误差的主要原因是电枢反应的去磁作用。电枢反应使得主磁通发生变化，式(11–10)中的电动势常数 C_e 将不是常值，而是随负载电流变化而变化的，负载电流升高则电动势系数 C_e 略有减小，特性曲线向下弯曲，如图 11–16 中的曲线 3 所示。转速愈高，E_{a} 愈大，I_{a} 也愈大，电枢反应的去磁作用就愈强，误差也愈大。为消除电枢反应的影响，除在设计时采用补偿绕组进行补偿，结构上加大气隙削弱电枢反应的影响外，使用时应使发电机的负载电阻阻值等于或大于负载电阻的规定值，并限制直流测速发电机的转速不能太高。这

样可使负载电流对电枢反应的影响尽可能小。此外，增大负载电阻还可以使发电机的灵敏性增强。

2. 电刷接触电阻的影响

电刷接触电阻为非线性电阻，当直流测速发电机的转速低，输出电压也低时，接触电阻较大，电刷接触电阻压降在总电枢电压中所占比重大，实际输出电压较小；而当转速升高时接触电阻变小，接触电阻压降也变小。因此，在低转速时转速与电压间的关系由于接触电阻的非线性影响而有一个不灵敏区。考虑电刷接触电阻影响后，直流测速发电机实际输出特性曲线如图 11–17 所示。为减小电刷接触电阻的影响，使用时可对低输出电压进行非线性补偿。

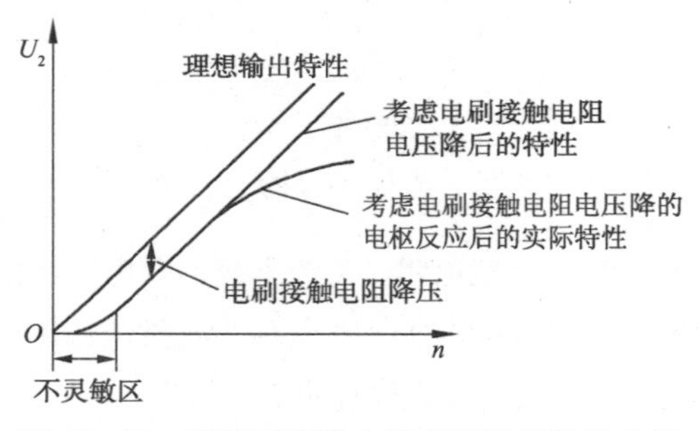

图 11–17　直流测速发电机实际输出特性曲线

3. 滤波影响

由于换向片数量有限，实际输出电压是一个脉动的直流，虽然脉动分量在整个输出电压中所占比重不大（高速时约为 1%），但对高精度系统是不允许的。为消除脉动影响可在电压输出电路中加入滤波电路。

子任务 2　交流测速发电机认识与应用

交流测速发电机分为交流同步测速发电机和交流异步测速发电机两种。同步测速发电机的输出频率和电压幅值均随转速的变化而变化，因此一般用作指示式转速计，很少用于控制系统中的转速测量。异步测速发电机的输出电压频率与励磁电压频率相同而与转速无关，其输出电压与转速 n 成正比，因此在控制系统中得到广泛的应用。

1. 交流异步测速发电机

交流异步测速发电机分为笼形和空心杯形两种，笼形异步测速发电机不如空心杯形异步测速发电机的测量精度高，而且空心杯形异步测速发电机的转动惯量也小，适合于快速系统，因此目前应用比较广泛的是空心杯形异步测速发电机。空心杯形异步测速发电机的结构与空心杯形伺服电动机的结构基本相同。它由外定子、空心杯形转子、内定子等 3 部分组成。外定子上放置励磁绕组，接交流电源；内定子上放置输出绕组，这两套绕组在空间相隔 90° 电角度。为获得线性较好的电压输出信号，空心杯形转子由电阻率较大和温度系数较低的非磁性材料制成，如磷青铜、锡锌青铜、硅锰青铜等，杯厚 0.2 ～ 0.3 mm。

图 11–18 所示为空心杯形异步测速发电机工作原理图。在图中定子两相绕组在空间位置上严格相差 90° 电角度，在一相上加恒频恒压的交流电源，使其作为励磁绕组产生励磁磁通；另一相作为输出绕组，输出电压 U_2 与励磁绕组电源同频率，幅值与转速成正比。

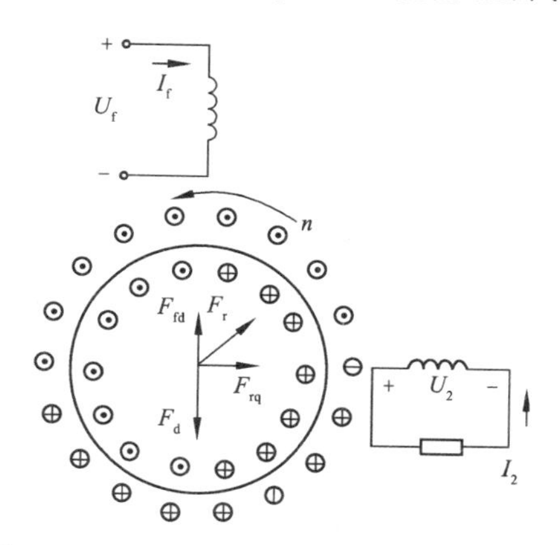

图 11–18　空心杯形异步测速发电机工作原理

发电机励磁绕组中加入恒频恒压的励磁电压时，励磁绕组中有励磁电流流过，产生与电源同频率的脉动磁动势 F_d 和脉动磁通 Φ_d。脉动磁动势 F_d 和脉动磁通 Φ_d 在励磁绕组的轴线方向上脉动，称为直轴磁动势和直轴磁通。

发电机转子和输出绕组中的电动势及由此而产生的反应磁动势，根据发电机的转速可分以下两种情况：

（1）发电机不转（$n=0$）

当 n=0 时，即转子不动时，直轴脉动磁通在转子中产生的感应电动势为变压器电动势。由于转子是闭合的，这个变压器电动势将产生转子电流。根据电磁感应理论，该电流所产生的磁通方向应与励磁绕组所产生的直轴磁通 Φ_d 相反，所以二者的合成磁通还是直轴磁通。由于输出绕组与励磁绕组互相垂直，合成磁通也与输出绕组的轴线垂直，因此输出绕组与磁通没有耦合关系，故不产生感应电动势，输出电压 U_2 为零。

（2）发电机旋转（$n \neq 0$）

当转子转动时，转子切割脉动磁通 Φ_d，产生切割电动势 E_r，切割电动势的大小可通过式（11–12）计算，为

$$E_r = C_r \Phi n \tag{11–12}$$

式中，C_r 为转子电动势常数；Φ 为脉动磁通幅值。

可见，转子电动势的幅值与转速成正比。转子电动势的方向可用右手定则判断。转子中的感应电动势在转子杯中产生短路电流 I_S，考虑转子漏抗的影响，转子电流要滞后转子感应电动势一定的电角度。短路电流 I_S 产生脉动磁动势 F_r，转子的脉动磁动势可分解为直轴磁动势 F_{rd} 和交轴磁动势 F_{rq}，直轴磁动势将影响励磁磁动势并使励磁电流发生

变化，交轴磁动势 F_{rq} 产生交轴磁通 Φ。交轴磁通与输出绕组交链感应出频率与励磁频率相同、幅值与交轴磁通 Φ 成正比的感应电动势 E_2。由于 $\Phi \propto F_{rq} \propto F_r \propto E_r \propto n$，所以 $E_2 \propto \Phi \propto n$，输出绕组的感应电动势的幅值正比于测速发电机的转速，而频率为励磁电源的频率，与转速无关。

交流异步测速发电机的输出特性 $U_2 = f(n)$，如图 11–19 所示。

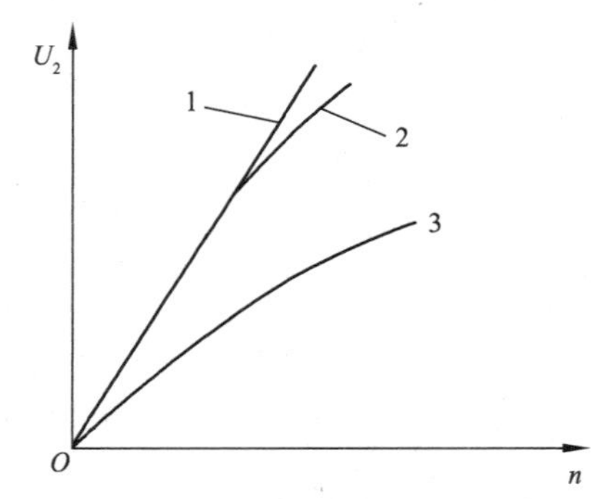

图 11–19　交流异步测速发电机的输出特性

当忽略励磁绕组的漏阻抗时，只要电源电压 U_f 恒定，则 Φ_d 为常数，由上述分析可知，输出绕组的感应电动势 E_2 及空载输出电压 U_2 都与 n 成正比，理想空载输出特性为直线，如图 11–19 中的直线 1 所示。

交流异步测速发电机实际运行时，由图 11–19 可知，转子切割 Φ_q 而产生的磁动势 F_{rd} 是起去磁作用的，使合成后总的磁通减少，输出绕组感应电动势 E_2 减少，输出电压 U_2 随之降低，所以实际的空载输出特性如图 11–19 中的曲线 2 所示。

当交流异步测速发电机的输出绕组接上负载阻抗 Z_L 时，由于输出绕组本身有漏阻抗 Z_2，会产生漏阻抗压降，使输出电压降低。负载运行时，输出电压 U_2 不仅与输出绕组的感应电动势 E_2 有关，而且还与负载的大小和性质有关。带负载运行时的输出特性如图 11–19 中的曲线 3 所示。交流异步测速发电机存在剩余电压。剩余电压是指励磁电压已经供给，转子转速为零时，输出绕组产生的电压。剩余电压的存在，使转子不转时也有输出电压，造成失控；转子旋转时，它叠加在输出电压上，使输出电压的大小及相位发生变化，造成误差。产生剩余电压的原因很多，其中之一是由于加工、装配过程中存在机械上的不对称及定子磁性材料性能的不一致性，励磁绕组与输出绕组在空间不是严格地相差 90° 电角度，这时两绕组之间就有电磁耦合，当励磁绕组接电源，即使转子不转，电磁耦合也会使输出绕组产生感应电动势，从而产生剩余电压。选择高质量的各方向特性一致的磁性材料，在机械加工和装配过程中提高机械精度以及装配补偿绕组可以减少剩余电压。使用者则可通过电路补偿的方法去除剩余电压的影响。

2. 交流同步测速发电机

交流同步测速发电机的转子为永磁式，即采用永久磁铁做磁极。定子上嵌放着单相输出绕组。当转子旋转时，输出绕组产生单相的交变电动势，其有效值 $E \propto n$，而其交变电

动势的频率为 $f=pn/60$。

输出绕组产生的感应电动势 E，其大小与转速成正比，但是其交变的频率也与转速成正比变化就带来了麻烦。因为当输出绕组接负载时，负载的阻抗会随频率的变化而变化，也就会随转速的变化而变化，不会是一个定值，使输出特性不能保持线性关系。由于存在这样的问题，因此交流同步测速发电机不像交流异步测速发电机那样得到广泛的应用。如果用整流电路将交流同步测速发电机输出的交流电压整流为直流电压输出，即可消除频率随转速变化带来的缺陷，使输出的直流电压与转速成正比，这时用交流同步测速发电机测量转速就有较好的线性度。

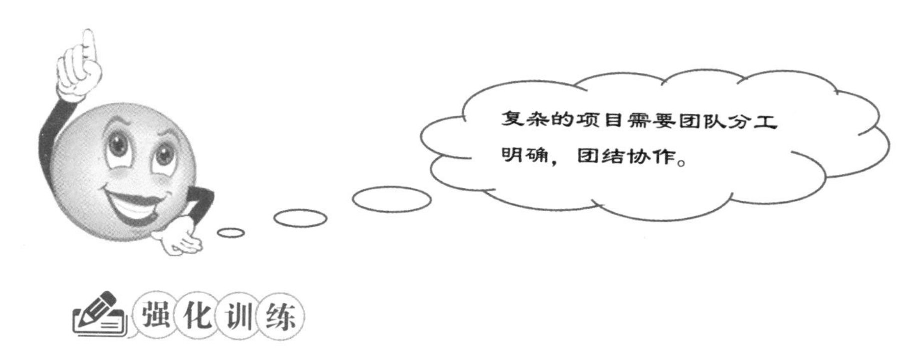

强化训练

训练一：直流伺服电动机的调控速度

根据图 11–20 所示的直流伺服电动机调速控制系统原理图，选用组装直流伺服电动机调速控制系统。

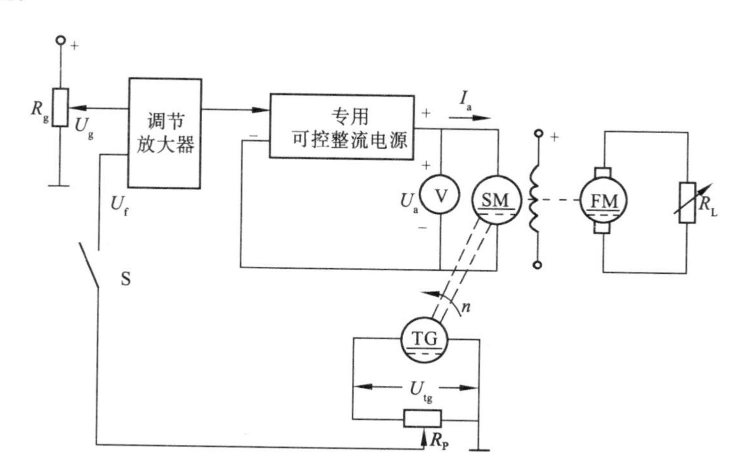

图 11–20　直流伺服电动机调速控制系统原理图

训练二：普通车床传动系统改进

一普通车床技改项目，将其纵向进给系统改为步进电动机驱动滚珠丝杆，带动装有刀架的拖板作往复直线运动的简单数控装置，图 11–21 所示为改进后的车床传动系统。

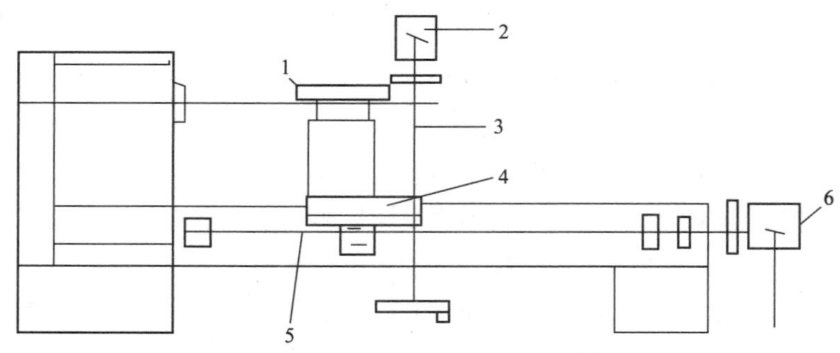

图 11–21　改进后的车床传动系统

1—小刀架；2—横向步进电动机；3—横向滚珠丝杆；4—大拖板；5—纵向滚珠丝杆；6—纵向步进电动机

思考与习题

1. 简述直流伺服电动机的基本结构和工作原理。

2. 直流伺服电动机采用电枢控制方式时的启动电压是多少？与负载有什么关系？

3. 简述交流伺服电动机的基本结构和工作原理。

4. 交流伺服电动机的控制方式有哪几种？

5. 什么是交流伺服电动机的自转现象？如何避免自转现象？直流伺服电动机有自转现象吗？

6. 幅值控制和相位控制的交流伺服电动机，什么条件下电动机气隙磁动势为圆形旋转磁动势？

7. 什么是步进电动机的步距角？步距角的大小由哪些因素决定？

8. 简要说明步进电动机稳定区的概念。

9. 如何控制步进电动机的转角、转速和转向？

10. 步距角为 1.5° / 0.75° 的反应式三相六极步进电动机的转子上有多少个齿？若运行频率为 4 800 Hz，求电动机的运行转速为多少？

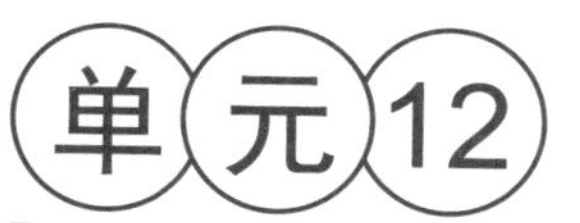

电动机选择与安装

【学习目标】

◎能对工程中常用的电动机合理选择。

◎能对系统中所使用的电动机进行正确安装。

◎掌握电动机选择的方法与依据，熟悉电动机安装的相关规定。

工程中合理选用电动机能够优化系统的性能，降低工程成本；对电动机进行正确的安装能够有效地降低电动机运行过程中出现的故障率，显著提高其使用寿命。

图片

中国攻克第三代高铁动力系统

任务1 电动机的选择

在电力拖动系统中，选择电动机一般包括确定电动机的种类、形式、额定电压、额定转速和额定功率、工作方式等。而最重要的是选择电动机的额定功率。决定电动机功率时，要考虑电动机的发热、允许过载能力和启动能力等因素，以发热问题最为重要。

子任务1 电动机的种类、形式、额定电压与额定转速的选择

1. 电动机种类的选择

选择电动机的原则是：电动机性能能满足生产机械要求的前提下，优先选用结构简单、价格便宜、工作可靠、维护方便的电动机。在这方面交流电动机优于直流电动机，交流异步电动机优于交流同步电动机，笼形异步电动机优于绕线式异步电动机。

负载平稳，对启动、制动无特殊要求的连续运行的生产机械，宜优先选用普通笼形异步电动机，普通的笼形异步电动机广泛用于机械、水泵、风机等。深槽式和双鼠笼式异步电动机用于大中功率、要求启动转距较大的生产机械，如空压机、传动带运输机等。

启动、制动比较频繁，要求有较大的启动、制动转矩的生产机械，如桥式起重机、矿井提升机、空气压缩机、不可逆轧钢机等，应采用绕线式异步电动机。

无调速要求，需要转速恒定或要求改善功率因数的场合，应采用同步电动机，例如中、大容量的水泵、空气压缩机等。

只要求几种转速的小功率机械，可采用变极多速（双速、三速、四速）笼形异步电动机，如电梯、锅炉引风机和机床等。

调速范围要求在 1:3 以上，且需连续稳定平滑调速的生产机械，宜采用他励直流电动机或用变频调速的笼形异步电动机，如大型精密机床、龙门刨床、轧钢机、造纸机等。

要求启动转距大，机械特性软的生产机械，使用串励或复励直流电动机，如电车、电机车、重型起重机等。

视频

电机带动的齿轮系统

2. 电动机形式的选择

(1) 安装形式的选择

电动机安装形式按其位置的不同，可分为卧式和立式两种。一般选卧式电动机，立式电动机的价格贵，只有在为了简化传动装置，必须垂直运转时才采用。

(2) 防护形式的选择

为防止电动机受周围环境影响而不能正常运行，或因电动机本身故障引起灾害，必须根据不同的环境选择不同的防护形式。电动机常见的防护形式有开启式、防护式、封闭式和防爆式 4 种。

① 开启式。这种电动机价格便宜，散热条件较好，但容易进入水汽、水滴、灰尘、油垢等杂物，影响电动机的寿命及正常运转，故只能用于干燥清洁的环境中。

② 防护式。这种电动机一般防止水滴等杂物落入机内，但不能防止潮气及灰尘的侵入，故只能用于干燥和灰尘不多又无腐蚀和爆炸性气体的环境。

③ 防闭式。这类电动机又分为自冷式、强迫通风式和密封式 3 种，前两种电动机，潮气和灰尘不易进入机内，能防止任何方向飞溅的水滴和杂物侵入，适用于潮湿、多尘土、易受风雨侵袭、有腐蚀性蒸汽或气体的各种场合。密封式电动机，一般使用于液体（水或油）中的生产机械，例如潜水泵等。

④ 防爆式。在封闭结构的基础上制成隔爆型、增安型和正压型 3 类，都适用于有易燃易爆气体的危险环境，例如油库、煤气站或矿井等场所。

对于湿热地带、高海拔地区及船用电动机等，还得选用有特殊防护要求的电动机。

3. 额定电压的选择

电动机额定电压的选择，取决于电力系统对该企业的供电电压和电动机容量的大小。交流电动机电压等级的选择主要依使用场所供电电压等级而定。一般低电压网为 380 V，故额定电压为 380 V（Y或△接法）、220 V/380 V（△ / Y接法）及 380 V/660 V（△ / Y接法）3 种；矿山及煤厂或大型化工厂等联合企业，越来越要求使用 660 V（△接法）或 660 V/1 140 V（△ / Y接法）的电动机。电动机功率较大，供电电压为 6 000 V 或 10 000 V 时，电动机的额定电压应选与之适应的高电压。

直流电动机的额定电压也要与电源电压相配合。一般为 110 V、220 V 和 440 V。其中 220 V 为常用电压等级，大功率电动机可提高到 600 ～ 1 000 V。当交流电源为 380 V，用三相桥式晶闸管（曾称可控硅）整流电路供电时，其直流电动机的额定电压应选 440 V，当用三相半波晶闸管整流电源供电时，直流电动机的额定电压应为 220 V，若用单相整流电源，其电动机的额定电压应为 160 V。

4. 额定转速的选择

额定功率相同的电动机，其额定转速越高，则电动机的体积越小，质量越小，造价越低，一般地说电动机的飞轮距 gd^2 也越小。但生产机械的转速一定，电动机的额定转速越高，拖动系统传动机构的速比越大，传动机构越复杂。

电动机的 gd^2 和额定转速 n 影响电动机过渡过程持续的时间和过渡过程中的能量损耗。电动机的 gd^2 越小，过渡过程越快，能量损耗越小。因此，电动机额定转速的选择，应根据生产机械的具体情况，综合考虑上面所述的各个因素来确定。

子任务 2 电动机的发热与冷却认识

1. 电动机的发热

电动机运行过程中，各种能量损耗最终变成热能，使得电动机的各个部分温度上升，因而会超过周围环境温度。温度升高的热过渡过程，称为电动机的发热过程，电动机温度高出环境温度的值称为温升。一旦有了温升，电动机就要向周围散热。当电动机单位时间发出的热量等于散出的热量时，温度不再增加，而保持一个稳定不变的温升，称为动态热平衡。

2. 电动机的冷却

负载运行的电动机，在温升稳定以后，如果减少或去掉负载，那么电动机内耗及单位时间发热量都会随之减少。这样，原来的热平衡状态被破坏，变为发热少于散热，电动机温度就要下降，温升降低。降温过程中，随着温升减小，单位时间散热量也减少。当重新达到平衡时，电动机不再继续降温，而稳定在一个新的温升上。这个温升下降的过程称为电动机的冷却过程。

3. 电动机的绝缘等级

从发热方面来看，决定电动机容量的一个主要因素就是它的绕组绝缘材料的耐热能力，也就是绕组绝缘材料所能容许的温度。电动机在运行中最高温度不能超过绕组绝缘的最高温度，超过这一极限时，电动机使用年限就大大缩短，甚至因绝缘很快烧坏而不能使用。根据国际电工委员会规定，电工用的绝缘材料可分为 7 个等级，而电动机中常用的有 A、E、B、F、H 这 5 个等级，而各等级的最高容许温升分别为 105 ℃、120 ℃、130 ℃、155 ℃、180 ℃。我国规定 40 ℃为标准环境温度，绝缘材料或电动机的温度减去 40 ℃即为允许温升，用 τ_{max} 表示。

子任务 3 电动机的工作方式认识

电动机工作时，负载持续时间的长短对电动机的发热情况影响很大，因而对选择的电动机功率影响也很大。按电动机发热的不同情况，可分为以下 3 种工作方式。

1. 连续工作方式

连续工作方式是指电动机工作时间 t_r>（3 ～ 4）T_θ（T_θ 为电动机的发热时间常数，表征电动机热惯性的大小）后温升可以达到稳态值，也称长期工作值。属于这类生产机械的有水泵、鼓风机、造纸机等。

2. 短时工作方式

短时工作方式是指电动机工作时间 t_r<（3 ～ 4）T_θ，而停歇时间 t_0>（3 ～ 4）T_θ。这样工作时温升达不到稳态值 T_τ，而停歇后温升降为零。属于此类生产机械的有机床的夹紧装置、某些冶金辅助机械、水闸闸门启闭机等。

短时工作方式下电动机的额定功率是与规定的工作时间相对应的，这一点需要注意，与连续工作方式的情况不完全一样。电动机铭牌上给定的额定功率是按 15 min、30 min、60 min、90 min 这 4 种标准时间规定的。

3. 周期性断续工作方式

周期性断续工作方式是指工作和停歇相互交替进行，两者时间都比较短，即工作时间 t_r<（3 ～ 4）T_θ，停歇时间 t_0<（3 ～ 4）T_θ。工作时温升达不到稳态值，停歇时温升降不到零。属于此类工作的生产机械有起重机、电梯、轧钢辅助机械等。

在重复短时工作方式下，负载工作时间与整个周期之比称为负载持续率 [又称暂载率（%）]，用 F_s 表示，即

$$F_s = \frac{t_r}{t_r + t_0} \times 100\% \tag{12-1}$$

我国规定的负载持续率有 15%、25%、40% 和 60% 这 4 种，一个周期的总时间为 $t_r+t_0 \leqslant 10$ min。

子任务 4 电动机的额定功率选择

正确选择电动机容量的原则是，应在电动机能够胜任生产机械负载要求的前提下，最经济最合理地决定电动机的功率。若功率选得过大，设备投资增大，造成浪费，且电动机经常欠载运行，效率及交流电动机的功率因数较低；反之，若功率选得过小，电动机将过载运行，造成电动机过早损坏。决定电动机功率的主要因素有 3 个，即电动机的发热与温升、允许短时过载能力、启动能力。从而，一般情况下选择电动机的容量应按以下 3 个步骤进行：

① 计算负载功率 P_L。

② 根据第一步的结果，预选电动机的额定功率 P_N。

③ 校验预选电动机的发热、过载能力及启动能力，直至合适为止。

1. 恒值负载时电动机额定功率的选择

恒值负载是指在工作时间内负载大小不变，包括连续和短时两种工作方式。电动机额定功率的选择是在假设环境温度为 40℃及标准散热条件下，且在电动机不调速的前提下进行的。

（1）连续工作方式

在连续工作方式下，选择电动机的额定功率 P_N 等于或略大于负载功率 P_L，即

$$P_N \geqslant P_L \tag{12-2}$$

式中，P_L 是根据具体生产机械的负载及效率进行计算的，可查阅相关机械设计手册。由于这个条件本身是从发热温升角度考虑的，故不必再校核电动机的发热问题，只需校核过载能力，必要时还要校核启动能力。过载能力是指电动机负载运行时，可以在短时间内出现的电流或转矩过载的允许倍数。校核电动机过载能力可按下列条件进行：

$$T_{max} \leqslant \lambda T_N \tag{12-3}$$

式中，T_{max} 为电动机在工作中所承受的最大转矩（N·m）；λ 为电动机允许过载倍数，对不同类型的电动机，λ 取值不完全一样。若预选的电动机过载能力达不到，则要重选电动机及额定功率，直到满足要求为止。对三相形型异步电动机，最后还要校核启动能力是否达到预定指标，若达不到，也应重选电动机及其额定功率。

以上关于额定功率的选择是在标准环境温度为 40℃前提下进行的。若电动机工作的环境温度发生变化，则必须对电动机的额定功率进行修正。不同环境温度下的电动机功率增减百分数如表 12–1 所示。根据理论计算和实践，在周围环境温度不同时，电动机的功率可粗略地按表 12–1 所示相应增减。

表 12–1　不同环境温度下的电动机功率增减百分数

环境温度 /℃	30	35	40	45	50	55
电动机功率的增减 /%	+8	+5	0	−5	−12.5	−25

由表 12–1 可见，环境温度低，电动机实际功率应比标准规定的额定功率高，反之，则应降低额定功率使用。

视频

龙门刨床传动机构

以下是几种生产机械的静负载功率计算公式：

① 工作机构作直线运动的生产机械的静负载功率为

$$P_L = \frac{Fv}{\eta} \times 10^{-3} \tag{12-4}$$

式中，F 为工作机构的静阻力（N）；v 为工作机构的线速度（m/s）；η 为传动效率。

② 工作机构作旋转运动的生产机械的静负载功率为

$$P_L = \frac{T_N}{9\,550n} \tag{12-5}$$

式中，T_N 为工作机构的静负载转矩（N·m）；n 为工作机构的转速（r/min）。

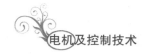

③ 泵类负载的静负载功率为

$$P_{\mathrm{L}}=\frac{Q\gamma H}{\eta_1\eta_2}\times 10^{-3} \tag{12-6}$$

式中，Q 为泵的流量（m^3/s）；γ 为单位体积液体所受到的重力（N/m^3）；H 为馈送高度（m），等于吸入高度加上扬程；η_1 为泵的效率，活塞泵为 0.8 ～ 0.9，高压离心泵为 0.5 ～ 0.8，低压离心泵为 0.3 ～ 0.6；η_2 为传动机构的效率，直接连接的 η_2 为 1。

④ 鼓风机类的静负载功率为

$$P_{\mathrm{L}}=\frac{Qh}{\eta_1\eta_2}\times 10^{-3} \tag{12-7}$$

式中，Q 为气体流量（m^3/s）；h 为鼓风机压力（N/m^2）；η_1 为鼓风机效率，大型鼓风机为 0.5 ～ 0.8，中型离心泵鼓风机为 0.3 ～ 0.5，小型叶轮鼓风机为 0.3 ～ 0.6；η_2 为传动机构的效率。

【例】一台与电动机直接连接的低压离心水泵，流量为 50 m^3/h，总馈送高度为 15 m，转速 n =1 450 r/min，泵的效率为 0.4，工作环境温度不高于 30℃。试依据表 12–2 电动机选型表所示选择拖动电动机的型号。

表 12–2　电动机选型表

型　　号	P_N/kW	U_N/v	I_N/A	n_N/r・min^{-1}
Y112M-4	4.0	380	8.8	1 440
Y132S-4	5.5	380	11.6	1 440
Y132M-4	7.5	380	15.4	1 440

解：泵类负载的静负载功率为

$$P_{\mathrm{L}}=\frac{Q\gamma H}{\eta_1\eta_2}\times 10^{-3}$$

已知：Q = 50 m^3/h = 0.013 9 m^3/s；γ =9 810 N/m^3；H = 15 m；η_1 = 0.4；η_2 = 1。则

$$P_{\mathrm{L}}=\frac{0.013\,9\times 9\,810\times 15}{0.4\times 1}\times 10^{-3}\ \mathrm{kW}=5.11\ \mathrm{kW}$$

水泵负载，应选用全封闭自扇冷式 Y 系列电动机，由于 n = 1 450 r/min，需采用 4 极笼形异步电动机，查产品目录有表 12–2 几种。

因工作环境温度不超过 30°C，电动机功率上调研 8%，且是连续工作制，按 P_N = 5.5 W，n_N =1 450 r/min 选取，型号可定为 Y132S-4。

（2）短时工作方式

① 选择短时工作方式的电动机。对短时工作方式下的负载，其工作时间与电动机的标准时间一致，例如也是 15 min、30 min、60 min 和 90 min，则选择电动机的额定功率只须满足 $P_N \leqslant P_L$。

若负载的工作时间与标准工作时间不一致，则预选电动机功率时，应先按发热和温升

等效的原则把负载功率由非标准工作时间折算成标准工作时间，然后再按标准工作时间预选额定功率。

设短时工作方式负载工作时间为 t_r，其最近的标准工作时间为 t_{rb}，则预选电动机额定功率应满足

$$P_N \geqslant P_L\sqrt{t_r/t_{rb}} \tag{12-8}$$

式（12-8）是从发热和温升等效原则得出的，故经过向标准工作时间折算后，预选电动机肯定能满足温升条件，不必再校核。

② 选择连续工作方式的电动机。短时工作的生产机械，也可选用连续工作制的电动机。这时，从发热的观点上看，电动机的输出功率可以提高。为了充分利用电动机，选择电动机额定功率的原则应是在短时工作时间 t_r 内达到的温升恰好等于电动机连续运行并输出额定功率时的稳定温升，即电动机绝缘材料允许的最高温升。

设电动机中不变损耗与额定负载时的可变损耗的比值用 α 表示，则预选的电动机额定功率应满足

$$P_N = P_L\sqrt{\frac{1-e^{-\frac{t_r}{T_\theta}}}{1+\alpha e^{-\frac{t_r}{T_\theta}}}} \tag{12-9}$$

式中，T_θ 为发热时间常数；t_r 为短时工作时间（s）；一般地说，普通直流电动机 $\alpha=1\sim1.5$，冶金用的直流电动机 $\alpha=0.5\sim0.9$，冶金专用中、小型三相绕线转子异步电动机 $\alpha=0.45\sim0.6$，冶金专用大型三相绕线转子异步电动机 $\alpha=0.9\sim1.0$，普通三相形型异步电动机 $\alpha=0.5\sim0.7$。对于具体电动机而言，T_θ 和 α 可从技术数据中找出或估算。

若实际工作时间极短，则电动机的发热与温升已不成问题，只需从过载能力及启动能力方面来选择电动机连续工作方式下的额定功率。

短时工作方式折算到连续工作方式下再预选电动机额定功率后，也不必再进行温升校核。

2. 变化负载时电动机额定功率的选择

① 周期性变化负载连续工作方式。连续工作方式下的变化负载，其变化通常具有周期性。负载变化周期为 t_t，一个周期内负载的平均功率为

$$P_{av} = \frac{P_{L1}t_1 + P_{L2}t_2 + \cdots}{t_1 + t_2 + \cdots} = \frac{\sum_{i=1} P_{Li}t_i}{t_Z} \tag{12-10}$$

式中，P_{L1}、P_{L2}、…为各段负载功率（kW）；t_1、t_2、…为各段负载作用时间（s）。

按负载平均功率再乘上 1.1 ～ 1.6 的系数来预选电动机的额定功率，即

$$P_N \geqslant (1.1\sim1.6)P_{av} \tag{12-11}$$

电动机的额定功率预选好后，还要进行发热、过载能力及必要时的启动能力校验。若其中有一项不合格，则须重新选择电动机，再进行校核，直到各项都合格为止。

校核电动机发热的方法很多，这里只介绍一种常用的等效转矩法。负载转矩已知后，只是作为预选电动机额定功率的依据。校核发热温升，还需要知道电动机在一个周期内电磁转矩的变化情况。

如何从负载转矩找出电动机的电磁转矩与时间的关系 $T=f(t)$ 呢？在电动机稳定运行时，转速恒定，则 $T=T_L$；在电动机过渡过程（启动与制动）中，则 $T=T_L+T_a$。T_a 为动转矩，即使电力拖动系统加速或减速的转矩。加速时为正值，减速时为负值。这样，一个周期内电动机的电磁转矩情况便可确定：

$$T_d=\sqrt{\frac{T_1^2t_1+T_2^2t_2+\cdots+T_n^2t_n}{t_1+t_2+\cdots+t_n}} \tag{12-12}$$

式中，T_i 为第 i 段电动机的电磁转矩（N·m）。

若 $T_d \leqslant T_N$，则发热校核通过。T_N 为预选电动机的额定转矩。

② 周期性断续工作方式。这种工作方式的电动机，按标准规定每个工作与停歇的周期不超过 10 min。每个周期内都有启动、运行、制动和停歇各个阶段。普通电动机难以胜任如此频繁的启动、制动工作。因此，周期性断续工作方式的电动机有转子细长、飞轮矩小、启动和过载能力强、机械强度大、绝缘等级高等特点。

若负载持续率为标准负载持续率，则预选电动机的额定功率应满足

$$P_N \geqslant (1.1\sim1.6)P_{av}$$

若负载持续率为非标准负载持续率，则需向与其最接近的标准负载持续率 F_{Sb}（%）折算。折算的原则是损耗相等。折算后的公式为

$$P_N \geqslant (1.1\sim1.6)P_{av}\sqrt{\frac{F_s}{F_{Sb}}} \tag{12-13}$$

对于扇冷式电动机 P_N 可适当减小，其减小系数可参阅相关手册。

周期性变化负载预选电动机额定功率及发热校核通过后，还需校核过载能力，必要时还要校核启动能力，这些是同常值负载情况一样的。

任务 2 电动机的安装

在工程现场，中型及以上的电动机，一般均是由电动机带动减速器构成驱动部，安装时一般对基础均有较严格的要求，多数情况下要求混凝土基础铺设钢板。此外在安装电动

机与减速器时，还要检验其配同轴度与圆跳动度，这些项目均要达标。

1. 安装环境要求

电动机的安装环境，应根据电动机要求的环境条件来确定，一般电动机的安装场所应满足以下要求：

① 安装场所干燥、清洁，无灰尘污染和腐蚀性气体侵蚀，无严重振动。电动机一般不露天安装。当必须装于室外时，应搭设简易凉棚，或采取其他防雨、防日晒措施。

② 安装地点的四周应留出一定的空间（与其他设备至少保持 1.3 m 距离），以便于电动机的安装、检修、监视和清扫。

③ 环境温度适宜。周围空气温度最好在 40℃以下，无强烈的热辐热。

2. 基础要求

为了保证电动机能平稳地运转，应将其牢固地安装在固定的底座上。电动机底座的选用原则是：如果配套机械有专供安装电动机用的固定底座，则电动机应装在该底座上；如果无固定底座，一般中小型电动机可用螺栓安装在金属底板或导轨上，或者紧固在地脚螺栓或导轨上。

3. 安装前全面检查

电动机出厂后受运输颠簸、日晒雨淋和气候的影响，可能出现某些缺陷，因此在安装前，应进行全面检查。检查内容如下：

① 详细核对电动机铭牌上标出的各项数据（如型号规格、额定容量、额定电压、防护等级等）与图纸规定或现场实际要求是否相符。

② 电动机外壳上的油漆是否剥落，是否有锈蚀现象。外壳、风罩、风叶有无损伤。外壳上是否有旋转方向标志和编号。

③ 检查电动机装配是否良好，端盖螺钉是否紧固，轴转动是否灵活，轴向窜动是否超过允许范围。电扇安装是否牢固，旋转方向是否正确。

④ 拆开接线盒，用万用表检查三相绕组是否断路，连接是否牢固。必要时，可用电桥测量三相绕组的直流电阻，检查阻值偏差是否在允许范围内（各相绕组的直流电阻与三相电阻平均值之差一般不应超过 ±2%）。

⑤ 使用兆欧表测量电动机各相绕组之间以及各相绕组与机壳之间的绝缘电阻。如果电动机的额定电压在 500 V 以下，则使用 500 V 兆欧表测量，测得的绝缘电阻值不应低于 0.5 MΩ。

检查完毕，如果确认电动机完好，符合要求，只需要使用 0.2 ~ 0.3 MPa 的干燥压缩空气机吹扫电动机表面，清除机壳上的粉尘和其他脏物。若经外观检查、电气试验，发现质量可疑，以及 40 kW 以上的电动机，则应抽出转子进行检查。

4. 传动装置的安装和校正

传动装置安装的不好会增加电动机的负载，严重时会使电动机烧毁或损坏电动机的轴承。电动机传动形式很多，常用的有齿轮传动、带轮传动和联轴器传动等。

（1）齿轮传动装置的安装和校正

① 齿轮传动装置的安装。安装的齿轮与电动机要配套，转轴纵横尺寸要配合安装齿轮的尺寸，所装齿轮与被动轮应配套，如模数、直径和齿形等。

② 齿轮传动装置的校正。齿轮传动时电动机的轴与被传动的轴应保持平行，两齿轮啮合应合适，可用塞尺测量两齿轮间的齿间间隙，如果间隙均匀说明两轴已平行。

（2）带轮传动装置的安装和校正

① 带轮传动装置的安装。两个带轮的直径大小必须配套，应按要求安装。若大小轮换错则会造成事故。两个带轮要安装在同一条直线上，两轴要安装的平行，否则要增加传动装置的能量损耗，且会损坏传动带；若是平带，则易造成脱带事故。

② 带轮传动装置的校正。用带轮传动时必须使电动机带轮的轴和被传动机器轴保持平行，同时还要使两带轮宽度的中心线在同一直线。

（3）联轴器传动装置的安装和校正

常用的弹性联轴器在安装时应先把两片联轴器分别装在电动机和机械的轴上，然后把电动机移近连接处；当两轴相对处于一条直线上时，先初步拧紧电动机的机座地脚螺栓，但不要拧得太紧，接着用钢直尺搁在两半片联轴器上。然后用手转动电动机转轴并旋转180°，看两半片联轴器是否有高低，若有高低应予以纠正至高低一致才说明电动机和机械的轴已处于同轴状态，便可把联轴器和地脚螺栓拧紧。

严格执行标准，规范操作流程
是系统安装质量的保障。

强化训练

视频

起重机提升机构

训练：选择电动机及设计驱动部分

根据某煤矿井下一带式输送机基本参数与驱动形式为其选择电动机，并为其设计驱动部分安装施工组织方案。

基本参数如下：

最大输送能力：$Q = 500$ t/h　输送机水平长度：$L = 460$ m

提升高度：$H = 150$ m　倾角：$\delta = 23°$

运行速度：$v = 2.5$ m/s　堆密度：$\rho = 900$ kg/m^3

最大粒度：$\alpha = 300$ mm　物料名称：原煤

传动系统布置图如图 12–1 所示。

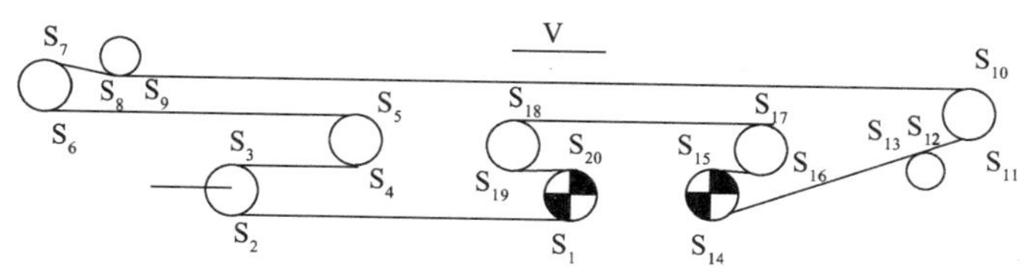

图 12–1 传动系统布置图

注：本系统采用两传动滚筒驱动，每个传动滚筒都由两台电动机驱动，任意一台电动机故障，另一台仍能继续工作。

1. 目的

① 巩固电动机的选择方法。

② 加强学生对设备安装的认识。

2. 项目所用工具

电动机选型手册、电动机产品样本、DT Ⅱ带式输送机选型手册。

思考与习题

1. 电力拖动系统中电动机的选择包括哪些具体内容？

2. 选择电动机的额定功率时应考虑哪些因素？

3. 电动机额定功率是根据什么确定的？当环境温度长期偏离 40° C 时，电动机的额定功率应如何修正？

4. 传动装置在安装时应注意哪些问题？

参考文献

[1] 孙冠群，于少娟．控制电机与特种电机及其控制系统 [M]. 北京：北京大学出版社，2011.

[2] 孟宪方．电机及拖动基础 [M]. 西安：西安电子科技大学出版社，2009.

[3] 刘颖慧．电机拖动基础：理论与实践 [M]. 北京：清华大学出版社，2010.

[4] 郑立平，张晶．电机与拖动技术：实训篇 [M]. 大连：大连理工大学出版社，2008.

[5] 吴红星．电动机驱动与控制专用集成电路应用手册 [M]. 北京：中国电力出版社，2009.

[6] 许晓峰．电机及拖动学习指导 [M]. 北京：高等教育出版社，2008.

[7] 郭玉宁．电机应用技术 [M]. 北京：北京大学出版社，2011.

[8] 程明．微特电机及系统 [M]. 北京：中国电力出版社，2008.

[9] 邵世凡．电机与拖动 [M]. 杭州：浙江大学出版社，2008.

[10] 邵群涛．电机及拖动基础 [M]. 北京：机械工业出版社，2007.